Natuurinclusieve landbouw in de praktijk

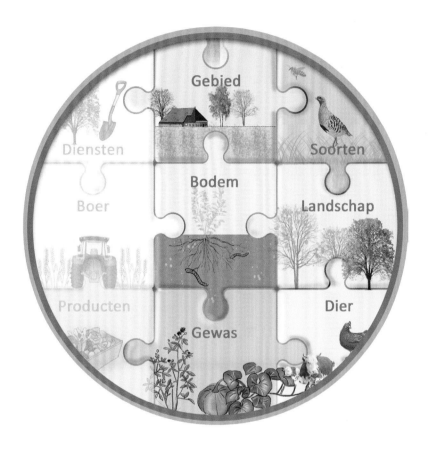

BRILL | WAGENINGEN ACADEMIC

Titel
Natuurinclusieve landbouw in de praktijk

Uitgever
Brill

Hoofdredactie
Boki Luske, Bas Tinhout, Margot Veenenbos

Auteursteam
Monique Bestman, Alice Blok, Hugo Bosland, Abco de Buck, Roy Gommer, Eric Hees, Ruud Hendriks, Zwanet Herbert, Dennis Heupink, Merel Hondebrink, Tjalling Huisman, Peter Leendertse, Monique Mul, Udo Prins, Petra Rietberg, Burret Schurer, Pieter Struyk, Jenneke van Vliet, Jacco Vrijlandt, Jan-Paul Wagenaar, Erik van Well.

Met medewerking van Dirk van Apeldoorn, Annemarie Dekker, Nick van Eekeren, Leen Janmaat, Erik Kleijheeg, Chris Koopmans, Evert Prins, Frits van der Schans, Marcel Schillemans, Maureen Schoutsen.

Betrokken organisaties Aeres Hogeschool Wageningen, Aeres Warmonderhof, BoerenNatuur, CLM Onderzoek en Advies, HAS green academy, Hogeschool Van Hall Larenstein, Louis Bolk Instituut, DC Terra, Sovon, Vonk, Wageningen University & Research, Yuverta, Zoogdiervereniging.

Met dank aan de klankbordgroep: Tim Buist, Sigrid Dassen, Daan Groot, Alex Datema, Ingrid in 't Hek, Alette Los, Ellen Reuver, Ine Sturkenboom, Kees van Vuuren. En aan alle geïnterviewde boeren en overige betrokkenen.

Eindredactie
Ton van Schie en Diederik Sleurink

Vormgeving
Bart Bakker (Brill)

Illustraties
Anoula Voerman (RO visuals.nl), Bart Bakker (Brill)

© CLM/Louis Bolk Instituut, 2024

ISBN 978-90-04-69554-2

Ministerie van Landbouw,
Natuur en Voedselkwaliteit

De ontwikkeling van het boek 'Natuurinclusieve landbouw in de praktijk' is mogelijk gemaakt door het Ministerie van Landbouw, Natuur en Voedselkwaliteit.

Fotografie
CLM, Louis Bolk Instituut en verder:
Aart van Wijk (84), Alexis Lours (167), Altitudedrone (141), Amirekul (175), An Bloemen (153), André Eijkenaar (173), Andreas Trepte (185, 190), Angel217 (139), Anoula Voerman, RO Visuals (15, 135, 137, 137, 138, 138, 140, 140, 140, 150, 152, 221, 227, 228, 228, 233, 234, 235, 239, 240, 240, 241), ANV de Kan (153), Arjan Mulder (194), Ben van Schie (173), Benjamin Wagener (185), Bert Geeraerts (150), Björn S. (72), Blonder1984 (115), Bodemdata.nl (30), boerenkpi.nl (22), Bouwe Brouwer (122), Budabar (112), Carolien Kooiman (174), Chris Bomers (128), Cornelis Mosselman (96, 97), De Bolster (46), De Groene Vlieg (83, 86), DEFI-Écologique (47), Donald Trung Quoc Don (17), Dunpharlain (133), Edo van Uchelen, Wildernis in trek (21, 117), Erik Wannee (176), Esther Meijer (145), Eurofins (29), Fam. Van Eck (205), Farm Media (34, 38, 39, 40, 41, 42, 44, 45, 52), Fotopersbureau De Boer (16), Fourure alt (175), Frank Vassen (189), Garant Zaden (47), GEA (127), Gemeente Midden-Delfland (209), Gerjan Brouwer (56, 83), Gerrit de Regt (93), Gigra (141), Hajotthu (182), HAK (75), Hans Hillewaert (72), Heerlijk van Dichtbij (199, 210, 211), Henk Riswick (197, 200, 202, 202, 212, 215, 219), Herenboeren (20), Herman Menkveld (183), Hilde Harshagen (95), Insectron (131), J. Schroeder (191), Jan Johan ten Have (149), Jan-Pieter Timmerman (74), Jörg Hempel (172), Jorg Tönjes (78, 201), Juan Carlos Fonseca Mata (61), Judy Gallagher (130), Karel Kennes (224, 225, 226), Kok Aardbeien (180), Kozik Radoslaw (121), Krzysztof Ziarnek (182, 183), Land van Ons (19), Lukas - Art in Flanders (181), Maartje ter Horst (3), Marten van Dijl (211), Marton Berntsen (190), Matt Lavin (51, 71), Matti Virtala (190), Mikkel Houmøller (133), Nationaal Archief (17), Nieuwe Oogst (121), PDOK (140), Peasofme.com (35), phb.cz (139), Photoweges (141), PlanetProof (21), Platform Natuurinclusive Landbouw Gelderland (57), Province Noord-Brabant (214), Rainer Theuer (170), Rasbak (46), René Visser (146), Rob Geerts (99), Roger Culos (184), Schoon water (76), Sjaak Sprangers (129), Sjoerd Fotografie (116), Skal (20), Sovon (189), St. Het Zeeuwse Landschap (218), Stefan Lefnaer (183), Sten Porse (71), Stephan Sprinz (185), Stichting Lakenvelder Vlees (123), Stichting Landschapsbeheer Gelderland (144), Suzanne de Jong (126), Tommy Andriollo (175), Toolbox Water (88), Topotijdreis.nl (143), Université Laval (73), Urgenda (19), Václav Koďousek (172), Veld en Beek (236, 237, 238), Vlodymyr Kucherenko (42), W. Bulach (133), Wakker Dier (18), Wilco Brouwer de Koning (103), WUR (119), Wytze Nauta (123), Ysbrand (139), Zeynel Cebeci (185).

CLM
Gutenbergweg 1
4104 BA Culemborg
internet: www.clm.nl
e-mail: info@clm.nl
tel.: (0345) 47 07 00

Louis Bolk Instituut
Kosterijland 3-5
3981 AJ Bunnik
internet: www.louisbolk.nl
e-mail info@louisbolk.nl
tel.: (0343) 52 38 60

Van Hall Larenstein
Postbus 1528
8901 BV Leeuwarden
internet: www.hvhl.nl
e-mail: info@hvhl.nl
tel.: (058) 284 61 00

Aeres MBO Warmonderhof
Wisentweg 10
8251 PC Dronten

Brill
Postbus 9000
2300 PA, Leiden
internet: brill.com
e-mail: sales@brill.com
tel.: (071) 535 35 00

Voorwoord

Agrariërs werken met planten en dieren en zorgen daar zo goed mogelijk voor, ook omdat hun vee of gewas dan optimaal groeit. Het houden van dieren of het telen van planten gaat daarmee per definitie om natuurlijke processen. Bovendien leidt het bedrijven van landbouw tot allerlei vormen van agrobiodiversiteit, zoals bodemleven en natuurlijke vijanden.

Maar soms ontstaat er een spanningsveld tussen natuur en landbouw, bijvoorbeeld waar het gaat om landschapsdiversiteit en bescherming van waardevolle soorten, zoals weidevogels. Ook is er soms sprake van ongewenste effecten op het milieu.

Jonge ondernemers zien daardoor allerlei vraagstukken op zich afkomen; van stikstof tot waterkwaliteit en van bodembeheer tot biodiversiteit. Het is een flinke uitdaging om op al deze fronten stappen te zetten. Natuurinclusieve landbouw zorgt ervoor dat natuur en landbouw hand in hand gaan. Deze aanpak biedt kansen om aan verschillende doelen tegelijk bij te dragen.

CLM Onderzoek en Advies en het Louis Bolk Instituut zetten zich al jaren in voor een duurzame landbouw. Kennisdeling met alle relevante stakeholders is hierbij cruciaal, zeker de mensen die de toekomst gaan vormgeven. We zijn daarom trots dat hier een boek ligt voor de nieuwe generatie agrariërs. We hopen studenten en docenten van praktische handvatten te kunnen voorzien voor een natuurinclusief bedrijf.

Dit boek is opgedragen aan de agrarische studenten en hun docenten. Opdat jullie elkaar blijven inspireren en we van elkaar blijven leren!

Ilse Geijzendorffer
directeur/bestuurder Louis Bolk Instituut

Edo Dijkman
directeur CLM Onderzoek en Advies

Inhoudsopgave

1.1 Inleiding

Wat is natuurinclusieve landbouw?

Gewassen telen op akkers en vee houden op graslanden betekent als vanzelf dat 'natuur' en 'cultuur' elkaar tegenkomen. Dit boek beschrijft maatregelen voor een vorm van landbouw die zo veel mogelijk mét de natuur samenwerkt en die natuur niet opzijschuift of beschadigt.

Boeren werken in de natuur, maar hoe intensiever er wordt geboerd, hoe meer het erop neerkomt dat de natuur op akkers en graslanden sterk inlevert of er zelfs helemaal niet meer toe doet. Het spanningsveld tussen landbouw en natuur is heel reëel, maar natuurinclusieve landbouw draait het om. Door juist optimaal gebruik te maken van de natuurlijke omgeving en bij te dragen aan de kwaliteit van de natuur. Daarin spelen drie principes een rol die ook helder maken waar het dan om draait:

- benutten van de natuur
- sparen van de natuur
- verzorgen van de natuur

Een bedrijfsvoering met deze drie principes produceert voedsel binnen de grenzen van natuur, milieu en leefomgeving en ook zodanig dat het bijdraagt aan behoud en herstel van biodiversiteit (figuur 1.1). Zo laat een natuurinclusieve boer bepaalde handelingen juist over aan de natuur door zelf dingen niet te doen: de kunst van het weglaten. En hij/zij werkt niet tegen, maar mét de natuur: roeien met de stroom mee. Een voorbeeld is het stimuleren van natuurlijke vijanden voor plaagbestrijding in plaats van bestrijdingsmiddelen die vaak ook die natuurlijke vijanden doden.

En dan liggen er dus ook kansen om met natuurinclusief werken kosten te besparen. Natuurinclusieve landbouw is goed ondernemerschap waarbij het verdienen van een inkomen belangrijk is, maar ook de continuïteit van landbouw op langere termijn. De productie gaat dan niet ten koste van de kwaliteit van water en bodem, het klimaat en de biodiversiteit.

Vier pijlers

Aanvullend op de genoemde drie principes omschrijven Jan Willem Erisman en medeschrijvers in het boek 'Biodivers boeren' een viertal pijlers die samen de basis vormen voor natuurinclusieve landbouw (middelste ring in figuur 1 .1). Ze laten vooral zien dat biodiversiteit op het erf en de percelen van een bedrijf in wisselwerking staan met het landschap eromheen. Hetzelfde geldt voor de soorten die het boerenerf en het boerenland als leefgebied hebben. Deze vier pijlers zijn:

1. **Functionele agrobiodiversiteit (FAB).** Deze term staat voor biodiversiteit die nuttig is voor de agrarische processen. Denk aan het bodemleven, zoals regenwormen die met hun gangen bijdragen aan een goede bodemstructuur (en afwatering!). En insecten en spinnen die helpen bij plaagbeheersing en bestuiving van gewassen.

2. **Landschappelijke diversiteit.** Een variatie aan heggen, hagen, erfsingels, slootkanten en bermen vormen het leefgebied voor de soorten die een rol spelen in functionele agrobiodiversiteit en voor planten- en diersoorten die passen in het landelijk gebied. Hoe meer variatie en kwaliteit van leefgebieden, hoe meer verschillende soorten zich er thuis voelen.

3. **Specifieke soorten.** Een aantal soorten komt bij uitstek voor in het agrarisch gebied, zoals de weidevogels en akkervogels (boerenlandvogels). Voor sommige van die soorten zijn aanvullende maatregelen nodig om de juiste leefruimte te bieden en in stand te houden. Denk bijvoorbeeld aan een goed mozaïekbeheer voor weidevogels en 'vogelvriendelijk' maaibeheer.

4. **Brongebieden en verbindingen.** Biodiversiteit stopt niet aan de rand van een bedrijf. Het is dus belangrijk om beheer op regionaal niveau af te stemmen en te zorgen voor (natte en droge) verbindingen tussen natuur in agrarisch gebied en natuurgebieden en andere hotspots van biodiversiteit. Hiervoor is afstemming tussen agrariërs, waterschappen en natuurbeheerders nodig.

Figuur 1.1. Natuurinclusieve landbouw werkt met drie principes (blauwe cirkel): biodiversiteit vormt de basis van een bedrijf (benutten), de bedrijfsvoering voorkomt negatieve effecten op natuur, milieu en leefomgeving (sparen) en draagt zorg voor natuur en landschap (ver-zorgen). Deze principes gelden voor vier verschillende pijlers: functionele agrobiodiversiteit (FAB), landschappelijke diversiteit, specifieke soorten en brongebieden en verbindingen (bruine cirkel). Met natuurinclusieve landbouw worden doelen gediend met betrekking tot: natuur, milieu en leefomgeving (groene cirkel).

Integraliteit van maatregelen

Boeren die natuurinclusief denken en ondernemen laten het niet bij een enkele natuurinclusieve maatregel. Met een paar percelen grasklaver is immers nog geen sprake van een natuurinclusief bedrijf. De grasklaver trekt allerlei insecten aan en is goed voor het bodemleven (functionele agrobiodiversiteit). Door daarnaast te zorgen voor kruidenrijke randen en kruidenrijk grasland komt er nog een maatregel bij die bijdraagt aan functionele agrobiodiversiteit en tevens voor meer voedsel en veiligheid voor weidevogels en hun kuikens zorgt (specifieke soorten). Heggen en hagen (landschapselementen) zitten vol leven, vergroten de diversiteit van het landschap en hebben een groter effect als ze ook verschillende ecosystemen in het landschap verbinden (brongebieden en verbindingen). Uiteraard zijn de keuzes plaatsgebonden, want in een open weidelandschap zijn kansen voor weidevogels en passen heggen en hagen minder goed. In een kleinschaliger landschap zijn die juist gunstig voor struweel- en akkervogels. Het streven is om voor alle vier pijlers maatregelen te nemen en die met elkaar te combineren tot een werkbaar systeem.

Bij veel maatregelen in de praktijk is het mogelijk om aan alle drie de principes recht te doen. Het telen van een groenbemester draagt bij aan het vasthouden van mineralen (sparen dus). Die mineralen komen later beschikbaar voor de volgteelt (benutten). En de groenbemester biedt ook nog eens een schuilplek voor dieren in de winter (verzorgen). Toch is deze groenbemester pas echt natuurinclusief als er geen herbiciden worden gebruikt bij het onderwerken in het voorjaar (sparen). In dit boek komen veel natuurinclusieve maatregelen aan bod die op biologische èn gangbare bedrijven toe te passen zijn. Op niet-biologische natuurinclusieve bedrijven zijn er nog gangbare oplossingen op de achtergrond aanwezig als 'laatste redmiddel', als de natuurlijke oplossing tekortschiet. Op biologische gecertificeerde bedrijven is deze mogelijkheid er niet.

Om onderscheid te maken in het niveau van natuurinclusief werken tussen bedrijven zijn vier verschillende niveaus omschreven (kader).

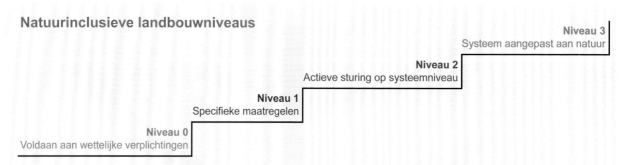

Natuurinclusieve landbouwniveaus

Niveau 0:
Minimaal gebruik van biodiversiteit op het bedrijf, waarbij aan wettelijke verplichtingen wordt voldaan.

Niveau 1:
Maatregelen voor specifieke soorten op een deel van het bedrijf. Bijvoorbeeld akkerranden en/of plas-drasgebieden, maaien en bemesten via een mozaïekstructuur ten behoeve van insecten, ecologisch beheer van slootkanten, of nestkastjes en erfbeplanting. Ook biologische plaagbestrijding in kassen hoort bij dit niveau.

Niveau 2:
Het bedrijf stuurt actief op verbetering van functionele biodiversiteit met aandacht voor bodem-, gewas- en diercycli. Er is ruimte voor natuurlijk gedrag van dieren. Er worden landschapselementen beheerd en er worden maatregelen genomen voor specifieke soorten. Als geheel gaat het in de richting van een grondgebonden systeem.

Niveau 3:
Het bedrijf is volledig grondgebonden met bijvoorbeeld aandacht voor kruidenrijk grasland en robuuste koeienrassen. Kringlopen zijn geoptimaliseerd en het bedrijf past zich aan bij wat de natuur biedt: met een mooi woord 'adaptief werken'. Naast aanleg en onderhoud van landschapselementen zijn er maatregelen voor specifieke soorten. Deelname in een gebiedscollectief, met ambitieuze gebiedsbeheerplannen voor groenblauwe dooradering en soortenbeheer, kan de resultaten versterken.

Controle- versus adaptatiemodel

Net als andere ondernemers willen boeren hun ondernemers-risico's beheersen. Tal van maatregelen staan in het teken van 'verzekeren' tegen risico's. En bij lage en wisselende afzetprijzen kunnen ze weinig anders dan de opbrengst maximaliseren om de kostprijs laag te houden.

Deze combinatie van drijvende krachten leidt bij dierhouderij tot maximale controle in gesloten stallen met veel dieren die met hygiëne, vaccinaties en antibiotica beschermd worden tegen dierziekten. Maar sluipt er toch iets binnen dan zijn de gevolgen groot. Daarbij komt dat er maatschappelijke vragen zijn over dierenwelzijn en de gevolgen voor het milieu die met het controlemodel samenhangen.

De tegenhanger van het controlemodel is het adaptatie-model. Het woord wijst op 'aanpassen' en 'meebewegen'. Dit model is gericht op robuustheid door ervan uit te gaan dat verstoringen nu eenmaal plaats vinden. Het bedrijfssysteem wordt echter zo ontworpen dat die verstoringen een minder grote impact hebben.

Bijvoorbeeld door dieren in een lage bezetting te houden met mogelijkheden voor natuurlijk gedrag. Dan hebben ze geen chronische stress en een goede darmgezondheid zodat ze van infecties niet of minder ziek worden en beter herstellen.

Bij gewasteelten kan robuustheid worden ingebouwd met bodemkwaliteit, resistente rassen, mengteelten, ruime gewasrotatie en agroforestry-systemen. Ook hier geldt weer dat meerdere aspecten van de bedrijfsvoering samenhangen en dat voor een integrale manier van denken en ontwerpen wordt gekozen.

Om die veranderingen op het boerenbedrijf mogelijk en volhoudbaar te maken zal er ook op andere niveaus veel mee moeten veranderen: er is kennis en ondersteuning nodig, een andere manier van denken over kwaliteit en prijsvorming in de keten en aanpassingen in landelijke en internationale regel-geving.

De twee modellen (controle, adaptatie) laten zich illustreren aan de hand van een bal (het gewas, het dier) die je op zijn plek wilt houden (risico's uitsluiten). In het geval van het controlemodel richt je de energie op de bal zelf, zodat hij geen millimeter van zijn plek rolt. In het geval van het adaptatiemodel richt je de energie juist op het oppervlak waarop de bal ligt (bedrijfsomgeving, bodem, teelt- of veehouderijsysteem). De bal kan rollen, maar komt vanzelf weer in de uitgangspositie terecht. De veerkracht van dieren en gewassen maakt het systeem minder kwetsbaar.

Controlemodel
- probleemgericht
- variatie uitschakelen
- continue monitoring en direct ingrijpen
- hoog risico
- statisch evenwicht

Adaptatiemodel
- systeemgericht
- variatie gebruiken
- zelfregulerend vermogen stimuleren, indirect sturen
- laag risico
- dynamisch evenwicht

Figuur 1.2. Omschrijving van het controlemodel en het adaptatiemodel. In natuurinclusieve landbouw wordt het controlemodel losgelaten en wordt er volgens het adaptatiemodel gewerkt.

Kringlopen sluiten

Met de principes sparen, benutten en verzorgen spreekt het vanzelf dat kringlopen worden gesloten. Nutriënten in de voeding en in de mest worden zo optimaal mogelijk benut, evenals water en het voortgebrachte product. Dan wordt het milieu zo min mogelijk belast met mineralen en nutriënten uit het landbouwbedrijf.

Gangbare landbouw gebruikt veel voedingsstoffen voor de gewassen en dieren in de vorm van kunstmest en krachtvoer. Diverse grondstoffen in krachtvoer komen van ver, zoals sojabonen uit Zuid-Amerika. Bij hoge inputs zijn de verliezen per hectare naar bodem en lucht ook hoger. Het overgrote deel van de melkveebedrijven in 2021 produceert meer dierlijke mest dan op eigen land kan worden aangewend. Grondgebonden productie voorkomt die overschotten. Samenwerking tussen veehouders en akkerbouwers voor het uitwisselen van voedergewassen en mest is winst voor het sluiten van regionale kringlopen.

Regionale verschillen

Welke maatregelen belangrijk zijn en wat het beste past, verschilt per regio. De opgave om natuur niet te schaden is rondom kwetsbare natuurgebieden groter dan elders. In beekdalen, in veengebieden of op zandgronden met coulissenlandschap zijn de ecosystemen verschillend en daarmee ook de belangrijkste soorten die er toe doen. Dit vraagt om maatwerk en verschillende maatregelen. Boeren op verschillende typen gronden hebben ieder hun eigen uitdagingen. Zo heeft een boer in veenweidegebied misschien als focus om de waterstand te verhogen, om zo CO_2-uitstoot te reduceren en bodemdaling te verminderen, terwijl een boer op zandgrond focust op het verhogen van het organischestofgehalte omwille van het watervasthoudend vermogen van de bodem.

Biodiversiteit

De landbouw heeft in de afgelopen eeuwen het landschap veranderd. In eerste instantie pakte dat positief uit. Het open karakter van de agrarische cultuurlandschappen bleek weidevogels en akkervogels kansen te bieden. Het jaarlijks bewerken van de grond biedt een geschikt milieu voor akkerkruiden die snel groeien en veel zonlicht nodig hebben.

De afgelopen 80 jaar werd de intensivering van de landbouw gaandeweg een bedreiging van deze karakteristieke boerenlandsoorten. De Europese Vogel- en Habitatrichtlijn verplicht Nederland te zorgen voor instandhouding van met name vogels en leefgebieden, die van bijzondere waarde zijn. Behalve dat, is beschermen van biodiversiteit een noodzaak: zonder biodiversiteit geen bestuiving, bodemvruchtbaarheid, waterzuivering en plaagbestrijding.

Om deze diensten die de natuur levert te behouden moet op zijn minst de "basiskwaliteit natuur" behouden blijven. De basiskwaliteit natuur is op orde als voor een landschap karakteristieke en algemene soorten, algemeen blijven. Natuurinclusieve landbouw kan op drie manieren bijdragen aan het versterken van natuurwaarden:

1. Door de milieubelasting te reduceren. Dus minder verliezen van fosfaat en stikstof, minder gebruik en minder emissies van bestrijdingsmiddelen. De kwaliteit van bodem, water en lucht nemen dan toe en dat is gunstig voor beschermde soorten in landbouw- en natuurgebieden (sparen).
2. Door leefomstandigheden voor soorten te verbeteren op percelen en erf, gericht op boerenlandsoorten. Of door gericht agrarisch natuurbeheer in een collectief (ANLb) of het meebeheren van gepachte percelen van natuurorganisaties (verzorgen)
3. Door nuttige soorten te stimuleren, zoals natuurlijke bestrijders en het bodemleven (benutten)

Om natuurinclusieve maatregelen uit te voeren is kennis nodig. Denk aan kennis over bodemkwaliteit, geïntegreerde gewasbescherming en productief kruidenrijk grasland. Via allerlei studiegroepen, netwerken en projecten is veel te leren. Dit boek legt een basis om op voort te bouwen.

Natuurinclusieve landbouw is een vorm van landbouw die goed past in de zones rondom kwetsbare natuurgebieden omdat het zorgt voor schoner water, gezonde bodem en minder emissies. In het Nationaal Programma Landelijk Gebied (NPLG) wordt het dan ook als een kans benoemd.

Functies van biodiversiteit

Veel landbouwgewassen en vruchtbomen hebben bestuiving door insecten nodig. Natuurlijke plaagbestrijders als zweefvliegen, gaasvliegen en lieveheersbeestjes helpen plagen onderdrukken. Kleine organismen in de bodem spelen een rol in de voedselvoorziening voor gewassen door het omzetten van organisch materiaal. Vleermuizen en zwaluwen consumeren grote hoeveelheden vliegen en houden die dus weg bij het vee.

Al die hulpkrachten helpen de boer in zijn bedrijf. Als ze optimaal worden aangewend gaat bestuiving ongemerkt en vanzelf en is er minder of geen kunstmest en gewasbescherming nodig.

Goed om te bedenken dat in veel agrarische gebieden de bestuivers en natuurlijke bestrijders onder druk staan. Het weer op peil brengen daarvan vergt tijd, maar is van belang om er in een natuurinclusieve aanpak profijt van te kunnen hebben.

Motivatie van de boer

Boeren zijn vaak gericht op het in stand houden en weer doorgeven van hun bedrijf aan de volgende generatie. En ze weten zich afhankelijk van de bodem, het water, de biodiversiteit en het klimaat. Het maakt dat boeren vanuit zichzelf (intrinsiek) gemotiveerd zijn om goed met al deze factoren om te gaan en zo ook een brede maatschappelijke bijdrage te leveren.

Natuurinclusieve landbouw sluit aan op deze drijfveren van veel boeren. Daarom is het van belang dat natuurinclusieve werkwijzen aanspreken, resultaten geven en praktisch toepasbaar zijn. Nieuwe wegen vinden en uittesten in de praktijk kan samen opgaan met praktijkonderzoek en advisering. Zo vormt zich de benodigde vakkennis en komen er verhalen en cijfers over resultaten van maatregelen.

Opgaven en wensen uit maatschappij en keten

Landbouw gebruikt bijna de helft (49%) van de oppervlakte van Nederland. En er zijn grote maatschappelijke opgaven voor biodiversiteitsherstel, tegengaan van klimaatverandering, schoon water en schone lucht. De roep vanuit de maatschappij om met het agrarische oppervlak een grote bijdrage te leveren aan die opgaven wordt steeds luider. Met programma's voor duurzame producten nemen verwerkers en grootwinkelbedrijven een voorzichtige eerste stap, maar de héle keten kan bijdragen om boeren in staat te stellen natuurinclusief te produceren. Dan gaat het ook om het delen van kennis en kunde vanuit toeleveranciers, bedrijfsadviseurs, (natuur)collectieven en productketens. En het genereren van hogere opbrengsten. Daar zijn hogere productprijzen voor nodig, maar ook stimulerende vergoedingen voor agrarisch natuur- en landschapsbeheer (ANLb) en bijvoorbeeld voor chemie-vrije teelt in grondwaterbeschermingsgebieden.

Natuurinclusief verdienmodel

In het voorgaande blijkt al dat natuurinclusieve landbouw meer is dan voedselproductie, het zorgt ook voor schoon water en lucht en versterking van biodiversiteit. Daar hangen uiteraard kosten mee samen.

De kostenstructuur van een natuurinclusief bedrijf is anders. Zo zijn de kosten voor kunstmest, krachtvoer en bestrijdingsmiddelen lager, maar daar staan hogere kosten voor arbeid tegenover. Onder meer door mechanische onkruidbestrijding, meer weidegang van koeien en jongvee en het beheer van landschapselementen op het bedrijf. Dat het meer banen oplevert, hoor je dan ook vaak als een pluspunt van extensiveren naar een natuurinclusief systeem. Aan de andere kant staan deze hogere arbeidskosten extensiveren in de weg. En dat geldt ook voor de 'extra' grond die nodig is. Vooralsnog zijn de productiekosten in een natuurinclusief systeem hoger vanwege de extra diensten, hogere arbeid en meer grond.

Vanaf 2023 is de inkomensondersteuning voor boeren vanuit de EU zo ingericht, dat aan voorwaarden voor duurzame productie moet worden voldaan. Boeren kunnen hogere hectarepremies ontvangen als ze werken met een ruimer bouwplan, of productief kruidenrijk grasland en langere periodes van weidegang toepassen. Daarmee stuurt het Gemeenschappelijk Landbouwbeleid (GLB) al een beetje in de richting van natuurinclusieve maatregelen. Verder zijn er vanuit de verwerkende industrie en grootwinkelbedrijven keurmerken ontwikkeld om duurzamere producten in de winkel te onderscheiden en daar een meerprijs voor te ontvangen. Voorbeelden zijn On the Way to PlanetProof en 'Beter voor Natuur & Boer' en de biologische keurmerken Eko en Demeter.

Onderwijs

Verandering in gang zetten begint met jongeren goed opleiden in een andere manier van kijken en doen. Vanzelfsprekend heeft het groene onderwijs een grote rol bij het in gang zetten van een transitie naar natuurinclusieve landbouw.

In de Green Deal Natuurinclusieve Landbouw Groen Onderwijs werken partijen samen om de transitie naar natuurinclusieve landbouw in te zetten, te versnellen en te verbreden. De aangesloten onderwijsinstellingen voor MBO- en HBO-onderwijs nemen natuurinclusieve landbouw op in hun onderwijsprogramma's, werken samen en motiveren docenten en teamleiders tot het vergroten van kennis.

Natuurinclusieve landbouw op Groen Kennisnet

De inhoud van dit boek staat ook integraal op Groen Kennisnet. Daar is de inhoud uitgebreid met opdrachten en ondersteunende materialen voor docenten om te gebruiken in hun lessen.
Ga hiervoor naar: edepot.wur.nl/649665

1.2 Leeswijzer

Dit boek laat zien welke maatregelen boeren kunnen treffen om natuurinclusief te werken. De focus ligt hierbij op de akkerbouw en de (melk)veehouderij, omdat dit de grootste grondgebonden landbouwsectoren zijn in Nederland. Het boek is opgebouwd uit verschillende hoofdstukken. In dit eerste hoofdstuk staat beschreven wat natuurinclusieve landbouw is en wat we eronder verstaan. Hoofdstuk 2 schetst een beeld van het perspectief van natuurinclusieve landbouw en gaat in op het verleden, het heden en de toekomst van de landbouw in Nederland. Hoofdstuk 3 t/m 8 vormen ieder een puzzelstukje van het bedrijfssysteem: bodem, gewas, dier, landschap, soorten en gebied (figuur 1.3).

Hoofdstuk 3 gaat in op maatregelen die bijdragen aan het verbeteren van de bodemkwaliteit. Bodem en gewas zijn nauw met elkaar verbonden, dus komen in het hoofdstuk bodem ook gewassen aan bod die ten goede komen aan de bodemkwaliteit. Hoofdstuk 4 gaat over natuurinclusieve teeltmethoden, zoals bijvoorbeeld mengteelten, kruidenrijk grasland en geïntegreerde plaagbeheersing. Hoofdstuk 5 gaat over maat-

regelen voor de veehouderij. Vervolgens komen maatregelen voor landschapsherstel (hoofdstuk 6), soortenbeheer (hoofdstuk 7) en verbinding tussen het landbouwbedrijf en de omliggende regio aan bod (hoofdstuk 8). Omdat de mogelijkheden voor verbinding met de regio per gebied erg verschillend zijn, wordt dit aan de hand van een aantal voorbeeldgebieden getoond. In het bedrijfssysteem (hoofdstuk 9) komen alle voorgaande puzzelstukjes samen. Enkele agrariërs vertellen welke natuurinclusieve maatregelen zij op hun bedrijven nemen en hoe die samenkomen in hun bedrijfssysteem.

De uitgelichte maatregelen die natuurinclusiviteit van een landbouwbedrijf vergroten, dragen bij aan verschillende maatschappelijke doelen of ecosysteemdiensten. De symbolen op de volgende pagina geven telkens weer waaraan de maatregelen bijdragen. Naast een beschrijving van de maatregel, komen vervolgens de landbouwkundige inpasbaarheid, aandachtspunten en kosten en baten aan bod. De praktische invulling van veel maatregelen is geïllustreerd door mini-interviews met agrariërs.

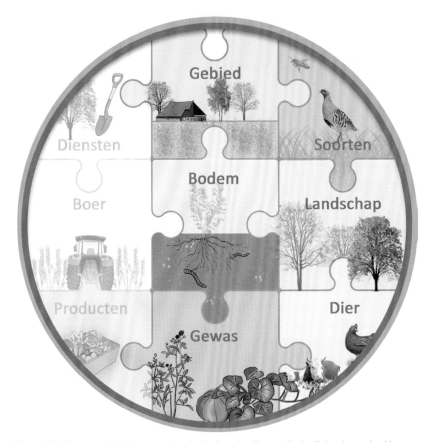

Figuur 1.3. De puzzelstukjes van natuurinclusieve landbouw die in dit boek aan bod komen.

Gebruik van symbolen

In dit boek is via icoontjes zichtbaar gemaakt, waar de natuurinclusieve maatregelen aan bijdragen.

Behoud biodiversiteit

Biodiversiteit is de verscheidenheid aan soorten organismen. Deze leven in een ecosysteem en zijn van elkaar afhankelijk: zo eten roofvogels kleine vogels en muizen, zijn die vogels en muizen afhankelijk van rupsen, wormen, kevers en andere insecten en die weer van voldoende planten. De planten hebben bodemorganismen nodig voor hun voeding.

Het verdwijnen van soorten kan andere soorten ook doen verdwijnen. Behoud van biodiversiteit is van belang voor het gehele ecosysteem. Middels sparen en verzorgen levert natuurinclusieve landbouw daar een bijdrage aan.

Verminderen bestrijdings-middelen

Gewassen krijgen hinder van onkruiden, schimmels en plaaginsecten. Met geïntegreerde gewasbescherming (IPM) zet natuurinclusieve landbouw in op het voorkomen en zo nodig mechanisch of biologisch bestrijden. Natuurinclusief betekent dat je kiest voor robuuste gewassen in een ruime rotatie. En dat je natuurlijke vijanden de kans geeft zich te ontwikkelen. Pas als laatste redmiddel komt een chemisch middel in beeld, maar wel die met de laagste milieubelasting.

Korte kringloop

In elke kringloop is sprake van verlies. Van energie, nutriënten, geld. Het is zaak deze verliezen tot een minimum te beperken. Zo komen grondstoffen soms uit andere werelddelen en gaat dierlijke mest niet terug die kant op, waardoor de kringloop niet gesloten wordt. Lokaal of regionaal is het vaak wel mogelijk de kringloop te sluiten, doordat deze kort blijft. En als verliezen optreden, blijven deze lokaal.

Vermindering nutriëntenemissie

Planten hebben voedingsstoffen nodig om te groeien. Met te veel voedingsstoffen in de kringloop spoelen deze uit, ten nadele van soorten die schrale natuur nodig hebben. Natuurinclusief betekent dat je niet meer mest toedient dan nodig en een bufferzone langs water niet bemest. Je gebruikt waar mogelijk vanggewassen en optimaliseert organische stof in de bodem, om uitspoeling te voorkomen.

Plaag-onderdrukking

Plaaginsecten hebben natuurlijke vijanden zoals roofwespen of loopkevers. Deze hulptroepen kunnen preventief werken en plagen onderdrukken. Natuurinclusief werken houdt in dat je natuurlijke vijanden benut én verzorgt met voedselaanbod en beschutting in bijvoorbeeld akkerranden en ze spaart door bestrijdingsmiddelen te vermijden.

Klimaatmitigatie

Klimaatmitigatie is het tegengaan van klimaatverandering door broeikasgasuitstoot te verminderen en koolstof vast te leggen. Wie natuurinclusief werkt gebruikt zo min mogelijk fossiele energie, legt koolstof vast in de bodem en houdt het waterpeil zo hoog mogelijk om oxidatie van organisch materiaal te voorkomen.

Bodemverbetering

De bodem is de basis van de voedselproductie. Bodemorganismen zorgen voor de omzetting van organische stof naar nutriënten en voor een luchtige, goed doorwortelbare bodem. Die bodemorganismen bevorderen is dus ook de basis van bodemverbetering. Wie natuurinclusief werkt voedt de bodem en verstoort bodemorganismen zo min mogelijk, zodat de bodem de plant voedt.

Bestuiving

Gewassen en bomen hebben bestuiving nodig om vruchten te produceren. Natuurlijke bestuivers hebben daar het grootste aandeel in. Ook voor en na de gewasbloei hebben de bestuivers nectar en beschutting nodig.

Door de aanwezigheid van bloeiende planten met een lange bloeiboog biedt een natuurinclusief bedrijf bestuivers tijdens hun hele levenscyclus voeding. En spaart ze door het weglaten van bestrijdingsmiddelen.

Dierenwelzijn

Onder natuurinclusiviteit valt ook het kunnen uitvoeren van natuurlijk gedrag door landbouwhuisdieren. Een natuurlijke omgeving is daar onderdeel van. Dit betekent onder meer dat het houderijsysteem is aangepast aan de behoeften van het dier en niet andersom.

Waterregulatie

Door klimaatverandering komt vaker droogte voor en is het belangrijk om water vast te houden. Tegelijk verdient waterafvoer bij veel regenval ook aandacht.

Een goede bodemstructuur en veel organische stof versterken het waterregulerend vermogen van de bodem. In een natuurinclusieve werkwijze zorg je voor een goede structuur, verhoog je het organischestofgehalte en voorkom je bodemverdichting.

Meer informatie

- Biodivers Boeren – Erisman en Slobbe - janvanarkel.nl/biodivers-boeren
- Voer voor Adviseurs – Programma Kennis op Maat WUR - wiki.groenkennisnet.nl/space/VVA
- Portaal Natuurinclusieve Landbouw – natuurinclusievelandbouw.eu/leermateriaal
- Digitale gids natuurinclusieve akkerbouw, Aequator, WUR – www.natuurinclusieve-akkerbouw.nl
- Kennis matrix natuurinclusieve landbouw – CLM - www.clm.nl/nieuws/persbericht-kennismatrix-helpt-natuurinclusieve-landbouw
- Leerboek Natuurinclusieve Landbouw (vmbo/mbo) - wiki.groenkennisnet.nl/space/LNL
- WUR e-depot: Natuurinclusieve landbouw: lessenserie voor het hbo – WUR - library.wur.nl/WebQuery/edepot/522118, library.wur.nl/WebQuery/edepot/522867
- Lespakket Biodiversiteit en Kringlooplandbouw Melkveebedrijven – WUR - blauwgroenlespakket.nl/melkveehouderij
- Lespakket biodiversiteit in openteelten groenkennisnet.nl/nieuwsitem/nieuw-lespakket-biodiversiteit-en-kringloop-landbouw-voor-open-teelten

Bronnenlijst Hoofdstuk 1: Basis en achtergrond

Eekeren N. van & M. Bestman (2012). Toename bedrijfsrisico… leer anders te denken. V-focus december 2012: 36-37.

Erisman J.W., Eekeren, E. van, Doorn, A. van, Geertsema, W. & N. Polman (2017). Maatregelen natuurinclusieve landbouw. Louis Bolk Instituut & Wageningen Environmental Research.

Doorn, A. van, Melman, D., Westerink, J., Polman, N., … & H. Korevaar (2016). Natuurinclusieve landbouw; Food-for-thought. Wageningen UR.

2. Ontwikkeling en perspectief

Wat is het perspectief voor natuurinclusieve landbouw?

Is er wel perspectief voor natuurinclusieve landbouw? Waarom en hoe zouden we (weer) in evenwicht met de natuur gaan werken? Hoe moet dat, als er voor dezelfde productie veel meer grond nodig is? Worden de hogere kosten door de markt en de samenleving vergoed? Vragen die in dit hoofdstuk aan de orde komen.

Lastige vragen. Want nationaal én internationaal krijgt de gangbare landbouw in Nederland lof toegezwaaid voor de enorm toegenomen productiviteit per hectare én per arbeidskracht, alsook de huidige milieubelasting per eenheid product. Met daaraan verbonden het argument 'als de productie naar het buitenland verdwijnt, neemt de impact op het milieu toe en het dierenwelzijn juist af'.

Natuurinclusieve landbouw neemt afscheid van het klassieke uitgangspunt waarbij de grillige natuur zoveel mogelijk naar eigen hand wordt gezet door grootschaligheid, chemie, machines, monoculturen, bedekt telen op substraat en dergelijke. Maar hoe is dit klassieke uitgangspunt eigenlijk ontstaan? Om een verandering in gang te zetten, is het belangrijk om te weten waar je vandaan komt. Daarom schetsen we eerst een terugblik op 75 jaar landbouwontwikkeling.

Nooit meer honger

Tijdens de Tweede Wereldoorlog (1940-1945) ondervond Nederland in de winter van 1944 wat honger kan betekenen. Na de oorlog werd het motto 'nooit meer honger' daarom leidend voor het landbouwbeleid. In de decennia daarna werd met rationalisering, mechanisering en schaalvergroting een enorme productiviteitsverhoging gerealiseerd. Met inputs als trekkers en andere nieuwe machines, nieuwe stalsystemen, bestrijdingsmiddelen, kunstmest en fossiele energie ging de landbouw de moderne tijd in.

Hogere producties per hectare, per koe, per varken en per kip werden door de overheid gestimuleerd met allerlei steunmaatregelen. En met grootschalige ruilverkavelingen werd het landschap aangepast aan de eisen van de moderne landbouw. Het landschap werd letterlijk gestroomlijnd. De natuur werd 'op afstand gezet'. En... honger was niet meer aan de orde.

Na de Tweede Wereldoorlog heeft de landbouw onder het motto 'nooit meer honger' een schaalvergroting doorgemaakt. Hierbij speelde landbouwminister Sicco Mansholt een belangrijke rol (hier tijdens een bezoek bij machinefabriek Vicon, 1955).

De onstuimige ontwikkeling kende ook minder positieve gevolgen, die in de jaren 70 en 80 van de vorige eeuw zichtbaar werden. Er ontstonden productieoverschotten die tegen hoge kosten opgeslagen moesten worden ('boter-, melkpoeder- en graanbergen'), er kwamen berichten over milieuschade, zoals eutrofiëring (voedseloverschot) van sloten en beken, emissies van bestrijdingsmiddelen naar water, bodem en lucht, achteruitgang van biodiversiteit, stankoverlast, enzovoort.

Productiebeperking

Er moest een rem komen op de groei van de productie. Het begrip productiebeheersing zorgde voor felle discussies in de politiek en in kranten en vakbladen en in 1983 voerde de Europese Unie de melkquotering in. Later volgden premies voor het braakleggen van grond, om de graanproductie te remmen. Daarbij viel de term 'geïntegreerde landbouw', een vorm van landbouw die functies van landbouw combineert met natuur, landschaps- en milieubeheer (WRR, 1984). Het was een vroege vorm van wat we nu zien als natuurinclusieve landbouw.

De overheid vaardigde wel steeds meer milieubeleid uit, waaronder mestregelgeving en daarnaast regels voor gewasbescherming, stankcirkels rondom veebedrijven en ruimtelijke ordening. Met steeds meer normen en kaders werden de negatieve effecten ingeperkt, maar binnen deze normen bleef groei de motor. In het agrarisch Onderwijs, de Voorlichting en het Onderzoek (het zogenoemde OVO-drieluik: een kennisinfrastructuur) overheerste nog lang de klassieke landbouwbenadering met hoge input.

Consensus over 'transitie'

Na de decennia van spectaculaire groei kwamen in de afgelopen pakweg 50 jaar de negatieve consequenties voor de leefomgeving steeds meer in beeld. Het begon met dierlijke mestoverschotten en overmatig gebruik van bestrijdingsmiddelen, gevolgd door diverse uitbraken van besmettelijke dierziekten: varkenspest (1997-1998), MKZ (2001), Vogelgriep (2003), Q-koorts (2007-2010). En de laatste jaren zijn er alarmerende berichten over de crisistoestand waarin de biodiversiteit verkeert.

Maatschappelijke organisaties op het gebied van dierenwelzijn en milieu stapten naar de rechter en voerden campagnes, en de EU scherpte regels aan. In 2019 verklaarde de rechter het stikstofbeleid onvoldoende om de (aangewezen) Natura 2000-gebieden te beschermen tegen achteruitgang door te veel stikstof. Een groot deel daarvan komt uit de veehouderij in de vorm van ammoniak. Het leidt tot een stevige confrontatie tussen (een deel van) de landbouw en de overheid en politiek. Maar het zorgt tegelijk voor een nieuw 'momentum' voor wat eerst kringlooplandbouw en later ook wel natuurinclusieve landbouw is gaan heten.

Productieoverschotten door onstuimige ontwikkeling leidde in de jaren 70 tot de bekende boterberg.

Uitbraken van dierziektes hebben consequenties voor de gehele sector.

Maatschappelijke druk

Al sinds de jaren 60 en 70 komen maatschappelijke organisaties en wetenschappers in het geweer tegen de uitwassen van de zich snel ontwikkelende landbouw. In 1962 schreef de Amerikaanse biologe Rachel Carson haar boek 'Silent Spring' over de milieuschade die werd aangericht door pesticiden. Het boek kreeg veel aandacht en vergrootte ook in Nederland de onrust over het groeiende gebruik van bestrijdingsmiddelen.

In 1973 verbood het ministerie van Landbouw en Visserij het gebruik van DDT. Niet alleen om de schade aan het ecosysteem, maar omdat er in Betuwse melk residuen waren aangetroffen. De maatschappelijke ongerustheid moest worden weggenomen; volksgezondheid stond voorop. Datzelfde jaar werd hexachloorbenzeen, een middel in de koolteelt, eveneens aangetroffen in melk en daarna verboden.

In 1972 luidde de net opgerichte Stichting Natuur en Milieu de noodklok over de intensieve veehouderij. In het geruchtmakende 'Bio-industrie, Augiasstal in milieu en landschap' wees de Stichting op de toenemende bodem- en watervervuiling door het ongecontroleerd uitrijden van grote hoeveelheden dierlijke mest, met name op de zandgronden.

De maatschappelijke druk op de landbouw werd een constante, met steeds nieuwe kleine stappen naar milieu- en natuurinclusiever werken als gevolg. Telers profileren zich vaker met chemievrije productie. De gewasbeschermingsindustrie investeert in de ontwikkeling en promotie van 'groene middelen'. Het aanbod van technieken voor mechanische onkruidbestrijding neemt toe als alternatief voor chemie. Verschillende grote grondeigenaren als verzekeraars, natuurorganisaties en overheden stellen natuurinclusieve pachtvoorwaarden aan hun pachters.

Internationale afspraken en EU-kaders

Uiteindelijk raken steeds meer partijen en personen overtuigd dat de landbouw een flinke koerswijziging moet maken, een transitie.

Maatschappelijke organisaties als Urgenda, Milieudefensie en Greenpeace beperken zich niet langer tot het bekritiseren van de gangbare landbouw maar steunen actief de natuurinclusieve landbouw. Urgenda trekt bijvoorbeeld een project waarin veehouders geholpen worden om grasland kruidenrijker en dus biodiverser te maken. Daarbij komen steeds twee verschillende perspectieven voorbij:
1. een extensief, natuurinclusief perspectief,
2. een intensief perspectief gericht op efficiëntie, zoals te zien in de glastuinbouw, 'vertical farming', varkensflats, e.d.
Dit boek gaat uit van de eerste optie.

Overigens vragen ook internationale verplichtingen en afspraken Nederland om een meer natuurinclusieve richting. De EU rekent Nederland af op resultaten volgens de EU-Habitatrichtlijn en de Kaderrichtlijn Water. Nederland ondertekende in 1995 het biodiversiteitsverdrag. Daar staan deftige woorden in: 'In het landelijk gebied komen de bescherming van natuur en biodiversiteit, voedselproductie, bosbouw en andere claims op het gebruik van ruimte samen. [...] Eén van de voorgestelde

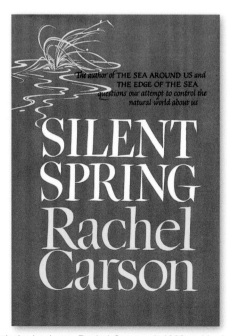

Het iconische boek van Rachel Carson uit 1962 stelde de milieuschade die werd aangericht door pesticiden aan de kaak.

Maatschappelijke campagnes om minder vlees te eten.

oplossingen is het combineren van *supply chain*- en landschaps-benaderingen om 'natuurpositieve' of 'natuurinclusieve' ontwikkelingstrajecten te ontwikkelen in agrarische productie- of landschappen waarbij economische sectoren zoals landbouw, bosbouw, visserij en hulpbronnenwinning betrokken zijn.'

Na de productieoverschotten en kennis over milieuschade kwam er dus steeds meer consensus voor een landbouwtransitie en in die transitie is een rol weggelegd voor natuurinclusieve landbouw. Maar dat is niet altijd zo simpel. Voor een landbouwtransitie zijn geld en grond nodig. Hierin spelen consument, overheid en keten allen een rol.

Economische rentabiliteit

Is er met natuurinclusieve landbouw een boterham te verdienen? Die boterham wordt doorgaans verdiend met de opbrengsten van het eindproduct: graan, suiker, bloemen, melk, vlees, aardappels, peren, bloembollen. Naast deze 'oude bekenden' zijn nieuwe gewassen op komst, zoals lupine en lisdodde. En gewassen van vroeger komen weer in beeld, zoals vezelgewassen voor de bouwsector: vezelvlas, vezelhennep, zonnekroon, miscanthus.

Veel boerenbedrijven hebben ook een neventak, zoals een camping of B&B, een zorgtak, kinderopvang, eigen verwerking en boerderijwinkels. Juist op dit soort bedrijven blijkt een natuurinclusieve bedrijfsvoering goed te passen.

Op de prijs van de agrarische eindproducten heeft de boer vrijwel geen invloed. Meer produceren is dan de voor de hand liggende reactie om kostprijsstijgingen het hoofd te bieden. Omschakelen naar biologische en/of natuurinclusieve productie betekent meestal juist een lagere productie. Dan is een hogere prijs voor het eindproduct nodig, en aanvullend inkomen uit het leveren van zogenoemde groenblauwe diensten voor de maatschappij.

Grond voor extensivering

De vraag is ook of je naar het perspectief van een agrarisch bedrijf op de korte of de lange termijn kijkt. Wie het op de lange termijn beziet kan het heel logisch vinden om te investeren in een gezonde bodem met veel bodemleven, organische stof en een mooie structuur. Op korte termijn brengen die investeringen lagere opbrengsten, meer arbeid en kosten met zich mee die wel moeten worden opgebracht.

Natuurinclusiever boeren is meestal ook extensiever, met een grotere behoefte aan grond. En grond is een schaars goed in ons overbevolkte land. Om natuurinclusieve landbouw rendabel te maken en te houden is extra grond een belangrijke voorwaarde. Dat kan via aankoop van grond op de vrije markt maar dat hoeft en kán vaak niet. Natuurorganisaties Natuurmonumenten, Staatsbosbeheer en de landschappen stellen via pacht grond beschikbaar voor boerenbedrijven die de stap naar een natuurinclusief bedrijf willen maken. Landbouwgrond 'afwaarderen' tot natuurgrond (bijvoorbeeld met agrarisch medegebruik) en de boer daarvoor compenseren is ook een mogelijkheid.

Urgenda beperkt zich niet langer tot het bekritiseren van de gangbare landbouw maar steunt actief de natuurinclusieve landbouw zoals hier met productief kruidenrijk grasland.

Land van Ons is een van de vele particuliere initiatieven om natuurinclusieve landbouw te ondersteunen.

Agrarisch natuurbeheer verdient meer 'bonus'

De beloning van de 'natuurcomponent' is in de eerste plaats een publieke aangelegenheid. Al sinds begin jaren 80 bestaan er overheidsregelingen voor de vergoeding van agrarisch natuur- en landschapsbeheer. De laatste jaren vormen de agrarische collectieven het platform voor de vormgeving en uitbetaling van natuur- en landschapsbeheer (ANLb). Vergoedingen voor agrarisch natuurbeheer zijn gebaseerd op het principe dat de boer een tegemoetkoming krijgt voor de lagere productie van natuurpercelen. De eventuele extra arbeid die gemoeid is met het natuurbeheer blijft buiten beschouwing. Omdat er enkel gecompenseerd wordt voor gemiste opbrengsten, ontbreekt een 'bonus' voor het natuurinclusief produceren, een prikkel om die stap ook daadwerkelijk en blijvend te zetten.

Een andere hobbel voor boeren die hun bedrijf natuurinclusiever maken is het gebrek aan data en voorbeeldberekeningen om de rentabiliteit van nieuwe activiteiten goed in te schatten. De vele gegevens die bekend zijn over agrarische activiteiten gaan uit van gangbare landbouw en zijn per sector beschikbaar in handboeken met normcijfers (zogenoemde KWIN's). Het is zeer gewenst dat er vergelijkbare varianten komen voor natuurinclusieve landbouw. In de afgelopen decennia zijn er immers veel initiatieven ontstaan die deze uitdaging hebben opgepakt, waarin nadrukkelijk wordt gezocht naar een samenwerking tussen voedselproductie en natuurbeheer. De boeren in deze initiatieven moesten zelf het wiel uitvinden, maar vormen nu inspirerende voorbeelden en kunnen een rol spelen in het verzamelen van goede economische data en strategieën.

Wat opvalt aan deze bedrijven is dat ze vaak niet alleen werken aan de verbinding tussen landbouw en natuur, maar ook aan de verbinding tussen consument en producent. Bij tal van initiatieven is sprake van Community Supported Agriculture (CSA). Ook burgerparticipatie en voedselcoöperaties zijn vormen van het dichter betrekken van de consument en/of burger bij de productie van voedsel.

Daarnaast ontstaan verschillende particuliere initiatieven die natuurinclusieve bedrijven een handje helpen met grond voor lagere lasten, zoals BD Grondbeheer, Aardpeer en Land van Ons.

Herenboeren is een voorbeeld van Community Supported Agriculture.

Skal Biocontrole certificeert bedrijven en producten die werken volgens de biologische EU-verordening (o.a. geen kunstmest of chemisch-synthetisch middelen).

Maakt 'natuurinclusief' plaats voor 'regeneratief'?

De term natuurinclusieve landbouw lijkt op dit moment wat meer naar de achtergrond te verdwijnen. Tegelijkertijd is de term regeneratieve landbouw in opkomst. Waar natuurinclusieve landbouw herstel van biodiversiteit en ruimte voor de natuur binnen de landbouw benadrukt, richt regeneratieve landbouw zich meer op herstel van bodemkwaliteit. Beide termen lijken op elkaar, mede omdat er een brede range van bedrijven onder vallen die allemaal wel iets doen aan bodemkwaliteit of het benutten van biodiversiteit. De definities zijn niet heel specifiek en afgebakend en juridisch niet beschermd. Daardoor is niet iedereen blij met deze termen. Veel biologische boeren vinden natuurinclusief en regeneratief te vaag met risico op 'greenwashing'. Aan de andere kant bieden natuurinclusieve en regeneratieve landbouw ruimte aan een brede groep boeren (gangbaar én biologisch) om verder te verduurzamen.

Meer 'zwaar beheer' nodig

Sinds 1981 bestaan er regelingen waarbij de overheid boeren compenseert voor gemiste opbrengsten op percelen waar ze agrarisch natuurbeheer uitvoeren. Eind 2021 bedroeg het areaal waarop boeren aan natuurbeheer doen ca. 103 duizend hectare. Dat is ongeveer zes procent van het totale areaal cultuurgrond. Het grootste deel hiervan betreft graslandbeheer ter bescherming van weidevogels in de provincies Friesland, Noord- en Zuid-Holland.

Hoewel er lokaal successen worden gemeld, lukt het daarmee niet om de achteruitgang van soorten in het agrarisch gebied om te buigen. Zo heeft ruim 40 jaar beleid voor agrarisch natuurbeheer de achteruitgang van de kenmerkende (weide)vogelsoorten, waarvoor ons land internationaal gezien van betekenis is, tot nu toe niet kunnen stoppen.

In 2020 is het huidige ANLb geëvalueerd. In deze evaluatie worden de verwachtingen getemperd. Nestbescherming en rustperiodes zorgen niet vanzelf voor een verbetering van de habitatkwaliteit op de langere termijn. Daarvoor zijn grotere oppervlaktes met 'zwaardere' vormen van beheer nodig, zoals extensief kruidenrijk grasland, lagere mestgiften en hogere waterpeilen. En juist daarvoor is de animo niet groot, want dergelijke maatregelen zijn moeilijker in te passen voor boeren en vergen fors hogere vergoedingen.

Rol van de keten: waarderen en belonen

Hoezeer de druk om meer natuurinclusief te werken ook kan komen van publieke en maatschappelijke partijen, de boer moet zijn inkomen toch in de eerste plaats halen uit de markt, uit de verkoop van melk, vlees, aardappelen, fruit, bloemen, bollen. Ketenpartijen spelen dan ook een niet te onderschatten rol bij veranderingen in de sector. Onder ketenpartijen worden verschillende spelers verstaan. Denk aan de leveranciers van uitgangsmateriaal, bestrijdingsmiddelen en veevoer die vaak ook advies brengen aan de keukentafel. Een bijzondere positie hebben de banken die de landbouw financieren. Zij kunnen voorwaarden stellen aan leningen of rentekorting geven bij natuurinclusiever werken.

Maar ook de afnemende partijen die de producten naar de markt brengen en in verbinding staan met de grootwinkelbedrijven, spelen een rol in het natuurinclusiever maken van de landbouw. Met hun inkoopvoorwaarden en de prijzen oefenen ze immers veel invloed uit op de manier waarop de productie tot stand komt. Onder druk van organisaties als Greenpeace en Natuur & Milieu besloten de grote Nederlandse supermarkten in 2016-2018 om van hun agrarische leveranciers te eisen dat ze produceren volgens bovenwettelijke eisen, die aantoonbaar zijn met een certificaat. De meeste supermarktketens kozen daarbij voor het 'On the way to PlanetProof'-certificaat. In de eisen voor 'PlanetProof' zitten veel maatregelen voor natuurinclusief werken. Zo leiden ingrepen als bloemenranden, nestgelegenheid, grasklaver en kruidenrijk grasland tot bonuspunten. Een ander voorbeeld is het keurmerk 'Beter voor Natuur & Boer'.

In enkele productketens krijgen agrariërs een iets hogere prijs voor de bovenwettelijke maatregelen die ze nemen. Soms worden natuurinclusieve producten met een verhaal aan de man gebracht, bijvoorbeeld door de teler in beeld te brengen. Supermarkten gebruiken dit in hun communicatie naar de klanten. Consumenten zijn dan soms bereid een hogere prijs te betalen en in dat geval komt de meerprijs dus uit de keten.

Biologische bedrijven werken met een internationaal erkend keurmerk, waarbij de inzet van chemische bestrijdingsmiddelen en kunstmest niet toegestaan is. Ze realiseren gemiddeld een wat lagere productie per hectare, maar met meer benutting van biodiversiteit en een meerprijs op de markt. Daarmee is dit een bestaand natuurinclusief model.

In de onderhandelingen over het landbouwakkoord in 2023 lagen afspraken op tafel dat retail en tussenhandel in alle productketens beloningen zouden doorvoeren voor bovenwettelijke maatregelen. Maar het landbouwakkoord is er niet gekomen, waardoor boeren dus nog geen duidelijkheid kregen over de rol van de keten.

On the way to PlanetProof is een keurmerk dat bovenwettelijke eisen stelt, deels ook op natuurinclusieve aspecten.

Stapelen van beloningen

Zowel overheden als marktpartijen zetten dus beloningen in om de landbouw te helpen verduurzamen en natuurinclusiever te worden. Een nieuw instrument in het geheel vormen de zogenoemde KPI's, ofwel Kritische Prestatie Indicatoren. Die maken het mogelijk om scores toe te kennen voor thema's als waterkwaliteit, energie en klimaat, bodemgezondheid, biodiversiteit en dierenwelzijn. Met die scores kunnen boeren inzichtelijk maken op welke onderdelen zij beter scoren dan gemiddeld. Door daar een beloning aan te koppelen, wordt het mogelijk om te sturen op doelen. Hierdoor worden bedrijven integraal beoordeeld en hebben boeren meer vrijheid om met hun eigen vakmanschap verbeteringen te bereiken (www.boerenKPI.nl).

De KPI-aanpak is een initiatief dat in eerste instantie vanuit private partijen is ontstaan voor de melkveehouderij (Bio-diversiteitsmonitor) en daarna door enkele provincies is overgenomen. Op dit moment is ook de landelijke overheid bezig om de KPI-systematiek te introduceren. Het idee erachter is dat publieke en private partijen duurzame landbouw gaan belonen. Boeren kunnen deze vergoedingen dan stapelen met andere inkomsten.

Wie bijvoorbeeld agrarisch natuurbeheer toepast krijgt voor de betreffende percelen een vergoeding en kan er in combinatie met andere maatregelen ook een hogere hectaretoeslag uit het Gemeenschappelijk Landbouwbeleid (GLB) ontvangen (brons, zilver of goud). Daar bovenop kan een hoge score op KPI's voor deze maatregelen nog een extra vergoeding opleveren, zonder al te veel extra administratieve lasten. Een goed voorbeeld van gestapelde beloningen voor natuurinclusieve veehouderij is een project in Salland (2022). Zie hiervoor tabel 2.1.

Tabel 2.1. Criteria voor boerderijen in twee gebiedstypen in Salland voor het behalen van drie verschillende natuurinclusieve niveaus, brons, zilver en goud. Daaraan gekoppeld zijn verschillende beloningen.

	Brons	**Zilver**	**Goud**
Open weidegebied			
Biodivers areaal	5%	7,5%	10%
Plasdras	> 0,5%	> 0,5%	> 0,5%
Kruidenrijk grasland	ja	ja	ja
Dooraderingsgebied			
Biodivers areaal	5%	7,5%	10%
Poel	nee	1 per 50 ha	1 per 25 ha
Opgaande beplanting	> 60 m randlengte per ha	> 80 m randlengte per ha	> 100 m randlengte per ha
Kruidenrijk grasland	< 33% van het biodivers areaal	< 33% van het biodivers areaal	< 33% van het biodivers areaal

1. Beloning voor het behaalde natuurinclusieve niveau (bijv. vanuit de provincie)
2. Subsidies voor agrarisch natuur- en landschapsbeheer
3. Gunstiger pachtvoorwaarden (bijv. bij a.s.r. real estate) en voorrang bij pachtuitgifte (bijv. bij Staatsbosbeheer)
4. Inspraak in processen (bijv. in gebieden en projecten)
5. Rentekorting voor leningen bij banken
6. Bijdragen uit regiofondsen (bijv. Kostbaar Salland)
7. Afnemers betalen iets hogere prijs (bijv. op basis van de biodiversiteitsmonitor van Friesland Campina)

Voorbeelden van gestapelde beloningen (en kortingen) voor natuurinclusieve bedrijven.

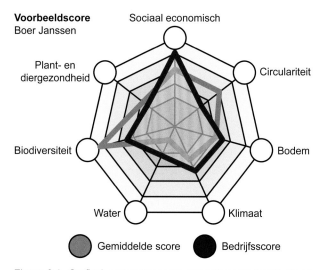

Figuur 2.1. Grafische weergave van prestaties van bedrijven op verschillende doelen. Overheden en private partijen kunnen goed scorende bedrijven belonen, waardoor natuurinclusief boeren financieel aantrekkelijker wordt (bron: BoerenKPI.nl).

De knop om vergt motivatie en stimulans

Wat drijft boeren om stappen te zetten naar een natuurinclusieve landbouw? Inzicht in die drijfveren is waardevol om ook bestaande boeren die dat overwegen op een goede manier te motiveren en te ondersteunen. En al begint het met de motivatie om te veranderen (willen), daarnaast is er meer nodig. Het moet ook te overzien zijn of de verandering haalbaar is (kunnen) en het maakt veel verschil of de zakelijke en persoonlijke omgeving meewerkt en stimuleert of juist remmende signalen geeft. Adapteren vergt vaak investeringen en dus de behoefte aan duidelijkheid en zekerheid (omgeving). Zie figuur 2.2: een combinatie van willen, kunnen en een stimulerende omgeving.

In een onderzoek van Wageningen University & Research wijzen onderzoekers erop dat de intrinsieke motivatie van boeren op waarde moet worden geschat: 'Boeren willen serieus genomen worden. Zij zijn veelal betrokken bij hun gebied, zien wat er misgaat en hebben ideeën over hoe het beter kan. Hun motivatie en enthousiasme zijn essentieel voor een beweging richting natuurinclusieve landbouw.'

Daarnaast is voldoende (vak)kennis over natuurinclusief boeren vanzelfsprekend nodig om de stap te kunnen zetten, evenals de middelen. Denk daarbij aan financiële armslag en voldoende grond, maar ook voldoende tijd.

En tenslotte gaat het niet zonder stimulerende prikkels vanuit de omgeving. Dat kunnen rentekortingen zijn, vergoedingen van de overheid en hogere prijzen. Maar daarnaast is de adviesomgeving van de boer van belang. Die kan stimulerend meedenken en kennis aanreiken bij de stap naar natuurinclusieve landbouw.

De motivatie om natuurinclusief te werken is op een aantal manieren aan te wakkeren. De boeren die deze richting inslaan verdienen waardering voor en erkenning van hun inspanningen. Goede ervaringen en concrete resultaten kunnen worden uitgewisseld. Dat gaat nog beter als er goede monitoring is die resultaten zichtbaar maakt en deze informatie wordt teruggekoppeld. Het organiseren van kennisuitwisseling in leernetwerken van boeren, waarbij boeren naar elkaar kijken en van elkaar leren is van grote waarde.

Voorts past het aanspreken van boeren op hun eigen passie en op hun plek in de maatschappij goed bij hun autonomie en vrijheid. De groeiende bewustwording in de sector kan worden aangegrepen om een transitie in te zetten. Het zou ook enorm helpen als natuurinclusieve landbouw breed onderdeel werd van het beeld van 'een goede boer', zoals boeren elkaar en zichzelf zien.

Daar staat tegenover dat boeren gedemotiveerd raken als subsidies om onduidelijke redenen stopgezet worden. En als er tegengestelde signalen vanuit de overheid komen over wat een goede boer is en wat van de landbouw verwacht wordt. Of als regelgeving frustrerend werkt. Bijvoorbeeld als boeren die wat langer water op hun land laten staan om weidevogelkuikens te helpen, daar een boete voor krijgen (want er staat een einddatum in het beheerpakket). Of als in een gebied veel weidevogels worden beschermd, maar de predatoren die kuikens en eieren opvreten niet mogen worden bestreden.

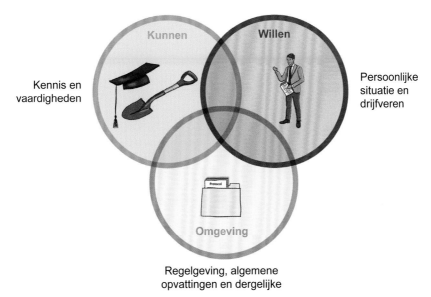

Figuur 2.2. Willen, kunnen en omgeving (van Eldik, Westerink, Schrijver, Dijkshoorn-Dekker en Schütt, 2021).

Meer informatie

- Agrarische collectieven: www.boerennatuur.nl/actueel/het-collectief-van-de-toekomst
- Natuurgedreven landbouw: www.natuurgedreven.nl/wp-content/uploads/2020/05/Eindrapport-WINK-LR.pdf
- Verdienmodellen NIL: natuurinclusievelandbouw.eu/dossier/natuurinclusieve-verdienmodellen
- Brabantse aanpak met KPI's: www.vangoghnationalpark.com/nl/homepage/brabants-bodem/deelprojecten/brabant-se-biodiversiteitsmonitor-melkveehouderij-bbm
- Rekentool Onder de streep: www.natuurverdubbelaars.nl/case_study/onder-de-streep-kosten-en-baten-van-regenera-tieve-melkveehouderij
- Werkboek verdienmodellen: https://boeraanhetroer.nl/verdienmodellen-werkboek/
- Podcast Red de Lente, over de impact van bestrijdingsmiddelen: reddelente.nl

Bronnenlijst Hoofdstuk 2: Perspectief

Bleumink H., Leendertse, P., Guldemond, A., Hees E., ... & F. van der Schans (2021). Dwars denken, samen doen. Een kleine schets van vijftig jaar landbouw en milieu (1971-2021). CLM, Culemborg.

Bloemendaal, F. (1995). Het Mestmoeras. SDU Uitgevers, Den Haag.

Dijk, J. van, Veer, G. van der, Woestenburg, M., Stoop, J., ... & M. Slot (2020). Waardevolle Informatie Natuurgedreven Kwaliteit. Onderzoek naar een kennisbasis voor natuurgedreven landbouw. Louis Bolk Instituut, Bunnik.

Dik, L., Linde, A. van der, Olieman A. & J. Westerink (2020). Zijn de agrarische collectieven voorbereid op de toekomst? Meer inzicht in de (eigen) organisatie. Hoofdrapport. LD13 en Wageningen Environmental Research.

Maij, H., Baarsma, B., Koen, C., Dijk, ... & S. Thus (2019). Goed boeren kunnen boeren niet alleen. Taskforce Verdienvermogen Kringlooplandbouw.

Voeten, M.M., Besseling L., Biggelaar, L. van den, Jansen C., ... & T. van Noordwijk (2023). Wat zeggen Prestatie Indicatoren écht over biodiversiteit? De Levende Natuur, jaargang 124 (6): 235-240.

Oudman, T. (2023). Uit de shit. Een pleidooi voor meer boeren en minder vee. De Correspondent, Amsterdam.

Sanders M., Westerink, J., Migchels, G., Korevaar, ... & R.A.F. van Och (2015). Op weg naar een natuurinclusieve duurzame landbouw. Alterra, Wageningen.

Urgenda & LTO (2030). 1001ha.nl, geraadpleegd op 6-12-2023.

Westerink, J., Smit B., Dijkshoorn M., Polman N. & T. Vogelzang (2018). Boeren in beweging: Hoe boeren afwegingen maken over natuurinclusieve landbouw en hoe anderen hen kunnen helpen. Wageningen UR.

Westerink, J. (2020). Kan een goede boer natuurinclusief zijn? WOt-paper: 50, Wageningen UR.

3. Bodem

3.1 Inleiding

Begrip voor de bodem

Boeren weten als geen ander dat de grond waarmee ze werken de basis is van hun bestaan. De ene bodem is de andere niet, het kan zware of lichte grond zijn, het kan wel of niet vruchtbaar zijn, meer of minder draagkracht hebben, makkelijke grond zijn of juist moeilijk te bewerken, het kan een 'bonte grond' zijn of uniform van samenstelling. Tal van fysische, chemische en biologische eigenschappen spelen een rol en het maakt dan ook nog uit hoe er in het verleden mee is omgegaan.

Bodemkwaliteit behouden

Onder de bodem wordt verstaan: de bovenste laag van de aardkorst die door planten beworteld kan worden. Het op peil houden of verbeteren van de bodemkwaliteit is een belangrijk uitgangspunt voor natuurinclusieve landbouw. Er is een definitie voor wat we onder bodemkwaliteit verstaan. Deze lange zin zetten we voor de helderheid in een opsomming:

- 'de capaciteit van de bodem om te functioneren als een vitaal levend systeem,
- binnen de grenzen van het ecosysteem en het landgebruik,
- om de productiviteit van planten en dieren in stand te houden of te verbeteren,

- de water- en luchtkwaliteit te verbeteren,
- en de gezondheid van planten en dieren te bevorderen' (Bonfante et al., 2020).

De bodem reguleert het vrijkomen van nutriënten voor gewassen en beïnvloedt de beschikbaarheid van water en zuurstof en de mogelijkheid voor gewassen om te wortelen. De boer heeft dus veel baat bij een goede bodemkwaliteit.

Maatregelen voor betere bodemkwaliteit

De werkzaamheden van de boer hebben veel invloed op de bodemkwaliteit. In dit hoofdstuk komen verschillende maatregelen aan bod die een positief effect hebben op de bodemkwaliteit. Om de maatregelen te kunnen begrijpen is er eerst wat meer begrip nodig over hoe de bodemkwaliteit bepaald kan worden en hoe verschillend bodems in Nederland kunnen zijn. Daarom volgt hier eerst verdiepende informatie over bodemkwaliteit, bodemtextuur, bodemtypes, bodemleven en bodemorganische stof.

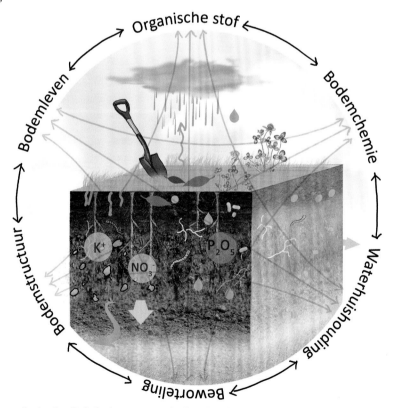

Figuur 3.1. Zes aspecten van bodemkwaliteit: bodemstructuur, bodemchemie, bodemleven, organischestofgehalte, beworteling en waterhuishuiding.

Zes aspecten van bodemkwaliteit

Bodemkundigen redeneren vanuit de bodem en geven aan dat de bodemkwaliteit af te lezen is aan drie aspecten: de bodemstructuur, de bodemchemie en het bodemleven. Vanuit de boerenpraktijk zijn het organischestofgehalte van de bodem, de beworteling en de waterhuishouding ook zeer relevant. In dit boek hanteren we daarom zes aspecten van bodemkwaliteit.

Ieder aspect op zich zegt veel over een bodem, maar ze hangen onderling ook sterk samen. Uiteindelijk vertalen deze zes aspecten zich in de gewasgroei.

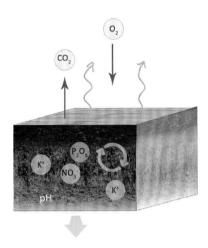

Bodemchemie

In de bodem spelen zich allerlei chemische processen af. Die zorgen voor het binden en vrijgeven van nutriënten (o.a. stikstof, fosfaat, kalium en magnesium). Welke processen zich afspelen en hoe die processen verlopen is dan weer erg afhankelijk van de zuurgraad (pH), de bodemtextuur, het organischestofgehalte en het bodemleven. De zuurgraad beïnvloedt bijvoorbeeld de beschikbaarheid van nutriënten, waaronder fosfaat. Bij aanwezigheid van klei en humus, worden stabiele klei-humuscomplexen gevormd. Deze kunnen nutriënten binden en loslaten. Ze vormen dus een natuurlijke buffer voor nutriënten en reguleren daarmee de beschikbaarheid van nutriënten voor het gewas.

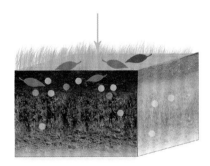

Organische stof

Een bodem kan veel of weinig organische stof bevatten en dat geeft al veel informatie over de eigenschappen van die bodem. Maar wat is organische stof? Afgestorven plantenwortels, gewasresten, mest en micro-organismen, dat allemaal samen, noemen we de organische stof. Jonge organische stof is nog niet verteerd door het bodemleven en is makkelijk afbreekbaar. Humus is juist oude organische stof die al wel is omgezet en stabiel aanwezig is in de bodem. Een hoog organischestofgehalte verhoogt de natuurlijke productiviteit van de bodem.

Verschillende soorten organische stof

De laatste wetenschappelijk inzichten over bodemorganische stof nuanceren het verhaal van 'oude' en 'jonge' organische stof. Door nieuwe meettechnieken is duidelijk geworden dat sommige organische moleculen, vooral de kleine, kunnen vastplakken aan bodemdeeltjes en zo afbraak door micro-organismen vermijden. Dat deel wordt 'mineraal-geassocieerde organische stof' (MAOM) genoemd. Verse plantenresten, of 'particulaire organische stof' (POM), worden vaak snel afgebroken, maar kunnen ook door schimmeldraden ingepakt worden en door het slijm dat bacteriën uitscheiden, worden vastgeplakt. Zo kunnen ze de kern vormen van bodemaggregaten. Dat zijn kluitjes vastgeplakte bodemdeeltjes en organische stof die hen langdurig beschermen tegen afbraak.

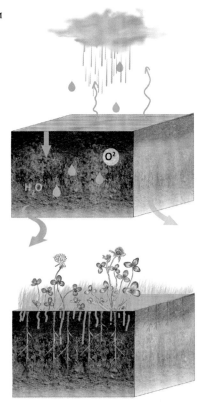

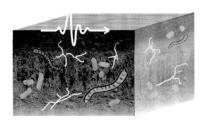

Waterhuishouding

Voor de groei van planten moet er water en zuurstof in de bodem aanwezig zijn. Ook voor het bodemleven en de chemische processen die daar plaatsvinden is water nodig. Kleine poriën (< 0,03 mm) houden water vast. Grote poriën zorgen voor zuurstof. Bij veel regen in korte tijd is het belangrijk dat de bodem het water kan afvoeren. Wormengangen en een goede bodemstructuur helpen daarbij. Een diepe beworteling en een hoog gehalte organische stof kunnen bijdragen aan droogtetolerantie.

Beworteling

Wortels zijn de verbinding tussen bodem en gewas, en vormen de bodem. Met hun wortels nemen de planten water en nutriënten op uit de bodem. Ook ondersteunen wortels de bodemstructuur. Wortels groeien niet alleen, maar sterven ook af. Ze voeden zo het bodemleven met organische stof. Levende wortels scheiden ook stoffen af die het bodemleven kunnen voeden of chemische processen in de bodem beïnvloeden. Het gewas heeft dus invloed op de bodem en de bodem weer op het gewas.

Bodemstructuur

Een goede bodemstructuur zorgt ervoor dat er voldoende vocht en lucht in de bodem is en dat voedingsstoffen goed bereikbaar zijn voor de gewassen. Een verdichte bodemstructuur of een verdichte ploegzool (harde ondergrond net onder ploeg-/spitdiepte) belemmeren de groei van gewassen, omdat water niet goed naar beneden kan zakken, wortels niet meer goed kunnen groeien en/of er onvoldoende zuurstof beschikbaar is voor de wortels. Een goede bodemstructuur kenmerkt zich door kruimels en afgeronde structuurelementen en vertoont geen scherpblokkige structuurelementen. Een goede bodemstructuur zorgt voor een goede waterhuishouding en voldoende zuurstof in de bodem. Dit is van belang voor de plantengroei.

Bodemleven

De bodem zit vol leven! In gewicht is de 'veestapel' onder de grond soms nog groter dan die erboven. Allerlei levende organismen als schimmels, bacteriën, aaltjes, insecten en wormen vormen samen het bodemleven. Dat ondergrondse leven heeft veel invloed op processen als het vrijkomen en vastleggen van voedingsstoffen, opbouw en afbraak van organische stof, opbouw en onderhoud van de bodemstructuur, reguleren van ziekteverwekkende organismen of plagen en afbraak van giftige stoffen. Belangrijk is dat het bodemleven wordt gevoed met voldoende organische stof. Dit kan met organische meststoffen (bijvoorbeeld vaste mest of compost), gewasresten of afstervende wortels van bijvoorbeeld gras, granen, of groenbemesters (jonge organische stof).

Bodemkwaliteit beoordelen

Er bestaan verschillende methodes om de bodemkwaliteit te beoordelen. Vaak geeft een combinatie van kijken en meten de meeste informatie. In Nederland wordt nu vaak de BLN bodemindicatorset gebruikt (figuur 3.2). De bodemstructuur, de beworteling en het bodemleven zijn visueel te beoordelen aan de hand van een profielkuil.

Een profielkuil is een kuil van 50 bij 50 cm van tenminste 40 cm diep. De dichtheid, bewortelingsdiepte en kleur van de bodem zeggen veel over de bodem. En ook bijvoorbeeld de aan- of afwezigheid van wormen.

Het organischestofgehalte, de hoeveelheid nutriënten en zuurgraad van de bodem, en de aanwezigheid van schimmels, bacteriën en aaltjes, kunnen gemeten worden door een grondmonster te nemen en deze te laten analyseren bij een bodemkundig laboratorium. Vervolgens is interpretatie van de analyses belangrijk om daarmee de juiste maatregelen te nemen voor de bodem.

Onderzoek	Onderzoek-/ordernr: 796411/005794968	Datum monstername: 22-07-2022	Datum verslag: 02-08-2022
Resultaat		**Eenheid**	**Resultaat**
Chemisch	N-totale bodemvoorraad	kg N/ha	4550
	C/N-ratio		14
	N-leverend vermogen	kg N/ha	70
	S-plantbeschikbaar	kg S/ha	7
	S-totale bodemvoorraad	kg S/ha	835
	C/S-ratio		79
	S-leverend vermogen	kg S/ha	11
	P-plantbeschikbaar	kg P/ha	34,8
	P-bodemvoorraad	kg P/ha	1300
	K-plantbeschikbaar	kg K/ha	205
	K-bodemvoorraad	kg K/ha	325
	Ca-plantbeschikbaar	kg Ca/ha	25
	Ca-bodemvoorraad	kg Ca/ha	2545
	Mg-plantbeschikbaar	kg Mg/ha	295
	Mg-bodemvoorraad	kg Mg/ha	165
	Na-plantbeschikbaar	kg Na/ha	40
	Na-bodemvoorraad	kg Na/ha	30
Fysisch	Zuurgraad (pH)		5,6

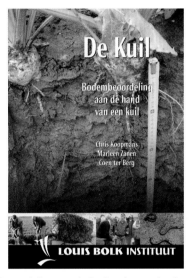

Een laboratoriumanalyse van een grondmonster geeft informatie over o.a. het organischestofgehalte en de bodemchemie.

De visuele beoordeling van de bodem kan op basis van een profielkuil. Het Louis Bolk Instituut heeft hier een handleiding voor gepubliceerd.

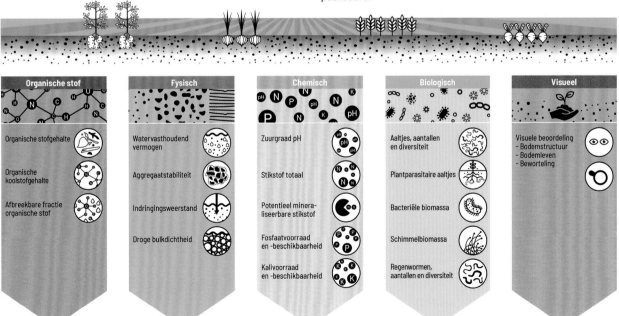

Figuur 3.2. De Bodemindicatoren voor Landbouwgronden in Nederland (BLN-indicatorset) is een wetenschappelijk verantwoorde indicatorset om de kwaliteit van de Nederlandse landbouw bodems integraal (fysisch, chemisch, biologisch), voor verschillende landgebruiksdoelen, vast te stellen.

Deeltjes in de bodem

De deeltjes waaruit de bodem is opgebouwd bepalen voor een groot deel de eigenschappen van een bodem en die zijn niet zomaar veranderbaar. De bodemtextuur (korrelgroottesamenstelling) wordt bepaald door de grootte van de deeltjes waaruit een bodem bestaat en de onderlinge verhouding waarin die deeltjes voorkomen (figuur 3.3). Een textuurdriehoek is een hulpmiddel om bodems in te delen op basis van de verhouding van deeltjes van verschillende grootte (zand, klei en silt/leem). Via deze indeling wordt de grondsoort bepaald (figuur 3.4).

Grondsoorten zijn ontstaan uit moedergesteente. Vervolgens is er in de ijstijden en tussenijstijden door landijs, wind en water materiaal afgezet. Grond is echter nog geen bodem. Het verschil tussen grondsoort en bodem is vooral dat in de bodem de samenhang van belang is. Door bodemvormende processen zijn grondsoorten verder ontwikkeld tot diverse bodemtypes. Als je een kuil graaft kun je aan kleurverschillen en eigenschappen van de lagen in het bodemprofiel afleiden welk bodemtype het is. Tegenwoordig zijn er ook interactieve kaarten van bodemtypes in Nederland beschikbaar (bodemdata.nl/basiskaarten).

Bodem-deeltjes	Korrelgrootte	Eigenschappen	Bodem-deeltjes	Korrelgrootte	Eigenschappen
Klei	< 0,002 mm (niet zichtbaar met blote oog)	Houdt water en voedingsstoffen vast	Zand	Tussen de 0,63 en 2 mm (goed zichtbaar met blote oog)	Houdt relatief weinig vocht vast door grote poriën, geeft stevigheid, maar houdt geen voedingsstoffen vast
Silt	tussen de 0,002 en 0,063 mm (niet zichtbaar met blote oog)	Kleine poriën in silt houden water vast en silt houdt zelf ook voedingsstoffen vast	Grind	>2 mm	Houdt geen vocht of voedingsstoffen vast

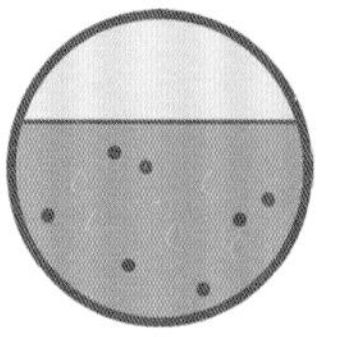

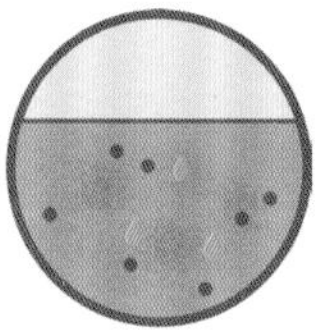

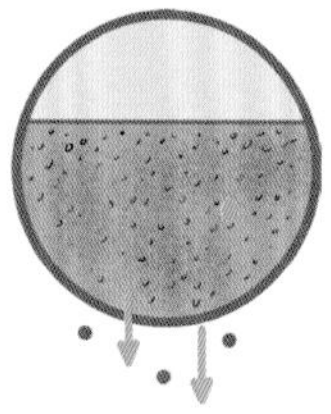

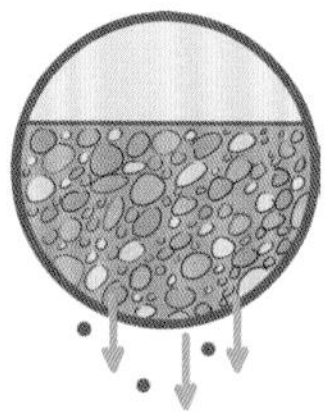

Figuur 3.3. Korrelgrootte en eigenschappen van bodemdeeltjes.

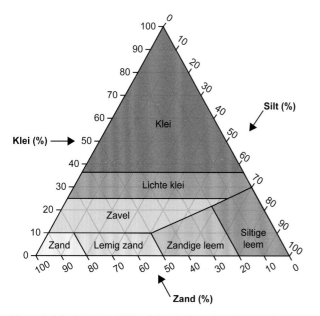

Figuur 3.4. In de textuurdriehoek kun je de verhouding waarin deeltjes van verschillende grootte in de bodem voorkomen relateren aan de grondsoort. De pijlen geven de leesrichting aan. Veengrond valt buiten deze driehoek vanwege het hoge aandeel organische stof.

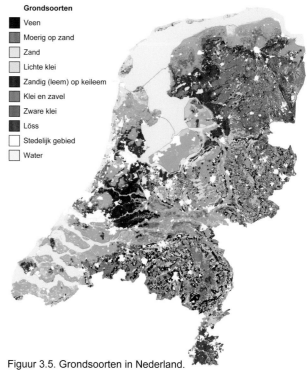

Figuur 3.5. Grondsoorten in Nederland.

Bodemorganische stof, motor van het bodemleven!

De elementen bodemchemie en waterhuishouding hebben in het verleden veel aandacht gekregen. Soms wat ten koste van organische stof en bodemleven. Dat is tegenwoordig wel anders en nu staan ze hoog op de agenda.

Een hoog organischestofgehalte verhoogt de natuurlijke productiviteit van de bodem. Dat werkt zo:

- Jonge bodemorganische stof is de voeding voor het bodemleven zoals schimmels, bacteriën en wormen. Bij het 'opeten' en verteren van de organische stof komen nutriënten beschikbaar voor planten en gewassen. Dit noemen we mineralisatie. Tevens ontstaat er humus (moeilijk verteerbare organische stof).
- Bodemorganische stof (vooral humus) kan nutriënten aan zich binden.

- Bodemorganische stof (vooral humus) werkt als een spons om water vast te houden en water los te laten.
- Bodemorganische stof (humus) kan bodemdeeltjes aan zich binden en draagt zo bij aan een goede bodemstructuur.
- Omdat jonge bodemorganische stof het bodemleven voedt, draagt het indirect bij aan de bodemstructuur, omdat bodemorganismen zorgen voor wormengangen en poriën, wat ook de wortelgroei bevordert.
- Ongeveer de helft van de bodemorganische stof bestaat uit koolstof. Meer bodemorganische stof zorgt dus voor koolstofopbouw in de bodem en die vastlegging is gunstig voor het klimaat.
- Een bodem met veel organische stof is beter bestand tegen extreme klimaatomstandigheden zoals zware regenval en droogte.

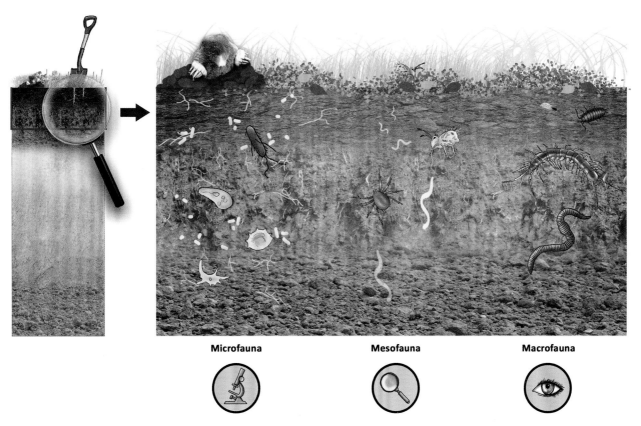

Microfauna   **Mesofauna**   **Macrofauna**

Figuur 3.6. Micro-, meso- en macrofauna in de bodem zorgt voor afbraak van bodemorganische stof.

Fascinerend levendige bodem

Onder bodemleven verstaan we een verzameling organismen zoals wormen, insecten, duizendpoten en miljoenpoten (de macrofauna), nematoden, mijten en springstaarten (de mesofauna) en bacteriën en schimmels (de microflora). Al dit leven in de bodem vormt een complex geheel van planteneters, schimmeleters, bacterie-eters en carnivoren. Sommige soorten eten levende planten en andere juist organische stof. De precieze samenhang tussen alle soorten is nog niet helemaal onderzocht. Wat de belangrijkste soortgroepen zijn en wat hun invloed is op de bodemkwaliteit is echter wel bekend.

Wat bacteriën doen:

- Organisch materiaal afbreken waardoor nutriënten vrijkomen
- Slijm vormen waardoor bodemdeeltjes aan elkaar plakken
- Rhizobiumbacteriën binden stikstof in symbiose met vlinderbloemigen
- Nutriënten binden in de biomassa
- Sommige bacteriën beschermen planten tegen ziekten

Wat schimmels doen:

- Moeilijk afbreekbare organische stof afbreken (hout, bladeren)
- Stabiele humus opbouwen
- Bodemdeeltjes met schimmeldraden verbinden tot grotere deeltjes
- Sommige schimmels kunnen planten beschermen tegen ziekten
- Voedingsstoffen vasthouden
- Mycorrhiza-schimmels groeien in symbiose met planten en voorzien planten van voedingsstoffen in ruil voor suikers

Wat nematoden (aaltjes) doen:

- Andere bodemorganismen reguleren
- Bacteriën, schimmels, plantenwortels en andere aaltjes eten en verteren, en zo voedingsstoffen beschikbaar maken
- Ziekteverwekkers eten

Wat springstaarten doen:

- Organische stof verkleinen waardoor deze toegankelijker wordt voor bacteriën en schimmels
- Organische stof stabiliseren via de uitwerpselen
- Populaties van andere bodembewoners reguleren

Wat wormen doen:

- Verdichting tegengaan door wormengangen
- Klei-humuscomplexen vormen door het eten van organisch materiaal en grond
- Bodemlagen homogeniseren
- Beworteling stimuleren door wormengangen
- Waterinfiltratie faciliteren door verticale gangen (pendelaars)
- Concentreren van nutriënten in wormenpoep

Wat het bodemleven nodig heeft:

- Makkelijk afbreekbare organische stof (gewasresten, afstervende wortels, groenbemesters, mest)
- Voldoende zuurstof
- Leven in bovenste bodemlaag (voedselbronnen)
- Bodemvocht voor verplaatsing
- Rust/een stabiele omgeving (met name ten behoeve van schimmels en wormen)

Meer informatie

- Instructievideo bodemkwaliteit beoordelen: www.youtube.com/watch?v=6gb1Xp3FC34
- Informatieve website bodemkwaliteit: www.goedbodembeheer.nl/graaf-een-kuil
- Bodempodcast: mijnbodemconditie.nl
- 30 vragen over bodemvruchtbaarheid: kennisakker.nl/storage/2911/30_vragen_en_antwoorden_over_bodemvruchtbaarheid.PDF
- Bodemkaarten: bodemdata.nl/basiskaarten

3.2 Minimale grondbewerking

Gebruik het bodemleven als bodembewerker

Deze maatregel draagt bij aan:
verbetering bodem, klimaatadaptatie, minder diesel-
verbruik.

Minimale grondbewerking is een verzamelterm voor bewerkingen waarbij de bodem niet wordt geploegd tot 25-30 cm,
maar alleen oppervlakkig wordt bewerkt. Ondiep ploegen en
spitten vallen hieronder, maar ook combinaties van bewerkingen met cultivator en rotorkopeg of frees. Strokenfrezen
in grasland voor het inzaaien van kruiden of mais, is ook een
minimale grondbewerking. Tegenwoordig gebruiken boeren
vaker een systeem van niet-kerende grondbewerking (NKG).

Door de bodem minder vaak en minder diep te bewerken
krijgt de bodem meer rust. De bodemstructuur blijft beter
intact en het bodemleven raakt minder beschadigd. Vooral
diepgravende wormen, zogenoemde pendelaars, hebben baat
bij minder intensieve (kerende) grondbewerking. Intact laten
van hun gangenstelsels is gunstig voor de waterinfiltratie.

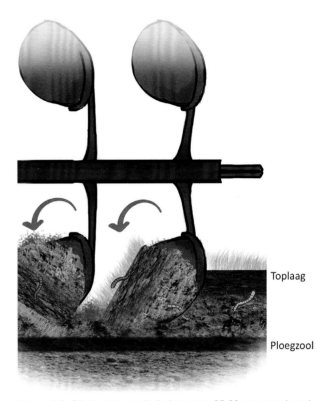

Toplaag

Ploegzool

Figuur 3.7. Bij ploegen wordt de bovenste 25-30 cm omgekeerd.
Dit geeft een schone en luchtige bovenlaag, maar vaak ontstaat er
wel een ploegzool, dit is een verdichte laag vlak onder de regelmatig geploegde bodem.

Ploegen, de bodem op zijn kop

Gebruikelijk is dat landbouwbodems voor akkerbouwmatige
teelten worden geploegd op een diepte van 25-30 cm. Een
ploeg keert de bovenlaag van de bodem volledig om. Het zorgt
voor een losse bodemstructuur waarin een nieuw gewas makkelijk kiemt en wortelt en bovendien worden onkruidwortels
en -zaden diep ondergewerkt. Voor het bodemleven is ploegen
echter een drastische ingreep. Bodemleven is het meest actief
in de toplaag en dit wordt verstoord door het opbreken en keren. Dat is de reden dat boeren intensieve bodembewerkingen
willen minimaliseren.

Natuurlijke opbouw van het bodemprofiel

Bij niet-kerende grondbewerking is de afbraak van organische
stof trager dan bij ploegen, omdat zuurstof minder diep in de
bodem dringt. De meeste organische stof blijft in de toplaag
zitten, terwijl die anders naar onder wordt geploegd. Zo krijgt
het bodemprofiel een meer natuurlijke opbouw. Belangrijke
voordelen hiervan zijn dat de bodem makkelijker water op-
neemt, geleidelijk doorlaat en meer vasthoudt, wat gunstig is
bij extremere weersomstandigheden. Tevens spoelt er minder
nitraat uit.

Inpasbaarheid bedrijf

Telen met minimale grondbewerking (bijvoorbeeld zonder ploegen) kent een aantal uitdagingen. Het luistert nauwer met het weer en de bodemgesteldheid voor een goede uitvoering van de grondbewerking. Het inwerken van groenbemesters is lastiger en een ander effect is een hogere onkruiddruk. Dit vraagt vooral in fijnzadige gewassen als uien en wortelen extra aandacht en maatregelen. Op biologische bedrijven is meer arbeid nodig voor onkruidbestrijding. Bij gangbare bedrijven leidt het vaak tot meer inzet van herbiciden. Gewasresten die achterblijven op het veld zorgen soms in opvolgende gewassen voor bodem- en bladschimmels. Met extra klein maken en oppervlakkig inwerken van groenbemesters/gewassen is dit te voorkomen. Vooral in de eerste jaren van omschakeling moet veel ervaring worden opgedaan, terwijl de genoemde risico's hoger zijn. Daarna ontstaat een nieuwe stabiliteit in de bodem.

Kosten en baten

Bij hoge dieselprijzen is minimale grondbewerking een interessante maatregel die kosten bespaart en ook tot een lagere CO_2-uitstoot leidt. De alternatieve bewerkingen kosten minder tijd dan ploegen, wat een besparing op arbeidsuren meebrengt.

Aan de andere kant zijn investeringen in andere machinetypes nodig en zorgt hogere onkruiddruk voor meer werk en kosten, soms ook iets lagere gewasopbrengsten. Per saldo blijft het financiële resultaat ongeveer gelijk.

Met een spitmachine worden gewasresten ondergewerkt in de toplaag van de bodem en een zaaibed gemaakt.

Met een ecoploeg wordt slechts 8 tot 10 cm diep geploegd.

Met een biomulcher worden verse gewasresten met de toplaag van de bodem vermengd

Door te werken met begroeide vaste rijpaden wordt de bodem zoveel mogelijk ontzien.

NIESTEN HEEFT ERVARING MET NKG

'Regelgeving moet ondersteunen in plaats van beperken'

Op de grens van Maastricht onderneemt de familie Niesten op de Poshoof, een biodynamisch akkerbouwbedrijf op lössgrond. Ze verbouwen onder meer uien, aardappelen, spelt, erwten, witlofpennen en asperges, en passen al jaren niet-kerende grondbewerking toe. In 2023 moest voor het eerst de ecoploeg worden ingezet om in het natte voorjaar het onkruid kwijt te raken.

Raymond Niesten ervaart dat ondiepe grondbewerking bijdraagt aan een gezondere, zuurstofrijkere en minder erosiegevoelige bodem met een betere waterhuishouding. Dit komt volgens hem door het hogere organischestofgehalte in de bodem en stabielere grondaggregaten.

Welke machines uit het rijtje rotorkopeg, cultivator, frees, klepelaar en schijvenzaaimachine worden ingezet is verschillend per gewas en hangt ook af van de noodzaak om onkruiddruk in de hand te houden. Extra belangrijk bij bijvoorbeeld de inzaai van uien. Niesten is overtuigd van de waarde van niet-kerende grondbewerking en gaat ermee door. Hij ervaart de regeldruk en administratie en onzekerheid over overheidsmaatregelen echter als belemmerend. In plaats van controlerend en belemmerend zou de overheid vertrouwen moeten hebben in het vakmanschap van de boer en ondersteunend moeten werken, vindt hij. Overigens: 'Voor het grondwerk is een zwaardere trekker nodig. Ik heb niet de ervaring dat we nu minder diesel gebruiken dan bij traditioneel ploegen', zegt Niesten.

Meer informatie
- Niet-kerende grondbewerking: groenkennisnet.nl/nieuwsitem/Niet-kerende-grondbewerking-verbetert-bodemkwaliteit-1

3.3 Toepassen van compost

Plantaardige meststof uit reststromen

Deze maatregel draagt bij aan:
verbetering bodem, korte kringloop, klimaatadaptatie,
vermindering nutriëntenemissie.

Bij mest denk je eerst aan dierlijke mest. Maar daarnaast vormen ook gewasresten, groenbemesters en compost belangrijke organische meststoffen. Compost bestaat voor een groot deel uit organische stof waaruit voedingsstoffen langzaam vrijkomen voor de gewassen. Het zorgt ook voor een goede bodemstructuur. Vergeleken met dierlijke mest bevat compost een lager gehalte aan nutriënten als stikstof, fosfaat en kali.

De term compost wordt gebruikt voor de plantaardige meststof die ontstaat door plantenresten gecontroleerd te laten verteren. Dat kan op een composthoop op het bedrijf, maar de grote hoeveelheden die in de landbouw gebruikt worden, komen van composteringsinrichtingen. Compost wordt gemaakt van groente, fruit en tuinafval (GFT-compost) of van groencompost. Bij deze laatste worden groene delen zoals bladafval, gras en gewasresten met bruine delen (maaisel, hooi en takken) verhakseld en vermengd met oude compost waardoor de compostering snel verloopt. Bij compostering ontstaat CO_2, en er komt warmte en waterdamp vrij. De warmte (65°C) is van belang om te voorkomen dat onkruidzaden gaan kiemen, en om veel ziektekiemen onschadelijk te maken. Wat overblijft is humusrijke compost.

Compostering maakt van afval, zoals groenafval of bermmaaisel, een waardevolle voedingsstof voor bodem en plant. Het draagt bij aan het sluiten van regionale kringlopen. Kenmerken die maken dat het past bij natuurinclusieve landbouw. Maar de ene compost is de andere niet. Benamingen zoals GFT-compost of groencompost zeggen iets over de herkomst van het materiaal en ook iets over de samenstelling. GFT-compost wordt gemaakt van Groente-, Fruit- en Tuinafval uit de groenbak. Deze is vaak rijk aan voedingsstoffen, maar kan ook vervuild zijn en moet dus ontdaan worden van verontreinigingen. Groencompost wordt vooral gemaakt van plantsoen-, berm-, en veilingafval en slootmaaisel. De samenstelling kan erg verschillen per regio. Goede compost moet voldoen aan kwaliteitseisen, onder andere voor verontreinigingen zoals plastic, glas, zware metalen.

GFT-compost

Wormencompost is feitelijk wormenpoep die ontstaat bij het verwerken van organisch materiaal.

Net even anders: bokashi

Bokashi lijkt op compost, maar is toch net even anders. Het maken van bokashi is een trend die is overgewaaid uit Japan en andere delen van de wereld. Het Japanse woord bokashi betekent letterlijk 'verzacht of vervaagd'. Het komt neer op 'goed gefermenteerd organisch materiaal'. Anaerobe of zuurstofloze bacteriën zorgen voor de fermentatie, net als bij het inkuilen van gras in de veehouderij. Voordat het materiaal luchtdicht met plastic wordt afgedekt, worden micro-organismen en kalkhoudend materiaal toegevoegd. Het kalkrijke materiaal zorgt ervoor dat de pH niet te laag wordt, zodat de organismen langer hun werk kunnen blijven doen.

Een bokashikuil fermenteert organisch materiaal onder zuurstofloze omstandigheden en daardoor ook bij lagere temperaturen dan bij compostering (zo'n 40°C ten opzichte van 65°C). Hierdoor breekt er minder materiaal af. In een experiment van Stichting Proefboerderijen Noordelijke Akkerbouw (SPNA) bleek van 20 ton vers organisch materiaal in een bokashi-proces nog 18 ton over te blijven, terwijl er bij compostering 8-9 ton materiaal overbleef. Bij compost is dus een groter deel van het organisch materiaal afgebroken en verwerkt dan bij bokashi.

De lagere temperatuur brengt mee dat bokashi een groter risico heeft op verspreiding van onkruidzaden en wellicht ook ziektekiemen, wat nog niet uitgebreid is onderzocht. Het opzetten van een bokashikuil vergt een nauwkeurige aanpak, want als er bijvoorbeeld wel zuurstof bij de hoop komt verloopt het fermentatieproces niet goed.

Bokashi

Voor het fermentatieproces moet het materiaal luchtdicht worden afgedekt.

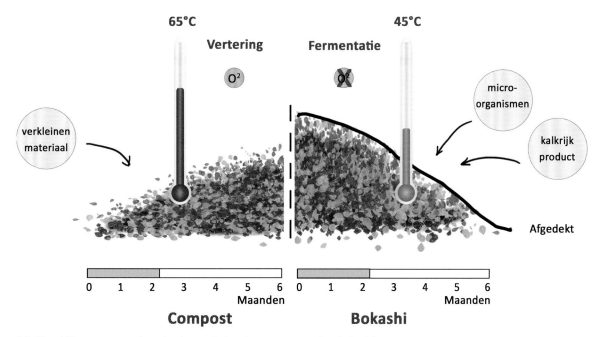

Figuur 3.8. Verschillen en overeenkomsten tussen het maken van compost en bokashi.

Inpasbaarheid in de bedrijfsvoering

Compost of bokashi op het land brengen is het beste in het najaar, want beide moeten eerst nog door het bodemleven worden verteerd. In de herfst is dat niet altijd eenvoudig: de zware machines die gebruikt worden om het materiaal uit te rijden, kunnen voor structuurschade en verdichting zorgen als het land nat is. Daarom wordt compost vaak bij vorst over het land gereden. De kwaliteit en de inhoudsstoffen van compost variëren nogal, afhankelijk van het uitgangsmateriaal, waardoor het lastiger is om heel precies te sturen op bemesting. Over het algemeen is compost relatief rijk aan organisch gebonden stikstof en arm aan fosfaat, maar voor

zekerheid is een analyse-uitslag nodig. Een andere moeilijkheid kan de vervuiling met plastic, zware metalen en andere moeilijk afbreekbare stoffen zijn, die met het uitgangsmateriaal meekomen.

Als een boer zelf compost of bokashi wil maken, dan is het belangrijk de meest recente wetgeving te bekijken en zich goed in te lezen over hoe dat in zijn werk gaat. Niet alle organische reststromen zijn toegestaan als grondstof en vaak is er een maximum aan het aantal kilometers waarover de grondstoffen vervoerd mogen worden. In verschillende gemeenten worden uitzonderingen gemaakt op deze regels, omwille van het sluiten van regionale kringlopen.

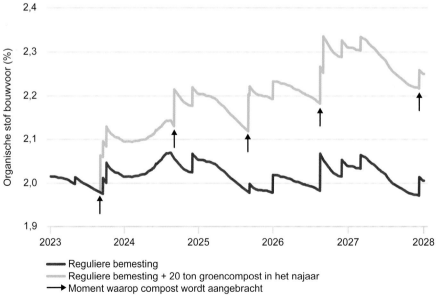

Figuur 3.9. Gemodelleerd effect van groencompost op de bodemorganische stof in vruchtwisseling. Beide lijnen geven het organischestofgehalte weer in de bodem, maar bij additioneel gebruik van groencompost (groene lijn) is duidelijke het positieve effect te zien op bodemorganische stof (gebruikt model: NDICEA, www.louisbolk.nl/ndicea).

Kosten en baten

Een goede kwaliteit compost is niet altijd en overal gemakkelijk beschikbaar. Er zitten relatief hoge kosten aan. Boeren die in bodemkwaliteit willen investeren kopen meestal goede kwaliteit compost. Sommigen maken hun eigen compost of bokashi, al of niet in samenwerking met waterschappen of natuurorganisaties in de buurt. Op die manier kunnen lokale reststromen worden benut. Dat is een win-win situatie: de natuurbeheerder kan zijn maaisel kwijt tegen lage kosten en er ontstaat na bewerking een bodemverbeteraar. Zo worden kringlopen gesloten en transportkosten verlaagd. Kwaliteit blijft evenwel een aandachtspunt.

Meer informatie

- Compost en biomassa: bvor.nl/compost

CORNÉ DOGGEN GEBRUIKT JAARLIJKS COMPOST

'De compostkwaliteit is beter geworden'

In het Brabantse Wouw verbouwt maatschap Doggen akkerbouwgewassen op ongeveer 70 hectare zwaklemige zandgrond. Naast aardappelen, bieten, zaaiuien en tarwe, maken ook cichorei en tuinbonen deel uit van het bouwplan.

Elk najaar laat Corné Doggen compost aanvoeren om er 20 tot 30 ton per hectare van uit te rijden. Corné vertelt dat hij dat belangrijk vindt om de organische stof in zijn grond op peil te houden en het bodemleven te voeden. Corné: 'Om mijn organischestofgehalte op peil te houden probeer ik extra organische meststoffen te gebruiken.' Is het najaar te nat, dan wijkt hij uit naar het vroege voorjaar. Verder gebruikt hij groenbemesters en aanvullend in het voorjaar ook drijfmest. Bij de bemesting houdt hij rekening met de nalevering van stikstof en fosfaat uit de compost.

Doggen betrekt GFT-compost van AVR en heeft in de omgeving een aantal leveranciers van groencompost. In alle gevallen moet dat voldoen aan het keurmerk van Keurcompost. De aankoopkosten variëren afgelopen jaren tussen de vijf en tien euro per ton.

'Vroeger moest ik wel eens partijen weigeren omdat er te veel ongerechtigheden in zaten. De kwaliteit is gelukkig veel beter geworden', zegt Doggen. Wel ziet hij met zorg dat er af en toe kleine stukjes glas en plastic opduiken.

3.4 Vaste mest toepassen

Goed voor het bodemleven

Deze maatregel draagt bij aan:
bodemstructuur, bodemleven, bodemvruchtbaarheid, biodiversiteit, korte kringloop.

Met vaste mest bedoelen we mest met veel strooisel. Ook termen als steekbare mest, ruige mest en stalmest worden hiervoor gebruikt. Vaste mest komt uit potstallen en hokken waar dieren op een dichte vloer worden gehouden die wordt ingestrooid met stro, droog natuurgras of riet. Omdat de mest is vermengd met stro, heeft het een hoog gehalte organische stof. Dit breekt langzamer af dan ondergewerkte groenbemesters. De samenstelling van mest hangt af van het type vee, het rantsoen en het gebruikte strooisel en ten slotte ook van de opslag (vooral opslagduur). Hoe langer in opslag, hoe verder het organische materiaal al verteerd is.

Vaste mest is door het hoge gehalte organische stof gunstig voor het bodemleven. Vooral regenwormen, bacteriën en schimmels profiteren ervan. De nutriënten komen langzaam beschikbaar voor het gewas.

Vaste mest.

Type vee en rantsoen

Of er op een veehouderijbedrijf vaste mest geproduceerd wordt, hangt in de eerste plaats af van het huisvestingssysteem. De afgelopen jaren is er in Nederland meer vaste mest geproduceerd met name omdat geïnvesteerd is in meer diervriendelijke huisvesting, zoals op melkveebedrijven en strohuisvesting bij dragende zeugen. Vaste mest komt ook op melkveebedrijven beschikbaar uit strohokken van jongvee en afkalfkoeien, uit potstallen van biologische melkveebedrijven, zoogkoeienbedrijven en schapen- en geitenbedrijven. En als resultaat van mestscheidingssystemen. Andere typen vaste mest zijn varkensmest en kippenmest. De kwaliteit van de mest hangt af van de diersoort, maar ook van het rantsoen. Het rantsoen van herkauwers bestaat uit een groot aandeel ruwvoer dat in het spijsverteringssysteem in de pens omgezet wordt tot benutbare voedingsstoffen. In het geval van een eiwitrijk rantsoen komt er meer stikstof in de mest terecht. Kippen en varkens hebben een ander spijsverteringsstelsel. Hun rantsoen bestaat uit een compleet geformuleerd mengvoer, eventueel aangevuld met granen en reststromen. De mest is meestal rijker aan N, P en K (stikstof, fosfaat, kalium) dan mest van herkauwers.

Effect op de bodem

Vaste mestsoorten – en dan met name vaste rundermest – dragen bij aan de opbouw van bodemorganische stof en het stikstofleverend vermogen van de bodem, maar bevatten minder direct plantbeschikbare nutriënten zoals minerale stikstof. Het gebruik van vaste mest heeft meer voordelen dan inwerken van veel stro, ook als wordt gecompenseerd voor stikstofvastlegging door stro.

Vaste mest leidt – vooral op zandgronden – tot een iets hogere pH (het heeft een licht neutraliserende/ alkalische werking), wat de activiteit van bacteriën en schimmels stimuleert en zorgt voor een betere bodemstructuur. De mineralen uit de dierlijke mest worden tijdelijk geïmmobiliseerd door een grote massa bacteriën. De mineralen komen daarna geleidelijk weer vrij. Het bodemleven, o.a. bacteriën, schimmels, protozoa en regenwormen, heeft profijt van vaste rundermest. Dit is goed voor een gezonde bodem. Aanwenden van vaste mest heeft (vooral op grasland) grote voordelen voor weidevogels. Het zorgt voor een toename van insecten en wormen in de bovengrond van het perceel. Daarbij maakt de betere bodemstructuur het de weidevogels gemakkelijker om met hun snavels de grond in te gaan om wormen te vangen.

Verschil met andere mestsoorten

Sinds het begin van de landbouw wordt vaste dierlijke mest toegepast om bodems vruchtbaar te maken en te houden. Vanaf de jaren 70 nam het aantal landbouwhuisdieren in Nederland toe en de stalsystemen veranderden. Er kwam meer dierlijke mest beschikbaar en het aandeel vaste mest nam af. Drijfmest is nu het meest beschikbare mesttype. Deze vloeibare mest bevat minder organische stof dan vaste mest, maar heeft als voordeel dat de nutriënten direct beschikbaar zijn voor gewassen, ook als de bodemtemperatuur nog laag is. Het is niet zo dat drijfmest slecht is voor het bodemleven (tabel 3.1). Het nadeel van drijfmest is de ammoniakemissie bij opslag en aanwending. Ammoniak is een gasvormige verbinding die via de lucht elders neer kan slaan en voor verzuring kan zorgen. Daarom wordt er veel onderzoek gedaan naar het verminderen van ammoniakemissie bij aanwending van drijfmest.

Tegenwoordig is er ook digestaat beschikbaar (afkomstig van mestvergistingsinstallaties), of dunne en dikke fractie van mest die na mestscheiding is ontstaan. En er zijn bedrijven die dierlijke mest verwerken tot concentraat. Concentraat bevat net als kunstmest nutriënten in minerale vorm en draagt weinig bij aan het stimuleren van het bodemleven. De minerale nutriënten zijn wel direct opneembaar voor planten, maar kunnen ook gemakkelijk uitspoelen kort na toediening.

Al met al heeft iedere mestsoort zijn eigen kwaliteiten. Vast mest heeft als troef de positieve bijdrage aan het bodemleven. Boeren maken vaak een bemestingsplan waarin verschillende mestsoorten, compost, groenbemesters en de behoefte van de gewassen in het bouwplan zijn meegenomen.

Regenwormen doen het goed na toediening van vaste mest.

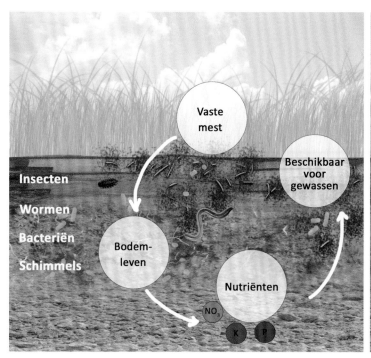

Omzetten vaste mest door bodemleven

Effecten op de bodem

Figuur 3.10. Het bodemleven zorgt ervoor dat vaste mest wordt omgezet en nutriënten beschikbaar komen voor gewassen. Vaste mest heeft een gunstig effect op de pH en het watervasthoudend vermogen van de bodem.

Tabel 3.1. Kwalitatieve effecten van mestsoorten op bodemorganische stof en bodemleven (Bloem, Schils en Koopmans, 2017).

	Organische stof	Bacteriën	Schimmels	Bacterivore (bacterie-etende) nematoden	Fungivore (schimmel-etende) nematoden	Herbivore (planten-etende) nematoden	Regenwormen
Compost	+++	+/0	+/0	+/0	+/0	+/0	+/0
Vaste rundermest	+++	++	++	++	-	+	+++
Vaste pluimveemest	+	0	0	0	0	0	+
Runderdrijfmest	++	++	+	++	-	-	++
Varkensdrijfmest	+	+	0	+	-	-	0
Dikke fractie	+	0	0	0	0	0	+
Dunne fractie	-	0	-	0	-	0	0
Digestaat	+/-	+/-	+/-	+/-	+/-	+/-	+/-
Concentraat	-	-	-	-	-	-	-

Plus wijst op een positief effect, min op een negatief effect. Meer plussen wijst op een sterker effect. Rood is ondersteund door literatuur. Zwart is 'expert judgement'.

Inpassing in de bedrijfsvoering

- Vaste mest wordt bovengronds uitgereden. Dit kan in voorjaar of najaar, maar het najaar geeft meer tijd voor omzetting door het bodemleven, waarbij nutriënten langzaam vrijkomen. Om in het groeiseizoen snel nutriënten beschikbaar te hebben, wordt vaak ook een kleine hoeveelheid drijfmest gegeven.
- De samenstelling van vaste mest kan erg verschillen. Een analyse van de mest geeft informatie over de samenstelling en of het nodig is om aanvullend met andere mestsoorten bij te bemesten.
- De beschikbaarheid van vaste mest varieert per regio. Samenwerking tussen akkerbouwers en veehouders, waarbij ruwvoer wordt uitgeruild tegen vaste mest heeft voordelen voor beide partijen.

Kosten en baten

De vraag naar vaste mest is groter dan het aanbod. Daarom is het relatief duur. Vanwege het mestoverschot krijgen akkerbouwers vaak geld toe om drijfmest af te nemen. Dat geldt voor vaste mest niet vanwege het tekort. De kosten hangen sterk af van de lokale beschikbaarheid van vaste mest. Als meer veehouders natuurinclusief gaan werken, zal de beschikbaarheid van vaste mest toenemen.

Meer informatie
- Handboek bodem en bemesting: www.handboekbodemenbemesting.nl
- Mest en compost: www.goedbodembeheer.nl/mest-en-compost

Het uitrijden van vaste mest kan het beste in het najaar.

Een rijk bodemleven is ook positief voor de bovengrondse biodiversiteit.

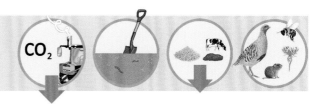

3.5 Groenbemesters

De bodem bedekt houden

Groenbemesters zijn gewassen die na het oogsten van het hoofdgewas worden gezaaid. Of soms al onder het gewas, terwijl dit nog op het veld staat. De naam groenbemester zegt het al: dit gewas houdt het perceel groen en dus bedekt, terwijl vervolgens wortels en blad worden ondergewerkt om het opvolgende gewas te voeden. Groenbemesters houden mineralen vast in de bouwvoor waardoor deze minder uitspoelen naar oppervlakte- en grondwater.

Zo passen groenbemesters in een natuurinclusieve vruchtwisseling. Gewassen die veel worden ingezet als groenbemester zijn bijvoorbeeld Japanse haver, gele mosterd, bladrammenas en grassen als rietzwenk en Italiaans raaigras. Kenmerkend is dat ze snel bovenstaan en onder de grond hard groeien. Sommige groenbemesters wortelen diep, andere juist heel intensief. Een mengsel van diepe en intensief wortelende groenbemesters zorgt voor nog meer organische stofaanvoer naar de bodem.

Bodembedekking

Akkerbouwgewassen staan slechts een deel van het jaar op het land. Als het perceel na de oogst onbedekt blijft, is de toplaag gevoelig voor verslemping door regen en verstuiving door wind. Verder is er risico op uitspoeling van mineralen. Tijdens de teelt van het hoofdgewas zijn verschillende meststoffen toegevoegd aan de bodem. Deze komen meestal geleidelijk vrij zodat het gewas ze kan opnemen. Na de oogst levert de bodem nog nutriënten, maar is er geen gewas meer om ze op te nemen. Een groenbemester 'vangt' deze als het ware op en zet ze deels om in groei van wortels en blad. Vandaar ook wel de term vanggewas. Nog een voordeel is dat groenbemesters onkruid minder kans geven om zich te ontwikkelen.

Figuur 3.11. Het type wortel van vanggewassen en groenbemesters bepaalt voor een deel uit welke bodemlaag nutriënten worden 'gevangen'. Een diepe penwortel (links) of juist een intensief wortelstelsel (rechts). Klaver (midden) heeft geen sterk wortelstelsel, maar kan juist weer stikstof uit de lucht vastleggen.

De termen groenbemester en vanggewas worden vaak door elkaar gebruikt. Voor de regelgeving is er echter wel een verschil: een vanggewas mag niet bemest worden, maar een groenbemester wel.

Bodemkwaliteit

Met hun flinke wortelgestel zorgen groenbemesters ervoor dat de bodem luchtig en kruimelig blijft, zodat regen makkelijker de grond in gaat. Vooral grasgroenbemesters zorgen er met hun fijne en intensieve beworteling voor dat fijne bodemdeeltjes minder snel aan elkaar plakken tot een dichte laag (we noemen dat verslemping).

Wanneer de groenbemester in het voorjaar wordt ingewerkt levert dit een flinke bijdrage aan de organischestofvoorziening van de bodem. De nutriënten die vrijkomen na het inwerken kunnen door het volggewas worden benut, waardoor minder bemest hoeft te worden. Bemestingsadviezen van de Commissie Bemesting Grasland en Voedergewassen (CBGV) houden daar rekening mee. Een bodem met meer organische stof is beter te bewerken, heeft een betere structuur en houdt hierdoor meer vocht vast. Zo geven groenbemesters de bodemkwaliteit een 'boost'.

Nematoden (aaltjes)

De meeste van de 1.200 soorten aaltjes die in Nederlandse bodems leven zijn behulpzaam, omdat ze bacteriën, schimmels, of plaaginsecten eten. Zo'n 25 soorten in landbouwbodems voeden zich met de wortels van planten. In te grote aantallen kunnen ze schade veroorzaken aan het gewas. Dit komt vooral voor op zand- en Veenkoloniale gronden met een intensief bouwplan.

De plant-parasitaire aaltjes vermeerderen zich op hun favoriete waardplant en nemen af als deze niet aanwezig is. Een groenbemester kan het besmettingsniveau van aaltjes zowel verlagen als verhogen, afhankelijk van de groenbemester en in de bodem aanwezige aaltjessoorten. Om akkerbouwers te ondersteunen bij het kiezen van de juiste groenbemester, is het aaltjesschema ontwikkeld. Het aaltjesschema laat zien welke groenbemesters de bodemweerbaarheid vergroten voor specifieke aaltjes.

Dit vanggewas is een mengsel van diverse plantensoorten.

De bodem onder een groenbemester is luchtig en kruimelig.

In het najaar en gedurende de winter zorgen groenbemesters voor beschutting van insecten.

Biodiversiteit

Voor het bodemecosysteem is er niets beters dan een groeiend gewas. Wortels scheiden stoffen uit waarmee het bodemleven zich kan voeden. Ook de aanvoer van organische stof in blad- en wortelresten verhoogt de activiteit in de bodem. Bovengronds bieden groenbemesters een schuilplaats en voedselbron voor verschillende insecten. Akkervogels en kleine zoogdieren profiteren van beschutting en voedselaanbod.

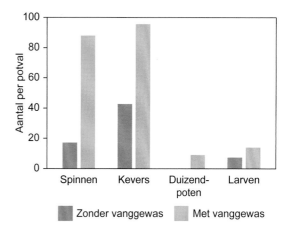

Figuur 3.12. Groenbemesters stimuleren de aantallen bodembewonende insecten en spinnen. Dit is gemeten met potvallen op percelen met en zonder vanggewas (bron: LBI).

KLAAS EN ERIK HOEKSTRA, FEINSUM (FRL)

'Maximaal groenbemesters, minimale grondbewerking'

De akkerbouwers Klaas en zijn zoon Erik Hoekstra vatten hun strategie samen als 'maximaal groenbemesters, minimale grondbewerking'. 'We doen er alles aan om de bodemkwaliteit van onze kleigrond op peil te houden. Met goede afwatering, bewerken onder de juiste condities en zo min mogelijk in de grond roeren.' Ook gebruiken ze veel organische mest.

Na de oogst willen ze zo snel mogelijk groenbemesters inzaaien om de bodem te beschermen. Onderwerken in het voorjaar lukt vaak met minimale grondbewerking, maar hangt af van bodemconditie en gewastype. 'Voor uien pakken we de ploeg nog wel eens.'

De Hoekstra's constateren dat ze vaker met de schep het veld in gaan om zelf naar de bodem te kijken. 'We moeten heel goed kijken wat we op dat moment het beste kunnen doen. En in de schuur hebben we steeds meer ijzer: een klepelmaaier, een schijveneg en een woeler. We zijn nog aan het nadenken over een ecoploeg, en misschien een schoffel...'

De aanpak is goed voor de bodem en voor biodiversiteit en vertaalt zich op termijn in betere opbrengsten. 'Minder ploegen scheelt brandstof en tijd. Maar we hebben wel andere bewerkingen en investeringen in tijd en machines. Ik denk dat het tot nu toe financieel een gelijk effect heeft.'

Tabel 3.2. Groenbemesters en hun eigenschappen.

Groenbemester		Eigenschappen
Bladrammenas		• Diepe beworteling • Past goed bij een vroeg geoogst gewas • Kan bietencysteaaltje bestrijden • In bloei aantrekkelijk voor insecten • Kan slakken vermeerderen
Gele mosterd		• Kan tot eind september gezaaid worden • Diepe beworteling • Vorstgevoelig
Engels raaigras		• Kan onder dekvrucht gezaaid worden • Intensieve beworteling • Goed te combineren met klaver • Kan ritnaalden en slakken vermeerderen
Italiaans raaigras		• Intensieve beworteling • Kan onder dekvrucht gezaaid worden • Goed te combineren met klaver • Kan ritnaalden en slakken vermeerderen
Japanse haver		• Intensieve beworteling • Kan ritnaalden, bonenvlieg en aardappelstengelboorder vermeerderen

Groenbemester		Eigenschappen
Winterrogge		• Intensieve beworteling • Kan tot half oktober gezaaid worden • Kan naaktslakken vermeerderen
Witte klaver		• Intensieve beworteling • Kan onder dekvrucht gezaaid worden • Stikstofbinding • Kan tot bloei komen en is dan aantrekkelijk voor hommels en bijen • Niet vorstgevoelig • Past goed in mengsel met Engels raaigras • Kan bonenvlieg en slakken vermeerderen
Rode klaver		• Diepe doorworteling met penwortel • Kan onder dekvrucht gezaaid worden • Stikstofbinding • Past goed in mengsel met Engels raaigras • Kan tot bloei komen en is dan aantrekkelijk voor hommels en bijen
Incarnaatklaver		• Hogere C/N verhouding (langzame afbraak t.o.v. andere klavers) • Stikstofbinding • Wortelt diep, tot wel 70 cm.

Inpasbaarheid bedrijf

Groenbemesters verdienen evenveel aandacht als het hoofd-gewas. Het inzaaien valt in een periode van oogstdrukte, maar toch is een goed egaal en los zaaibed van groot belang, even-als een afgestemde bemesting. Geen enkele groenbemester is 'altijd goed', dus moet een doordachte keuze worden gemaakt voor wat, wanneer en waar. Welke aaltjes zorgen op het perceel voor problemen? In welke periode wil je de groenbemester telen en met welk doel? Het Groenbemester Handboek en het aaltjesschema helpen bij het kiezen.

Aandachtspunten:

- Late gewassen bieden weinig ruimte voor groenbemesters. Vanwege het beperkt aantal groeizame dagen aan het einde van het seizoen kunnen ze zich niet meer ontwikkelen. Sommige groenbemesters, zoals gele mosterd, kunnen nog vrij laat gezaaid worden (tot in september), anderen moe-ten eerder gezaaid worden.
- Een groenbemester vergt in het voorjaar meer grondbewer-king (voorbewerking met bijv. klepelmaaier/schijveneg en daarna inwerken) en bijbehorende kosten voor brandstof dan in het najaar.
- Groenbemesters moeten bij voorkeur droog worden in-gewerkt. Bij nat inwerken ontstaat vaak een 'inkuileffect': een compacte, slecht verterende, zure laag in de grond. Op zware klei wordt vaak gekozen voor inwerken vóór de win-ter, om te voorkomen dat er in het voorjaar een gewas staat terwijl men het land niet op kan.
- Bij een verkeerde groenbemesterkeuze kan de druk van plant-parasitaire aaltjes toenemen.

In het ideale geval blijft de groenbemester tot in het voorjaar staan om te zorgen dat de grond in de winter niet kaal is, maar in de praktijk kunnen er redenen zijn (weer, grondsoort) om de toch eerder in te werken.

Penwortel van bladrammenas.

Verhakselen van de groenbemester.

Tagetes is een bloeiende groenbemester die besmette percelen met de aaltjes *Meloidogyne chitwoodi* en *Pratylenchus penetrans* kan opschonen.

Kosten en baten

Groenbemesters leveren doorgaans geen oogst, dus geen directe inkomsten. Het is vooral een investering in bodemverbetering ten bate van gezondere hoofdgewassen en in minder stikstofverlies. Vanuit het Gemeenschappelijke Landbouwbeleid (GLB) worden vanggewassen gestimuleerd met subsidies. Daardoor is er de afgelopen jaren een stijgende trend te zien in het areaal groenbemesters.

Bij het verbouwen van een groenbemester komen de nodige teeltkosten kijken. Zo moet zaad worden aangeschaft en kosten het zaaien en later het inwerken van het gewas tijd en brandstof. De kosten per hectare worden geschat op 150 tot 200 euro (KWIN AVG 2018). Hierin zijn opbrengsten in de vorm van vergroeningsgelden uit het GLB en mogelijke hogere opbrengsten van het volggewas niet meegenomen.

> **Meer informatie**
> - Handboek groenbemesters: www.handboekgroenbemesters.nl/nl/handboekgroenbemesters.htm
> - Aaltjes: www.aaltjesschema.nl

Sommige groenbemesters, zoals gele mosterd, sterven tijdens een vorstperiode af.

Onderwerken van groenbemester met biomulcher.

3.6 Brede vruchtwisseling

Meer gewassen, minder risico's

Deze maatregel draagt bij aan:
gezonde bodem, minder inzet bestrijdingsmiddelen, vastlegging CO_2, biodiversiteit.

Vruchtwisseling

Elk jaar hetzelfde gewas telen op een perceel maakt veel gewassen gevoelig voor bodemziekten veroorzaakt door schimmels, aaltjes en insecten. Daarom is het aan te raden om elk jaar een ander gewas te telen op een perceel: dit noemen we vruchtwisseling of gewasrotatie.

Een goed uitgekiende gewasrotatie is de basis voor een natuurinclusieve bedrijfsvoering. Het *verbreden* van de vruchtwisseling houdt in dat de vruchtwisseling uit meer verschillende gewassen en gewasgroepen gaat bestaan. Meer rustgewassen en meer groenbemesters in de vruchtwisseling heeft een gunstig effect op de bodemkwaliteit en bodemgezondheid.

In een 'gangbare' akkerbouwvruchtwisseling komen drie of vier gewassen (aardappel, suikerbiet, graan, soms ui, peen of een andere groente) elk om de drie of vier jaar op hetzelfde perceel terug. Dezelfde gewassen hebben zo ieder jaar een plek in het bouwplan.

Het verbreden van de vruchtwisseling van drie naar bijvoorbeeld zes gewassen zorgt ervoor dat gewassen minder vaak op hetzelfde perceel geteeld worden. Het risico voor het ontwik-

kelen van bodemgebonden ziekten en plagen neemt daardoor af. De inzet van bestrijdingsmiddelen zal minder vaak nodig zijn. Een brede vruchtwisseling is ook gunstig voor onkruidbeheersing.

De biologische akkerbouw maakt gebruik van een vruchtwisseling van minimaal 6 jaar (1 op 6 of 1:6 in vaktermen), waarin zes hoofdgewassen elkaar afwisselen. De hoofdgewassen zijn van verschillende gewastypen. Gewassen komen eens in de zes jaar op hetzelfde perceel en er wordt vermeden dat gewassen van hetzelfde type (familie) vaker dan eens in de drie jaar op hetzelfde perceel komen. Zo hebben rooi- en maaigewassen, bladgewassen, koolgewassen en vruchtgewassen vaak een plek in het bouwplan en zijn groenbemesters er een vast onderdeel van (tabel 3.3).

Rooigewassen

De meeste rooigewassen zoals aardappelen, suikerbieten, uien, prei en peen (ook wel hakvruchten genoemd), vragen veel van de bodem. Er zijn meer bodembewerkingen nodig voor de teelt. Oogsten heet 'rooien', het uit de grond halen van de vruchten, wat dus ook de bodem beroert. Rooigewassen nemen naar verhouding veel nutriënten op en laten weinig wortels of gewasresten achter na de teelt. Een smalle vruchtwisseling met veel rooigewassen put de bodem uit door een afnemend aandeel organische stof.

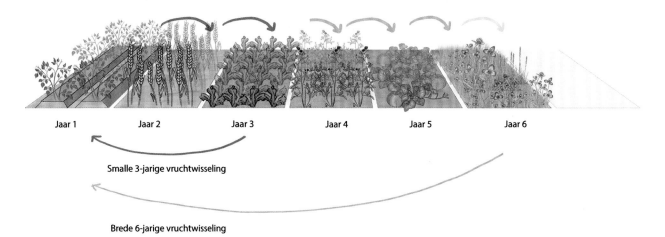

Figuur 3.13. Voorbeeld van een smalle en een brede vruchtwisseling voor de akkerbouw waarin verschillende gewastypen elkaar opvolgen.

Tabel 3.3. Voorbeelden van verschillende gewastypen in de vruchtwisseling.

Kolen	Peulen/ vlinderbloemigen	Rooi- en wortel- gewassen	Vruchtgewassen	Bladgewassen	Rustgewassen	Groenbemesters
Bloemkool	Bruine boon	Aardappel	Aubergine	Andijvie	Tarwe	Bladrammenas
Boerenkool	Kapucijners	Suikerbiet	Courgette	Sla	Gerst	Gele mosterd
Broccoli	Erwten	Peen	Artisjok	Spinazie	Haver	Engels raaigras
Groene kool	Veldboon	Pastinaak	Pompoen	Postelein	Koolzaad	Italiaans raaigras
Rode kool	Lupine	Ui	Suikermais	Prei	Gras	Japanse haver
Witte kool	Peulen	Knoflook	Tomaat	Knolselderij	Grasklaver	Winterrogge
Rucola	Snijboon	Witlof	Komkommer	Peterselie	Luzerne	Witte klaver
Paksoi	Stokslaboon	Schorseneer	Paprika	Snijbiet	Veldboon	Rode klaver
Rammenas	Sperzieboon	Knolvenkel			Lupine	Incarnaatklaver
Radijs	Tuinboon	Rode biet				

Rustgewassen

Rustgewassen hebben een diepe en intensieve beworteling. Dat zorgt voor behoud van een goede bodemstructuur. Ook hebben rustgewassen zoals granen, grassen, veldboon, en luzerne en verschillende groenbemesters, een goede bovengrondse bodembedekking. Bij de oogst worden rustgewassen gemaaid en de stoppels ondergewerkt. Dat is een toevoeging aan organische stof aan de bodem en draagt bij aan vastlegging van CO_2 in de bodem. Rustgewassen zorgen voor herstel van de bodem na de teelt van een intensiever gewas.

Peulen of vlinderbloemigen

Grasklaver, luzerne, veldbonen en erwten zijn een goede voorvrucht voor de meeste gewassen, omdat het vlinderbloemigen zijn. Deze gewassen hebben wortelknolletjes met bacteriën die stikstof binden uit de lucht. Via gewasresten en stoppels komt de gebonden stikstof beschikbaar voor een opvolgend gewas. Vanwege deze eigenschap hebben vlinderbloemigen vaak een vaste plek in de vruchtwisseling van biologische akker- en tuinbouwbedrijven. Meestal volgt na de vlinderbloemige een gewas dat economisch belangrijk is voor het bedrijf en dat optimaal profiteert van de nageleverde stikstof.

Bloeiende luzerne.

Bodemgezondheid en ziektewering

Een goede bodemgezondheid betekent dat de bodem goed functioneert en dat deze weerbaar is voor bodemgebonden ziekten. Het gaat om algemene weerbaarheid maar ook om specifieke ziektewering. Denk aan het voorkomen van de ontwikkeling van schadelijke aaltjes of bodemgebonden schimmelziekten (Rhizoctonia, Sclerotinia, witrot). Rhizoctonia is bijvoorbeeld een schimmelziekte waar aardappel, suikerbiet en schorseneer gevoelig voor zijn. Door voorafgaand aan deze gewassen granen te telen, is de kans kleiner dat Rhizoctonia wordt doorgegeven of vermeerderd. Mais en gras zijn een minder goede voorvrucht, omdat de schimmel hierop overleeft: we spreken dan van waardplanten.

Inpasbaarheid in de bedrijfsvoering

De inpasbaarheid van het verbreden van de vruchtwisseling heeft alles te maken met het teeltplan. In een teeltplan worden keuzes gemaakt voor gewassen in het bouwplan en de vruchtopvolging op het bedrijf. Belangrijk daarbij is dat typen gewassen afgewisseld worden en de bemesting daarop is aangepast. Rooigewassen brengen doorgaans meer geld in het laatje op de korte termijn, maar bodemkwaliteit is een zaak van lange termijn en is het kapitaal onder het bedrijf. Een krappe vruchtwisseling met veel rooigewassen gaat ten koste van bodemkwaliteit en verhoogt de ziektedruk. Voorkomen is beter dan genezen.

Kosten en baten

Op de lange termijn betaalt bredere vruchtwisseling zich meestal uit. Op de korte termijn is het economisch niet altijd aantrekkelijk om bijvoorbeeld veel rustgewassen te telen. Via de Ecoregeling en het 7e Actieprogramma Nitraatrichtlijn wordt de teelt van rustgewassen sinds 2023 gesubsidieerd.

> **Meer informatie**
> - Integraal bodembeheer: edepot.wur.nl/411364

AKKERBOUWER HILCHARD WAALKENS GEBRUIKT UITGEKIENDE GEWASROTATIE

'De rustgewassen hebben een heel positief effect op mijn bodemkwaliteit'

Hilchard Waalkens (Flevoland) heeft 50% rustgewassen in zijn bouwplan. Daarnaast besteedt de teler veel aandacht aan bodemstructuur. Zo worden er op de huiskavel geen suikerbieten meer geteeld. 'Laat bieten rooien geeft schade aan de bodemstructuur', aldus Hilchard. 'Als akkerbouwer voeren we dagelijks een strijd tussen economie en ecologie.'

'Het is voor mij belangrijk om een goede bodemkwaliteit te behouden. Mijn kleibodem is gevoelig voor verdichting, het inzetten van veel rustgewassen voorkomt dat ik (te vaak) het land op moet wanneer de bodem te nat is.'

Zijn bouwplan is intensief, met 1 op 3 aardappelen en 1 op 6 uien. Dat compenseert hij door op de helft van zijn percelen rustgewassen te telen. 'De rustgewassen hebben een heel positief effect op de bodemkwaliteit. Met name in combinatie met het inwerken van stro na de oogst. Ik verbruik minder brandstof door de goede bodemstructuur. Dit vermindert de uitstoot van CO_2. Of een betere bodemkwaliteit ook doorwerkt in biodiversiteit? Dat zou je wel verwachten.' Ook heeft hij met zijn buurman een bovenoverploeg aangeschaft. 'Op die manier ploegen we minder diep. Daarnaast hebben we geïnvesteerd in een aardappelrooier op rupsbanden, een drukwisselsysteem en brede banden. Dit met het oog op behoud van bodemstructuur.'

3.7 Teelt van grasklaver

De multifunctionele stikstofbron

Deze maatregel draagt bij aan:
verbetering bodemkwaliteit, minder stikstofkunstmest, bovengrondse biodiversiteit.

De teelt van gras met een behoorlijk aandeel klavers is zowel voor de akkerbouw als voor de veehouderij interessant voor de bodemkwaliteit. Gemakshalve spreken we dan over het 'gewas' grasklaver. In de akkerbouw kan grasklaver een hoofdgewas zijn met de functie van rustgewas met het voordeel van stikstofvastlegging door de vlinderbloemige klaver. Het kan ook als tussengewas, dus als groenbemester worden ingezet. In de veehouderij is grasklaver in gebruik voor zowel maaiweides als voor afwisselend maaien/weiden. In het eerste geval vaak met rode klaver en in het tweede met witte en eventueel ook rode klavers. Grasklaver heeft voordelen voor de bodem en voor biodiversiteit en past daarom goed bij natuurinclusieve landbouw.

Rode klaver maakt een diepe penwortel, maar kan zich niet uitbreiden in het gras. De plant zal langzaam verdwijnen uit het grasland door uitval van planten. Rode klaver wordt hoger dan witte klaver. Witte klaver vormt worteluitlopers (stolonen) en kan zich wel uitstoelen in het gras. Beide soorten klavers bloeien uitbundig en en zijn goede drachtplanten voor bijen, hommels en vlinders, maar rode klaver draagt meer bij aan zeldzame soorten hommels (en vlinders).

Witte klaver heeft als voordeel dat deze uitstoelt en zich kan uitbreiden tussen het gras via kruipende stengels (stolonen).

Rode klaver maakt een diepere penwortel.

Voordelen van grasklaver

Verschillende grassen en klavers zorgen samen voor een intensieve en fijne beworteling, gunstig voor bodemstructuur en bodemleven. Er zijn meer poriën en regenwormen te vinden onder grasklaver. De wortelgroei zorgt voor een behoorlijke toename van organische stof. Een zode van grasklaver is dicht en laat onkruiden weinig ruimte.

Klaver is een vlinderbloemige die middels wortelknolletjes stikstof bindt uit de lucht. De hoeveelheid gebonden stikstof varieert van 100 tot wel 380 kg stikstof per ha per jaar, afhankelijk van het aandeel klaver in de zode. Het gewas vraagt daarom navenant minder bemesting met stikstof. Dat is de reden dat grasklaver ook in biologische fruitboomgaarden een plek heeft.

Wanneer grasklaver wordt ondergewerkt komt de gebonden stikstof langzaam vrij in de bodem. Het volggewas heeft hier voordeel van en hoeft minder bemest te worden. Ook boven de grond is grasklaver goed voor de biodiversiteit, omdat de bloeiende klavers aantrekkelijk zijn voor bijen, hommels en vlinders.

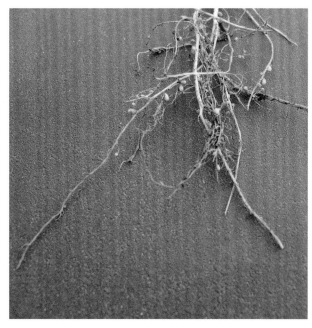

De wortelknolletjes binden stikstof uit de lucht die vervolgens ten goede komt aan het gewas.

Witte klaver verspreidt zich via de stolonen over het perceel.

Rode klaver is een nectarbron voor o.a. dagpauwoog en langtongige hommels, die vervolgens bijdragen aan de bestuiving.

Wisselteelt met grasklaver in de veehouderij

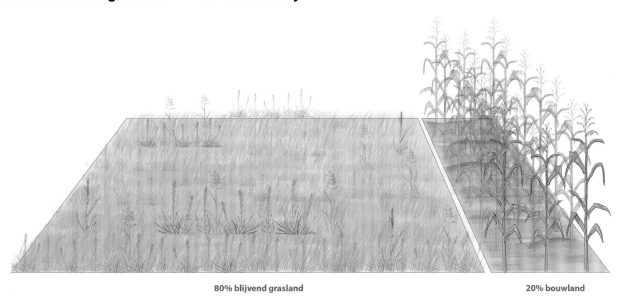

80% blijvend grasland   20% bouwland

Figuur 3.14. De meeste melkveehouders op zand- en kleigrond gebruiken 80% van hun land als blijvend grasland en 20% als bouwland voor de teelt van snijmais. Meestal wordt de snijmais in continuteelt steeds op dezelfde percelen geteeld, wat een grote weerslag heeft op bodemkwaliteit. Mais afwisselen met vijfjarig grasland is al een verbetering. Onder dit grasland wordt veel organische stof opgebouwd. Het nadeel van deze variant is dat bij scheuren voor nieuwe maisteelt erg veel organische stof wordt afgebroken waaruit meer stikstof vrijkomt dan het volggewas kan benutten. De ongebruikte stikstof gaat verloren naar het grond- en oppervlaktewater.

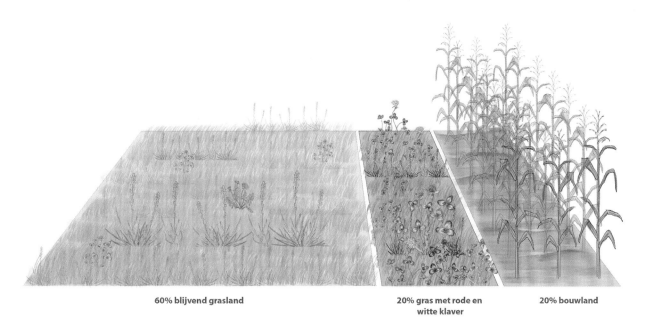

60% blijvend grasland   20% gras met rode en   20% bouwland
                                 witte klaver

Figuur 3.15. Een bouwplan met 60% grasland, 20% mais en 20% grasklaver ondervangt deze nadelen. Hierbij kunnen mais en grasklaver elke twee of maximaal drie jaar wisselen van plek. Zo blijft de bodemkwaliteit van alle percelen op peil en worden vrijkomende nutriënten na het tijdelijke grasland benut door de snijmais. In plaats van grasklaver past in zo'n bouwplan ook productief kruidenrijk grasland. Dit is een mengsel van productieve grassen, klavers en kruiden als smalle weegbree, duizendblad en cichorei (zie § 4.9).

Figuur 3.16. Organischestofgehalte en regenwormen bij verschillend landgebruik (bron: LBI).

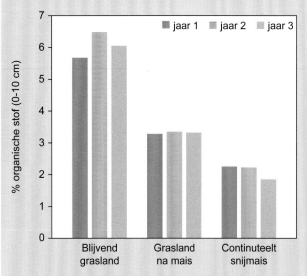

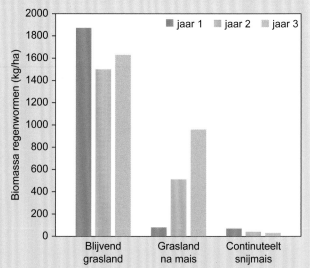

Het organischestofgehalte van de bodem neemt sterk af door het scheuren van grasland of grasklaver. Herstel gaat langzaam.

De biomassa aan regenwormen is het hoogst in blijvend grasland. Door ploegen neemt de biomassa sterk af, maar herstel van regenwormen in de bodem gaat vrij snel in grasland en grasklaver.

Grasklaver in een fruitboomgaard.

Grasklaver in de akkerbouw

Grasklaver speelt als rustgewas in de vruchtwisseling een belangrijke rol voor het behouden van de bodemkwaliteit. Het is zeer geschikt als rustgewas om de vruchtwisseling te verbreden. Biologische akkerbouwers hebben het om die reden in het bouwplan. Na grasklaver volgt dan een gewas dat economisch belangrijk is en dat de vastgelegde stikstof kan benutten, bijvoorbeeld aardappel of peen. Een gewas grasklaver kan zo'n drie à vier keer worden geoogst en is gewild als eiwitruwvoer bij melkveehouders die het dan inkuilen. Biologische melkveehouders leveren vaak in ruil vaste mest terug aan het akkerbouwbedrijf. Een variant is om één of meer maaisneden te gebruiken als maaimeststof: dan wordt het maaisel verhakseld en op een ander perceel ingezet als plantaardige meststof.

Grondruil tussen akkerbouw en veehouderij

In Drenthe is het ruilen van grond tussen akkerbouwers en melkveehouders een veelvoorkomend gebruik. De akkerbouwer verbouwt dan een hakvrucht als aardappels op het land van de veehouder en de veehouder teelt gras of grasklaver op percelen van de akkerbouwer. De ruil gaat in een bepaalde verhouding omdat akkerbouwgrond een hogere pachtwaarde heeft dan grasland. In potentie heeft dit ruilsysteem een goede uitwerking op de bodemkwaliteit. Om die voordelen uit de verf te laten komen is wel nodig dat beide partijen erop uit zijn de teelt en hun bedrijfsvoering te verduurzamen. Denk aan goed graslandbeheer, zorgvuldige gewasbescherming en bemesting.

Inpasbaarheid in de bedrijfsvoering

Het inzaaien van grasklaver kan het beste plaatsvinden in de nazomer. Grondbewerking bestaat meestal uit ploegen, frezen, of minimale grondbewerking (zie § 3.2). Een mengsel van 30 kg Engels raaigras, 5 kg rode klaver en 3 kg witte klaver per hectare is een goede samenstelling. Maar er kan ook voor één klaversoort gekozen worden. Beide hebben verschillende eigenschappen.

Afwisselend mais en grasklaver telen is goed toepasbaar op melkveebedrijven. Grasklaver doet het goed na mais en andersom. Na het scheuren van grasland (van 2 of 3 jaar oud) is er voor de volgteelt van mais of aardappelen geen dierlijke mest nodig. Na de teelt van snijmais past grasklaver goed in de relatief stikstofarme maisstoppel.

Aandachtspunten voor grasklaver zijn er ook, zoals de kalibehoefte van klaver. Op zandgrond kan een tekort aan kali zorgen voor het wegvallen van de klaveropbrengst. Ook is het belangrijk dat de pH op peil is, vooral voor rode klaver: minimaal 5,2, streefwaarde is 5,5. Daarnaast moet voldoende calcium beschikbaar zijn. Grasklaver kan ook zorgen voor een toename van emelten, engerlingen en schadelijke aaltjes.

Kosten en baten

Het afwisselen van bouwland en grasklaver heeft economische voordelen voor de melkveehouder. Een scenariostudie met bedrijven in de Achterhoek liet zien dat dit kan oplopen tot 7.000 euro per jaar. De winst zit hem vooral in minder ruwvoerkosten, want door hogere grasopbrengst hoeft er minder maiskuil te worden aangekocht.

Wat de kosten en baten zijn voor een akkerbouwbedrijf, hangt erg af van de vruchtwisseling op het bedrijf. Feit is dat grasklaver op de korte termijn veel minder oplevert dan aardappels. Maar zoals eerder aangegeven is grasklaver een investering in de bodemkwaliteit die vooral effect heeft op het volggewas. Het behouden van de bodemkwaliteit betaalt zich terug op de langere termijn.

> ### Meer informatie
> - Handboek gras-klaver: www.louisbolk.nl/sites/default/files/publication/pdf/1331.pdf
> - Maatregelen voor het vastleggen van koolstof in minerale bodems: www.louisbolk.nl/sites/default/files/publication/pdf/maatregelen-voor-het-vastleggen-van-koolstof-minerale-bodems.pdf
> - De kracht van klaver: www.louisbolk.nl/sites/default/files/publication/pdf/1481.pdf
> - Rode klaver voor maaiweides, winst voor veehouder en klimaat: www.louis-bolk.nl/sites/default/files/publication/pdf/2985.pdf

MAATSCHAP GROOT KOERKAMP WIL ZO MIN MOGELIJK KUNSTMEST

'Hoe diverser het grasland, hoe beter'

Bij het Gelderse Harfsen heeft maatschap Groot Koerkamp een melkveehouderijbedrijf op enkeerdgrond met 165 melkkoeien. Matthijs Groot Koerkamp streeft naar zo min mogelijk kunstmestgebruik en combineert op alle percelen gras en klaver. In het voorjaar komt daar eenmalig 25 kilo stikstof op in de vorm van ureum en de rest van het seizoen voorziet drijfmest in de nodige mineralen. De grond heeft geen ideale verhouding tussen calcium en magnesium en daarom gebruikt hij ook nog gips en kalk om de bodemstructuur goed te houden. Gips helpt ook aan de zwavelvoorziening.

Groot Koerkamp heeft de ervaring dat grasklaver beter is voor de bodem, maar ook voor de koeien. Klaver wortelt dieper en kan beter tegen droogte. De koeien vreten het graag, ook al omdat er in het najaar geen roest optreedt in het gras. En de opbrengsten zijn in het najaar goed, terwijl er dan geen mest meer mag worden uitgereden. 'En dan geldt dus één plus één is meer dan twee', zegt Groot Koerkamp. Op de percelen met grasklaver streeft hij naar meer soorten dan alleen witte klaver. Ook rode klavers en kruiden beginnen daar te groeien. 'Hoe diverser, hoe beter'.

3.8 Leeftijd grasland verhogen

Ouderdom is bodemwinst

Deze maatregel draagt bij aan:
grote voorraad bodemorganische stof, bodemvruchtbaarheid en waterberging.

Met de maatregel 'leeftijd grasland verhogen' bedoelen we grasland waarvan de graszode echt oud mag worden. Die graszode blijft dus jaren liggen, zonder dat deze vernieuwd wordt. De leeftijd van het grasland verlengen gaat eigenlijk over een serie maatregelen, die erop gericht zijn het grasland te behouden. Oud grasland bevat meer bodemorganische stof dan jonger grasland. Wanneer het gras groeit, groeien de wortels onder de grond ook. Telkens als het gras gemaaid of begraasd wordt, sterft een deel van de wortels af. De afstervende wortels laten de organische stof toenemen. Onder blijvend grasland is de afbraak van organische stof lager dan onder bouwland, door het achterwege blijven van grondbewerking. Zo neemt de hoeveelheid bodemorganische stof geleidelijk toe (figuur 3.17). Er is geen andere maatregel die het organischestofgehalte zo hoog kan laten worden.

Bodemorganische stof

Organische stof is voeding voor het bodemleven en bij dit 'opeten' en verteren van de organische stof (dit noemen we mineralisatie) komen nutriënten beschikbaar voor het gras.

Hoe ouder een grasland is, hoe meer organische stof onder de zode zit, des te meer mineralisatie in het groeiseizoen plaatsvindt. Dit heet het stikstofleverend vermogen van de grond (NLV) en het is in een getal te vinden in uitslagen van bodemanalyses.

Elke procent meer organische stof in de laag 0-10 cm is op zandgrond goed voor de productie van 1.000 kg droge stof gras per hectare extra, zónder bemesting. Op kleigrond is dit 500 kg droge stof per hectare extra. Maar kleigrond is over het algemeen al productiever dan zandgrond.

Op veengrond is het een ander verhaal. Daar is de opbouw of afbraak van bodemorganische stof vooral afhankelijk van de grondwaterstand. Bij ontwatering van veengrond breekt de organische stof af en klinkt de bodem in (bodemdaling).

Intensieve wortelgroei van grasland.

Sponswerking en bodemleven

Een ander voordeel van bodemorganische stof is de sponswerking die het heeft voor water. Bij regenval kan een bodem met veel organische stof het water als het ware opzuigen en vasthouden.

Onder oude graslanden met een constante aanvoer van voedsel door afstervende wortels leven meer wormen van de groep pendelaars. Deze zijn honkvast en graven verticale gangen, soms dwars door eventuele storende lagen heen. Zo dragen ze bij aan een goede waterinfiltratie. Ook helpen pendelende wormen het gras om dieper te wortelen. Met een diepe beworteling kan gras meer water aan. Daarnaast komt er ook weer meer organische stof dieper in de bodem terecht, wat weer bodemleven aantrekt.

Storende lagen in de bodem verhinderen de beworteling.

Zonder storende lagen vind je wortels door de gehele bodem.

Positieve feedback

Je zou de voordelen van het verlengen van de leeftijd van grasland als een vliegwiel kunnen zien: een mechanisme met positieve feedback. Meer bodemorganische stof betekent meer mineralisatie, dus betere natuurlijke grasgroei. En meer organische stof voedt het bodemleven en reguleert het water, waardoor de grasgroei op peil blijft. Na een periode van droogte waarin de grasgroei terugloopt, kan oud grasland zich beter herstellen dan jong grasland. Het zijn die zelfregelende natuurlijke processen, die het de moeite waard maken om blijvend grasland te koesteren.

Keerzijde van scheuren en weer inzaaien

Grasland scheuren en opnieuw inzaaien levert misschien op korte termijn een betere grassamenstelling en productie op. Keerzijde is dat veel van de opgebouwde organische stof dan verloren gaat, waardoor in de jaren erna een hogere bemesting nodig zal zijn. De overmaat van nutriënten die bij scheuren vrijkomen, kunnen namelijk uitspoelen. Voor de boer is het de uitdaging het grasland zo te verzorgen dat scheuren en opnieuw inzaaien niet nodig is.

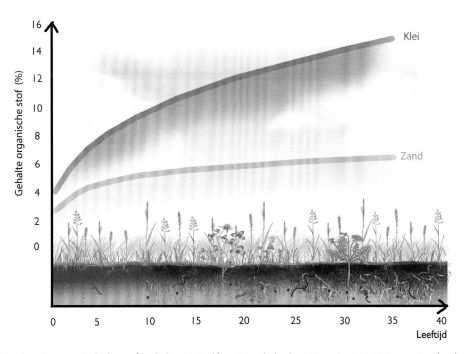

Figuur 3.17. De opbouw van organische stof in de bovenste 10 cm van de bodem neem toe naarmate een grasland ouder wordt. Op kleigrond neemt dit langer toe dan op zandgrond.

De toename van organische stof in jong grasland gaat vrij snel. Des te ouder het grasland wordt, des te minder het organischestofgehalte per jaar stijgt. Hoe hoger het kleigehalte, des te meer het organischestofgehalte kan toenemen (figuur 3.17).

Aandachtspunten en maatregelen

De leeftijd of gebruiksduur van grasland verhogen klinkt eenvoudig, maar vergt aandacht voor secuur graslandmanagement, met een portie vakmanschap. Het gaat er vooral om dat er een dichte zode blijft bestaan en de juiste grassoorten in het grasland blijven. Aandachtspunten en maatregelen hierbij zijn:

- Voorkomen van bodemverdichting is een voorwaarde om oud grasland te laten presteren. Vooral in voor- en najaar is geduld nodig om te wachten op voldoende draagkracht voor het land wordt opgegaan. Werken met brede banden en lage bandenspanning maken daarbij ook veel uit.
- Afwaterende sloten, greppels en drainage zorgen voor draagkracht. Plassen mogen niet langer dan 24 uur op het land blijven staan, anders hebben de gewenste grassen veel te lijden.
- Op veel percelen is de pH te laag, vooral op zandgronden. Streefwaarde voor gras op zandgronden is 4,9 – 5,4. Najaar en winter zijn de perioden voor een bekalking, dan kan de kalk lang inwerken. Op zandgronden is ook het zwavel- en kaligehalte een aandachtspunt.
- Beweiding met koeien en jongvee zorgt voor een dichtere graszode. Winterbegrazing met schapen verstevigt de zode.
- Soms kan een stevige voorjaarsbewerking met een wiedeg werken tegen matige grassen en onkruiden als ruwbeemd, straatgras en muur. Zo'n bewerking brengt bovendien lucht in de bodem. Kweekhaarden zijn te remmen en in te dammen door intensief beweiden.
- In droge jaren kan tijdig beregenen helpen de graszode te behouden.
- Bij kale plekken en een matige botanische samenstelling is doorzaaien (gras zaaien in bestaande grasmat) in september/oktober behulpzaam. Vooraf kort maaien of grazen, doorzaaien bij voldoende vocht en stevig aanrollen zijn cruciaal voor het effect. Evenals regen na de behandeling.

Inpasbaarheid in bedrijf, kosten en baten

De maatregel is effectief en eenvoudig in te passen in de bedrijfsvoering. De grasopbrengst op zich is bij goed beheer net zo hoog en vaak zelfs hoger dan van vernieuwd grasland. Het is toepasbaar op alle grondsoorten en het positieve effect is na 5-10 jaar merkbaar. Op zandgrond is het weliswaar uitdagend om grasland ouder dan 8 jaar te laten worden. Verlengen van de leeftijd van grasland voorkomt hoge kosten voor graslandvernieuwing. Ook weegt de winst van nieuwe grasrassen vaak niet op tegen het verlies aan organische stof, stikstofleverend vermogen en opbrengst.

Vertrapping van de grasmat moet voorkómen worden.

Meer informatie
- Graslandsignalen: www.roodbont.nl/nl/product/100-135_Graslandsignalen
- Bodemsignalen grasland: www.roodbont.nl/nl/product/100-362_Bodemsignalengrasland

Kruiden in blijvend grasland

Naarmate grasland ouder wordt verschijnen er kruiden en andere grassoorten. Spontaan ontstaat er diversiteit in de grasmat. Voor de biodiversiteit is dit natuurlijk goed, maar niet alle soorten zijn gewenst. We zien in de praktijk grote verschillen in hoe boeren hiermee omgaan. Sommigen veehouders verwijderen alle kruiden. Anderen laten meer diversiteit toe. In hoeverre blijvend grasland bijdraagt aan meer biodiversiteit hangt dus af van de tolerantie van de boer voor spontaan opkomende kruiden. Een voorbeeld van een plant die weinig invloed heeft op de productie is de paardenbloem. Paardenbloemen zorgen pas bij een aandeel van 25% in de droge stof voor een opbrengstderving van het gras. Paardenbloemen bloeien uitbundig in het voorjaar en in het najaar. Veel bestuivers komen op de bloemen af. Het is zelfs de meest bezochte bloem door bestuivers in Nederland. En eigenlijk doet de paardenbloem geen kwaad. Qua voederwaarde heeft de paardenbloem een lager eiwitgehalte en de mineralensamenstelling is gelijk aan gras. Mogelijk ondersteunt de plant de werking van de lever van koeien.

Bronnenlijst Hoofdstuk 3: Bodem

3.1 Inleiding

Bonfante, A., Basile, A. & J. Bouma (2020). Targeting the soil quality and soil health concepts when aiming for the United Nations Sustainable Development Goals and the EU Green Deal. Soil 6: 453–466.

Eekeren, N.J.M. van, Philipsen, B., Bokhorst, J.G. & C. ter Berg (2019). Bodemsignalen grasland (Editie Nederlands): Praktijkgids voor optimaal bodemmanagement op melkveebedrijven. Louis Bolk Instituut, Bunnik.

Haan, J.J. de, Elsen, E. van den & S.M. Visser (2021). Evaluatie van de Bodemindicatoren voor Landbouwgronden in Nederland (BLN), versie 1.1 en schets van een ontwikkelpad naar een BLN, versie 2.0. Rapport WPR-883. Wageningen UR.

Koopmans, C.J., Zanen, M. & C. ter Berg (2005). De kuil: Bodembeoordeling aan de hand van een kuil. LB12. Louis Bolk Instituut, Driebergen. November 2005.

Koopmans, C.J., Bokhorst, J.G., Berg, C. ter, & N.J.M. van Eekeren (2012). Bodemsignalen: Praktijkgids voor een vruchtbare bodem. Roodbont, Zutphen.

3.2 Minimale grondbewerking

Balen, D. V. (2013). Ploegen of niet ploegen? Ekoland 33 (7/8): 14-16.

Bernaerts, S. (2008). Niet kerende grondbewerking (NKG). BioKennis bericht Akkerbouw & vollegrondsgroenten, 15.

Muijtjens, S., Swerts, M., Vervaeke, I. & G.J.H.M. Meuffels (2012). Aan de slag met niet kerende grondbewerking. Provincie Vlaams-Brabant, Leuven.

Postma, J., Schilder, M.T., Bloem, J., Scholten, O. & D.J.M. van Balen (2015). Effecten van grondbewerking op bodembiologie en ziektewerendheid van de bodem. Gewasbescherming 46 (3): 84-84.

Schurer, B., Herbert, Z., Hal, O. van, Wagenaar ... & J. Schepens (2022). Maatregelen voor het vastleggen van koolstof in minerale bodems. Ervaringen uit de praktijknetwerken van Slim Landgebruik. Louis Bolk Instituut, Bunnik.

Selin Norén, I., Vervuurt, W., Bakker, N., Koopmans, C., ... & J. de Haan (2022). Analyse van bodemmaatregelen: effecten op bodemfuncties en toepasbaarheid. Integrale analyse van de resultaten uit de PPS Beter Bodembeheer. Wageningen Plant Research.

3.3 Toepassen van compost

Bokhorst, J.G., & C. ter Berg (2001). Handboek mest & compost: behandelen beoordelen & toepassen. Louis Bolk Instituut, Driebergen.

Feenstra, J., (2017). Onderzoek Ebelsheerd: bokashi stuwt OS-gehalte in de bodem. Akker van het Noorden: 18-19. Persbureau Langs de Melkweg, Sneek.

Iepema, G., Smeding, F.W. & J.G. Bokhorst (2008). Compostwijzer: Compost maken in vier stappen. LD15. Louis Bolk Instituut, Driebergen.

Koopmans, C.J., Agtmaal, M. van, & N.J.M. van Eekeren (2018). Quick scan mest en bodemkwaliteit: Invloed van mest en compost op de bodemkwaliteit, gewasproductie en emissies. Louis Bolk Instituut, Bunnik.

Janmaat, L. (2017). Wat is beter: compost of bokashi? Ekoland 6: 30-31. Van Westering, Baarn.

Schijndel, M. van & P.R.A. Struyk (2021). Van waterschapsmaaisel tot bokashi: bijdrage van maaisel aan waterbeheer en biodiversiteit. Bodem (3): 20-21.

3.4 Vaste mest toepassen

CLM (2016). Waardekaart Vaste Mest. CLM, Culemborg.

Wit, J. de, Eekeren, N.J.M. van, Honkoop, W. & J. Pijlman (2020). De waarde van vaste mest: Quick scan mest en natuur in de Krimpenerwaard. Louis Bolk Instituut, Bunnik.

3.5 Groenbemesters

Commissie Bemesting Akkerbouw/Vollegrondsgroententeelt (2023). Handboek bodem en bemesting: www.handboekbodemenbemesting.nl.

Leeuwen-Haagsma, W.K. van, Hoek, H., Molendijk, L.P.G., Mommer, L., ... & G.A. de Groot (2019). Handboek Groenbemesters 2019. Wageningen UR.

Wageningen UR (2019). www.aaltjesschema.nl, geraadpleegd op 7-12-2023.

3.6 Brede vruchtwisseling

Lamers J.G. & K. van Rozen (2014). Het bodemschimmelschema. PPO nr. 3250227400-2. PPO-AGV, Wageningen UR.

3.7 Teelt van grasklaver

Eekeren, N.J.M. van, Heeres, E., Iepema, G. & H. van der Meer (2005). Kalibemesting van grasklaver. Vlugschriften Louis Bolk Instituut, Driebergen.

Eekeren, N.J.M. van & B. Philipsen (2013). Gezonde grondruil tussen melkveehouders en bollentelers. Louis Bolk Instituut, Driebergen.

Eekeren, N. van (2016). Optimaal landgebruik voor bodemkwaliteit, 60% blijvend grasland en 20% grasklaver in rotatie met 20% snijmais. V-focus december 2016: 34-35.

Eekeren, N. van, Goor, S. van de, Wit, J. de, Evers, A.G., & M.H.A. de Haan (2016). Inkomen 7.000 euro hoger bij betere bodemkwaliteit. V-focus 13 (6): 36 - 37.

Eekeren, N.J.M. van, Deru, J.G.C., Hoekstra, N. & J. de Wit (2018). Carbon Valley: Organische stofmanagement op melkveebedrijven: Ruwvoerproductie, waterregulatie, klimaat en biodiversiteit. 2018-002 LbD. Louis Bolk Instituut, Bunnik.

Haas, B.R. de, Hoekstra, N.J., Schoot, J.R. van der, Visser, E. J.W., ... & N. van Eekeren (2019). Combining agro-ecological functions in grass-clover mixtures. AIMS Agriculture and Food 4(3): 547-567.

Hospers-Brands, A.J.T.M., Burgt, G.J.H.M. van der & L. Janmaat (2015). Maaimeststoffen in bedrijfs- en ketenverband: Plantaardige meststoffen in de praktijk. Louis Bolk Instituut, Driebergen.

Wolf, P. de, Klompe, K., Hanegraaf, M., Molendijk, L. & T. Vellinga (2018). Verduurzaming samenwerking akkerbouw-veehouderij in Drenthe; Expertbeoordeling en advies. Rapport WPR- 773. Wageningen UR.

Zanen, M., Bokhorst, J.G., Berg, C. ter, C.J. Koopmans (2008). Strategieën voor duurzaam bodemmanagement: ervaringen uit de biologische landbouw. Louis Bolk Instituut, Driebergen.

3.8 Leeftijd grasland verhogen

Eekeren, N.J.M. van & C. ter Berg (2012). Paardenbloem: kruid of onkruid? Na twee droge voorjaren veel meer paardenbloemen op sommige melkveebedrijven. Ekoland 2012 (4): 32-33. Van Westering, Baarn.

Eekeren, N.J.M. van, Iepema, G., B. Domhof (2016). Goud van Oud Grasland: Bodemkwaliteit onder jong en oud grasland op klei. Louis Bolk Instituut, Driebergen.

Iepema G., Hoekstra N.J., Goede, R. de, Bloem J., ... & N. van Eekeren (2022). Extending grassland age for climate change mitigation and adaptation on clay soils. European Journal of Soil Science 2022 (73): e13134.

Wit, J. de, Goor, S. van de, Pijlman, J. & N. van Eekeren (2018). Opbouw organische stof met blijvend grasland. V-focus april 2018: 32-34.

4. Gewas

4.1 Inleiding

Welke maatregelen dragen bij aan een gezond gewas?

Bij het zaaiklaar maken van een akker wordt het land bewerkt, om er gewassen te laten groeien die er van nature niet zouden groeien. Boeren beïnvloeden de natuur dus, maar maken tegelijkertijd ook gebruik van natuurlijke processen die zich in de bodem en in en om het gewas afspelen. Eenmaal gezaaid zal het gewas gaan groeien, een proces dat soms helemaal goed verloopt, maar waar soms bijgestuurd moet worden. De kans bestaat dat onder invloed van ziekten, plagen en onkruiden, de oogst vermindert of zelfs verloren gaat. Een boer of tuinder zal hier dus alert op zijn en volgens een bepaalde strategie het teeltsysteem vormgeven. Met deze strategie wordt bedoeld: of, wanneer en hoe je op natuurlijke processen inspeelt. Je kunt verschillende modellen volgen ten aanzien van ziekten, plagen en onkruiden:

1. Zo veel mogelijk preventieve maatregelen nemen en zo min mogelijk bijsturen tijdens de teelt door samenwerking met de natuur (adaptatiemodel).
2. Direct bijsturen om gewassen gezond te houden door bijvoorbeeld toepassing van chemische middelen (controlemodel).

In de praktijk zijn er veel bedrijven die tussen deze twee strategieën in zitten. Er worden wel enkele preventieve maatregelen genomen, maar die zijn onvoldoende om tot een robuust teeltsysteem te komen, waardoor bijsturen tijdens de teelt vaak toch nodig is. Met natuurinclusieve landbouw is het doel om zoveel mogelijk volgens de eerste strategie te werken.

Preventie van ziekten en plagen als basis

De eerste strategie wordt van oudsher vooral toegepast in de biologische landbouw door in te zetten op preventie van het ontstaan van ziekten en plagen. Voor biologische telers is preventie de belangrijkste strategie, omdat toepassing van chemisch-synthetische gewasbeschermingsmiddelen en kunstmest niet is toegestaan. Dit betekent onder andere dat de biologische veredeling gericht is op gewassen die op zichzelf 'robuust' zijn en tegen een stootje kunnen.

Ook wordt in de praktijk met een grote gewasdiversiteit gewerkt (en dus een ruime vruchtwisseling) en worden er allerlei maatregelen genomen die de bodem gezond houden. Denk aan het voeden van het bodemleven met organische meststoffen, compost en vlinderbloemigen, het bedekt houden van de bodem tegen onkruiden, mengteelten van granen en peulvruchten of grasklaver, bloeiende akkerranden en kruidenrijk grasland voor de koeien. Omdat biologische boeren minder mogelijkheden hebben om in te grijpen is dit de belangrijkste manier om ziekten en plagen te bestrijden aan de voorkant.

Voor gangbare boeren zijn er meer mogelijkheden om ziekten, plagen en onkruiden te bestrijden. Zij kunnen chemische middelen toepassen. Mede daardoor ligt de nadruk minder op preventie. Steeds meer gangbare telers werken met geïntegreerde ziekte- en plaagbeheersing (IPM). IPM staat voor Integrated Pest Management en is in de Europese Richtlijn benoemd als belangrijke strategie voor beheersing van ziekten en plagen (zie § 4.4). Recent wordt steeds vaker gesproken over ICM: Integrated Crop Management. De gedachte hierbij is dat het gaat om goed management van de gehele 'crop' en niet alleen van de 'pest'.

De inzet van bestrijdingsmiddelen wordt vanuit de overheid steeds meer aan banden gelegd vanwege risico's voor mens en milieu. Ook ontstaat regelmatig resistentie tegen de middelen, waardoor de effectiviteit sterk terug kan lopen. Terwijl door verschillende ontwikkelingen de kans op ziekten en plagen zeker niet afneemt:

- Door eenzijdige focus op hoge productie worden planten vatbaar voor ziekten en plagen.
- Het transport dat gepaard gaat met wereldhandel zorgt voor verspreiding van ziekten en plagen.
- Klimaatverandering zorgt voor verspreiding van ziekten en plagen vanuit het zuiden naar noordelijke gebieden en grotere weersextremen verhogen de kans op schimmelziekten.

Kortom: het is belangrijk dat alle telers meer preventieve maatregelen gaan toepassen, de natuur beter benutten en nog zorgvuldiger met bestrijdingsmiddelen gaan werken. De werkwijze volgens de principes van de geïntegreerde gewasbescherming komt daarom in dit hoofdstuk aan bod.

Ziekten, plagen en ongewenste kruiden

In een ideale wereld zonder ziekten en plagen zou de voedselproductie veel hoger zijn en minder inspanning vragen. Telers proberen sinds het ontstaan van de landbouw ziekten en plagen te beperken en te bestrijden. Van oudsher pasten boeren allerlei technieken toe om gewassen te beschermen. Zo werd in de oudheid het moment van planten en zaaien goed afgestemd op een plaagsituatie en pasten ze het afbranden van gewassen toe om plagen niet verder te laten verspreiden. Er was een grote lokale variatie aan gewassen, omdat boeren hun eigen zaden vermeerderen en onderling ruilden of verhandelden. Ook werden er natuurlijke middelen tegen insecten toegepast en er kwamen diverse varianten voor van inzet van natuurlijke bestrijders.

De opkomst van bestrijdingsmiddelen vanaf de jaren veertig onderbrak de zoektocht naar natuurlijke methoden. Bestrijdingsmiddelen bleken sneller, eenvoudig in gebruik en effectief. In 80 jaar tijd zijn er vele ontwikkeld, waarvan DDT wel de bekendste is. In 1948 kregen de ontwikkelaars er de Nobelprijs voor, maar in 1962 schreef de Amerikaanse biologe Rachel Carson het boek Silent Spring waarin ze de schadelijke gevolgen aan de kaak stelde. Europa verbood het middel in 1974 en sindsdien worden alle nieuwe bestrijdingsmiddelen beoordeeld op de gevolgen voor mens en milieu. Desondanks overschrijden een aantal nieuwe generatie toegelaten middelen nog steeds de milieunormen. En komen er steeds meer aanwijzingen dat blootstelling aan sommige bestrijdingsmiddelen voor gezondheidsproblemen kan zorgen, zoals de ziekte van Parkinson.

In de huidige akker- en tuinbouw is gebruik van bestrijdingsmiddelen nog heel gangbaar. De moderne bestrijdingsmiddelen 'raken' heel specifiek de ziekte of plaag waar ze voor bedoeld zijn en ze zijn minder schadelijk voor het milieu, mens en omgeving dan de oude bestrijdingsmiddelen. Maar ze hebben nog steeds allerlei indirecte effecten op natuur en milieu en spelen een rol in de teruggang van biodiversiteit. Terwijl juist de boven- en ondergrondse biodiversiteit de planten weerbaarder maakt tegen ziekten en plagen en bijdraagt aan een natuurlijk evenwicht tussen plagen en hun natuurlijke vijanden.

Het lieveheersbeestje is het klassieke voorbeeld van natuurlijke bestrijding, omdat deze bladluizen eet.

What's in a name

Hoe middelen worden genoemd die we gebruiken om ziekten en plagen te bestrijden in de landbouw kan gevoelig liggen. Het drukt vaak uit hoe iemand erover denkt. Zo hebben milieugroepen het over landbouwgif, noemen veel burgers het bestrijdingsmiddelen en praten agrariërs over gewasbeschermingsmiddelen. Internationaal is de term pesticiden gebruikelijk. Daarnaast heb je nog de verbijzondering in herbiciden, fungiciden en insecticiden als het gaat om het doel van het middel.

Correct en het meest neutraal zou het zijn om te spreken over chemisch-synthetische bestrijdingsmiddelen. Dus middelen die niet in de natuur voorkomen (althans niet met dit doel) en die door mensen zijn ontwikkeld en geproduceerd. Maar dat is ook meteen een mondvol. We kiezen er daarom hiervoor om te spreken over bestrijdingsmiddelen.

Ook de larve van het lieveheersbeestje bestrijdt bladluizen.

Geïntegreerde ziekte- en plaagbeheersing

Een wetenschapper op het gebied van biologische bestrijding en een ecoloog uit Californië ontwikkelde vanaf 1950 een methode om de inzet van chemische bestrijding tot een minimum te beperken. Deze aanpak kwam bekend te staan als Integrated Pest Management (IPM) of in geïntegreerde ziekte- en plaagbeheersing. Bij IPM maak je gebruik van een combinatie van methoden om plagen (dieren, insecten, mijten, schimmelziekten en onkruiden) te bestrijden met zo min mogelijk bestrijdingsmiddelen. In Nederlands en Europees beleid is IPM opgenomen als verplichte werkwijze, maar in de praktijk zijn hier nog grote stappen te zetten. Dat heeft onder andere te maken met dat advisering over gebruik van bestrijdingsmiddelen nu vaak gekoppeld is aan commerciële partijen die de middelen ook verkopen.

Natuurinclusieve teelt in beleid en keten

Het weerbaar maken van planten en teeltsystemen is één van de belangrijke doelen voor het Uitvoeringsprogramma Toekomstvisie Gewasbescherming 2030. Ook de Europese Unie had in de 'Farm to Fork-strategie' het doel opgenomen om de inzet van bestrijdingsmiddelen sterk te verminderen. Het EU-parlement heeft eind 2023 de uitvoering van dit reductiedoel echter weggestemd. Voorlopig is nu de Europese Richtlijn Duurzaam gebruik uit 2009, waarin IPM als belangrijk instrument wordt verplicht, leidend in het EU-beleid. Inmiddels nemen de afzetketens en dan vooral de grootwinkelbedrijven een sturende rol, door telers extra te betalen voor producten die op een duurzamere manier zijn geteeld, met onder andere gebruik van natuurlijke vijanden, niet-chemische onkruidbestrijding en een beperkt gebruik van bestrijdingsmiddelen. Natuurinclusieve teelt van gewassen helpt de biodiversiteit in landbouwgebieden en verlaagt het gebruik van bestrijdingsmiddelen. Het past bij beleidsdoelen van de Europese Unie en Nederland en speelt in op wensen van de samenleving en de markt.

Meer informatie
- From farm to fork: ec.europa.eu/commission/presscorner/api/files/attachment/874820/Farm%20to%20fork_EN_2023.pdf.pdf

De 'Farm to Fork-strategie' heeft als doel het gebruik van bestrijdingsmiddelen met 2030 met 50% te verlagen, vergeleken met 2015-2017. Onder politieke druk is dit doel recentelijk op de lange baan geschoven.

In de volgende paragrafen wordt eerst dieper ingegaan op preventieve en plaagonderdrukkende maatregelen, zoals het werken met meer gewasdiversiteit. Tegenwoordig zijn strokenteelt en agroforestry als teeltsystemen steeds meer in opkomst in Nederland. Dit zijn teeltsystemen met een grote variatie aan gewassen en meer verschil in structuren (hoge en lage gewassen die elkaar afwisselen). Onderzoek aan deze systemen geeft aanwijzingen dat dit leidt tot gezondere gewassen en een robuust landbouwsysteem. Ook komen in dit hoofdstuk mechanische en biologische vormen van bestrijding aan bod en het belang van monitoring van ziekten en plagen. Als laatste redmiddel wordt de mogelijkheid van het zorgvuldig gebruik van bestrijdingsmiddelen met een zo laag mogelijke milieubelasting belicht. Uiteindelijk bepalen de diversiteit aan gewassen en natuurlijke elementen op het land (bedrijfsinrichting) en de teeltwijze (gewasmanagement) samen hoe natuurinclusief het teeltsysteem is.

4.2 Gewasdiversiteit

Verschillende gewassen in het veld

Deze maatregel draagt bij aan:
verbetering biodiversiteit, verbetering bodem, korte ketens

Gewasdiversiteit bestaat uit verschillende niveaus: diversiteit binnen een gewas, het perceel en het bouwplan (tabel 4.1). Bij diversiteit binnen gewassen gaat het om verschillende rassen. Diversiteit op perceelniveau betekent dat er verschillende gewassen op één perceel worden geteeld, zoals met onderzaai, mengteelten (zie § 4.8) of strokenteelt (zie § 4.9). Bij diversiteit in het bouwplan gaat het om het telen van veel verschillende gewassen op een bedrijf.

Betere ziekte- en plaagbeheersing

Wereldwijd is de diversiteit van geteelde plantensoorten sterk afgenomen: momenteel komt 60% van de humaan geconsumeerde calorieën van drie plantensoorten (rijst, tarwe en mais). Bovendien is er sprake van steeds nauwere gewasrotaties, waardoor er minder verschillende gewassen op het Nederlandse platteland staan (zie § 3.6). Ook zijn gebieden zich gaan specialiseren in een aantal teelten. In de Veenkoloniën worden bijvoorbeeld veel zetmeelaardappelen en suikerbieten geteeld, terwijl West-Friesland bekend staat om vollegrondsgroenteteelt. Door minder gewassoorten in de vruchtwisseling op te nemen, is de gewasdiversiteit op regionaal niveau gedaald en worden vruchtwisselingen vaak zo nauw dat grondgebonden ziekten vaker voorkomen. Daarnaast is het steeds minder gebruikelijk geworden om meerdere gewassen op één perceel te telen. Zo kunnen ziekten zich snel door het gewas verspreiden. In het begin van de 20e eeuw werden mengteelten nog regelmatig toegepast in Noordwest Europa. Het combineren van vlinderbloemigen met andere gewassen, wat soms wordt gedaan in de biologische landbouw, was voor de uitvinding van kunstmest een goede manier van stikstofbemesting. Met de steeds strenger wordende bemestingsregels kunnen vlinderbloemigen weer steeds belangrijker gaan worden in de Nederlandse landbouw. Ook met de opkomst van de strokenteelt en agroforestry lijkt de diversiteit binnen percelen wel iets te verbeteren.

Genetische diversiteit

In de moderne landbouw hebben gewassen vaak weinig genetische diversiteit. De meeste boeren zaaien homogene rassen. Deze zijn zo veredeld dat ze zijn aangepast aan specifieke teeltmethoden (denk aan mechanische oogst), zodat ze onder optimale teeltcondities een hoge opbrengst leveren. Deze rassen worden ontwikkeld door zaadbedrijven die ervoor zorgen dat de planten er vrijwel altijd hetzelfde uitzien en bepaalde

Een gewas als veldboon wordt relatief weinig geteeld in Nederland. Het zorgt voor een welkome verbreding van het bouwplan.

eigenschappen hebben. Zo wordt er bijvoorbeeld veredeld op hoge opbrengsten of resistentie tegen bepaalde ziekten. Veredelingsbedrijven maken daar keuzes in. Door rassen te kiezen die minder ziektegevoelig zijn, kan het gebruik van bestrijdingsmiddelen worden teruggedrongen. Ook kan een ras dat bijvoorbeeld behaarde bladeren heeft, minder aantrekkelijk zijn voor plaaginsecten.

Vóór de opkomst van de grootschalige veredeling en zaadproductie, gebruikten boeren vooral landrassen (of boerenrassen). Deze zijn aangepast aan lokale omstandigheden en genetisch meer verschillend. Dat is ook op te zien op het veld. De planten zien er allemaal een klein beetje anders uit. Sommige planten binnen hetzelfde landras worden iets hoger, anderen blijven iets lager. De ene heeft een grote aar, de andere een kleine. Het voordeel van landrassen is dat plantenziekten zich in sommige gevallen minder snel verspreiden omdat er op één perceel meer genetische variatie aanwezig is. Ook zijn landrassen soms in staat om in minder optimale condities toch goed te groeien.

Diversiteit binnen het perceel of in het bouwplan

Gewasdiversiteit kan ook gaan om de variatie van gewassen in het bouwplan. Dit kan in de ruimte zijn (bijvoorbeeld in het geval bij onderzaai, mengteelt of strokenteelt, waarbij meerdere gewassen op één perceel staan) of wanneer veel verschillende gewassen in het bouwplan zijn opgenomen. Denk bijvoorbeeld aan een akkerbouwbedrijf waar niet alleen aardappel, suikerbiet en tarwe wordt verbouwd, maar ook vlas, veldbonen, luzerne en/of gras-klaver. Met deze bloeiende gewassen krijgt het landschap letterlijk en figuurlijk meer kleur. Er ontstaat meer afwisseling, waardoor er voor bijvoorbeeld vogels, zoogdieren en insecten, meer mogelijkheden zijn om voedsel of schuilgelegenheid te vinden. In de meeste gevallen heeft een bedrijf met een breed bouwplan, ook een verbrede vruchtwisseling (zie § 3.6). Dat betekent dat er naast veel variatie aan gewassen op het veld, ook in de tijd veel afwisseling is. Dat laatste is goed voor de bodem en gunstig voor plaagonderdrukking.

Tabel 4.1. Werken aan gewasdiversiteit kan op verschillende schaalniveaus.

Uitgangsmateriaal of teeltsysteem	Schaal van diversiteit	
Rassen	Diversiteit binnen een gewas	De meeste gewassen bestaan tegenwoordig uit hybride F1-rassen. Deze zijn eigendom van de zaadveredelaar. Een ras moet duidelijk te herkennen zijn, uniform en stabiel zijn. F1-hybride zijn zowel technisch als bij wet beschermd tegen kopiëren, door andere veredelaars of boeren. Er is dus weinig diversiteit binnen rassen aanwezig.
Landrassen	Diversiteit binnen een gewas	Landrassen en boerenrassen zijn minder uniform, omdat deze niet geselecteerd en gekruist zijn op specifieke eigenschappen. De lokale omstandighedenzijn vooral doorslaggevend geweest in de totstandkoming van het landras.
Onderzaai	Diversiteit binnen een perceel	Onderzaai is een techniek waarin tijdens de teelt van een gewas, een ander gewas eronder wordt gezaaid. Op een perceel ontstaat zo meer diversiteit.
Mengteelt	Diversiteit binnen een perceel	In een mengteelt worden soorten gelijktijdig door elkaar heen gezaaid en gelijktijdig geoogst. Op een perceel staan dus twee (of meer) gewassen.
Strokenteelt	Diversiteit binnen een perceel	In een strokenteeltsysteem worden verschillende gewassen naast elkaar gezaaid. Er ontstaat meer diversiteit op een perceel, dan wanneer er één gewas staat.
Verbreden bouwplan	Diversiteit binnen een bedrijf (in de ruimte)	Een bedrijf met een verbreed bouwplan teelt veel verschillende gewassen. Dat zorgt voor veel variatie op het veld dat gunstig is voor allerlei soorten.
Verbreden vruchtwisseling	Diversiteit binnen een bedrijf (in de tijd)	Een bedrijf met een verbreed bouwplan heeft automatisch ook een verbrede vruchtwisseling. Dat betekent dat er steeds andere gewassen elkaar opvolgen op een perceel. Dat is gunstig voor de bodemgezondheid.

Gewasdiversiteit onder druk

Wat betreft gewasdiversiteit zijn twee ontwikkelingen te onderscheiden: afnemende genetische diversiteit binnen gewassen en afnemende diversiteit aan geteelde gewassen in tijd en ruimte. Al in de jaren 1920-1930 raakten traditionele landrassen in de vergetelheid, waardoor de genetische diversiteit binnen gewassen geleidelijk afnam. Sinds 1960 is plantenveredeling voornamelijk gefocust op het ontwikkelen van hoogproductieve cultivars die passen binnen het steeds meer gemechaniseerde landbouwsysteem. De genetische uniformiteit is o.a. vergroot vanwege:

- de noodzaak voor eenmalige machinale oogst
- de vraag van afnemers naar een uniform product
- de eisen voor het kwekersrecht van rassen
- de tendens van kwekers om hun ras te beschermen door hybriden te produceren.

Hybride rassen zijn een kruising van twee ouderplanten van verschillende rassen. Wanneer hun nakomelingen (F1) met elkaar kruisen hebben deze niet meer dezelfde eigenschappen als de F1-hybride. Boeren kunnen dus niet hun eigen zaden kweken van F1-hybride rassen. Ieder jaar moeten zij nieuwe zaden kopen bij het zaadbedrijf. Op kleinere schaal zijn er wel enkele bedrijven die zaadvaste rassen aanbieden. Dit zijn gewassen die de boer zelf kan vermeerderen. Genetisch diverse plantenrassen zijn dus moeilijk te verkrijgen, en weinig geschikt voor grootschalige productie en afzet. Echter, voor kleinschalige teelt en verkoop zijn er nog wel mogelijkheden.

Kansen voor gewasdiversiteit

Een divers akkerland biedt meer soorten kansen om te overleven. Boeren hebben daarvoor allerlei mogelijkheden. Door gewassen in de rotatie op te nemen die gezond zijn voor de bodem is het mogelijk de bodembiodiversiteit te bevorderen. Het gaat bij de rotatie echter niet alleen om afwisseling van het soort gewassen in de tijd, maar ook in de ruimte. Strokenteelt, mengteelt en agroforestry zijn voorbeelden van een bedrijfsvoering waarbij gewasdiversiteit zorgt voor meer voedsel- en schuilgelegenheden, terwijl het rendement vergelijkbaar kan zijn met de gangbare landbouw. Daarnaast kan een akkerbouwer gewassen in de rotatie opnemen die door hun bloemen voedsel verschaffen aan insecten dan wel voedsel- en schuilgelegenheid bieden, zoals vlas, koolzaad, veldboon of lupine. Daarnaast zijn dit soort gewassen interessant om in een korte keten te vermarkten. Door vlinderbloemige gewassen te kiezen kan een akkerbouwer zowel bijdragen aan boven- als ondergrondse biodiversiteit en daarnaast de stikstofbemesting verlagen. De teelt van peulvruchten draagt ook bij aan de eiwittransitie in Nederland, waarbij de consumptie van dierlijke eiwitten wordt verlaagd en deels wordt vervangen door plantaardig eiwit uit eigen land. Op dit moment worden veel vegetarische producten van geïmporteerde soja gemaakt.

Op de volgende pagina's wordt een selectie aan gewassen beschreven die een interessante onderdeel kunnen zijn van een natuurinclusief akkerbouwbedrijf (tabel 4.2).

Een tarwepopulatie, waarin de grote genetische variatie goed te zien is.

Tabel 4.2. Selectie van gewassen die onderdeel kunnen zijn van een natuurinclusief akkerbouwbedrijf.

Alternatieve gewassen: granen

Triticale (kruising tarwe met rogge) – *Poaceae* (grassen)
- Triticale groeit goed op alle bodemsoorten.
- Het is een wintergraan en vraagt weinig intensieve bewerkingen.
- Het is een robuust gewas dat weinig ziekte- of plaaggevoelig is.
- Triticale heeft een intensieve beworteling.
- De wortels die achterblijven dragen bij aan een goede bodemstructuur en organische stof aanvoer.
- Triticale heeft een onderdrukkend effect op schimmelziekten en verschillende aaltjes.
- De stoppel na de oogst is een goede habitat voor akkervogels.
- Triticale wordt hoofdzakelijk als veevoer gebruikt als gehele plantsilage (GPS), waarbij de onrijpe plant (deegstadium) wordt ingekuild.

Spelt (*Triticum spelta*) – *Poaceae* (grassen)
- Spelt groeit goed op armere gronden.
- Spelt is weinig gevoelig voor ziekten en plagen.
- Spelt is een wintergraan, waardoor er weinig bewerkingen in het voorjaar nodig zijn.
- Na de oogst moet spelt gepeld worden, omdat de korrel vast zit in het kaf.
- Speltbrood is populair bij de consument, vanwege het lage glutengehalte.

Emmertarwe (*Triticum dicoccon*) en Eenkoorn (*Triticum monococcum*) – *Poaceae* (grassen)
- Emmer en eenkoorn groeien op alle grondsoorten, zolang deze niet zwaar bemest zijn omdat ze anders snel legeren.
- Emmer en eenkoorn vragen weinig bemesting en passen daarom goed op natuurakkers.
- Emmer en eenkoorn zijn genetisch diverser dan de moderne graansoorten, omdat ze weinig veredeld zijn. De gewassen zijn derhalve in staat zich aan te passen aan veranderende veldomstandigheden.
- Oergranen als emmertarwe bevatten een hoger mineralengehalte dan moderne tarwe.
- De bloem van eenkoorn bevat een hogere fractie zetmeel en caroteen, geeft dus bijzondere eigenschappen bij het bakken.

Boekweit (*Fagopyrum esculentum*) – *Polygonaceae* (duizendknopen)
- Boekweit groeit het liefst op losse grond voor goede beworteling, zoals zand- en leembodems
- Boekweit groeit goed op armere gronden, te hoge bemesting zorgt voor hogere ziektegevoeligheid, onkruiddruk en legering
- Het gewas is redelijk droogtetolerant
- Boekweit is weinig gevoelig voor ziekten of plagen en dicht genoeg gezaaid onderdrukt het onkruid goed.
- Het is aantrekkelijk voor bloembezoekende insecten, vanwege de lange bloeitijd. Insecten zorgen voor de bestuiving.
- Boekweit is geen echt graan, maar kan voor vergelijkbare doeleinden gebruikt worden. De bloem is glutenvrij.

Sorghum (*Sorghum bicolor*) – *Poaceae* (grassen)
- Sorghum stelt weinig eisen aan de bodem, maar groeit het beste op goed gedraineerde, kleihoudende gronden.
- Sorghum kan goed tegen droogte.
- Sorghum zorgt laat een goed doorwortelbare bodem achter.
- Sorghum heeft verschillende teeltdoelen: voeding (veevoer, meel en pap), vezels, biobrandstof, het stro kan worden gebruikt als bouwmateriaal, en het is een goede groenbemester tegen aaltjes.
- Sorghum wordt ook vaak in wintervoedsel- of vogelakkermengsels gebruikt omdat vogels de (overgebleven) zaden eten.

Alternatieve gewassen: natte teelten

Cranberry (*Vaccinium macrocarpon*) – *Ericaceae* (heidefamilie)
- Geschikt voor zand- of veengronden met hoog waterpeil.
- Gewas kan natte gronden verdragen en zelf voor korte tijd onder water staan.
- De bloei trekt bestuivers aan en een natuurlijke teelt laat ruimte voor broedende (weide)vogels.
- Cranberry is een meerjarig gewas dat lang kan blijven produceren.
- Cranberry van Nederlandse bodem kunnen cranberry's uit de VS, Canada en Letland vervangen.

Lisdodde (*Typha latifolia*) – *Typhaceae* (lisdoddes)
- Gewas kan geteeld worden op natte veengronden met hoog waterpeil.
- Oogsten is nog moeilijk op deze natte bodems met weinig draagkracht.
- De afzet richting de industrie voor lokaal geproduceerde bouw- of isolatiematerialen is in ontwikkeling.
- Door het gebruik als isolatiemateriaal hoeft er minder materiaal van ver weg te komen.

Alternatieve gewassen: eiwitgewassen/peulvruchten

Veldbonen (*Vicia faba*) – *Fabaceae* (vlinderbloemigen)
- Geschikt voor alle grondsoorten, mits goed vochthoudend en voldoende gedraineerd.
- Bloeiend gewas, goed voor wilde bijen en hommels. Ook akkervogels als gele kwikstaart en veldleeuwerik zijn er vaak te vinden.
- Gewas vraagt nauwelijks bemesting, vanwege de samenwerking met rhizobia, die stikstof vastleggen uit de lucht.
- Veldbonen kunnen geïmporteerde soja vervangen voor mens en dier.

Witte lupine (*Lupinus albus*) – *Fabaceae* (vlinderbloemigen)
- Alle witte lupine rassen kunnen geteeld worden op kalkarme zandgrond. Sommige rassen groeien ook op kalkrijke kleigrond.
- Witte lupine is vrij droogtetolerant.
- Bloeiend gewas en aantrekkelijk voor wilde bijen en hommels.
- Gewas vraagt nauwelijks bemesting, vanwege de samenwerking met rhizobia, die stikstof vastleggen uit de lucht. Ook laat het gewas een goede bodemstructuur achter voor het volggewas.
- Peulen worden droog geoogst.
- Witte lupine kan geïmporteerde soja vervangen voor mens en dier.
- De toepassingen verschillen per ras, vanwege gehaltes aan alkaloïdes in de bonen.

Luzerne (*Medicago sativa*) – *Fabaceae* (vlinderbloemigen)
- Kan geteeld worden op kalkhoudende grond, klei en zandige klei.
- Diep wortelend, meerjarig gewas: goed voor bodemkwaliteit.
- Kan worden gebruikt als eiwitrijk veevoer (sojavervanger).
- Bloeiend gewas, goed voor vlinders wilde bijen en hommels en ook voordelig voor leeuweriken en roofvogels, wanneer maaimomenten niet te frequent zijn (figuur 4.1).
- Vereist weinig gewasbescherming of bemesting.
- Afzet naar groenvoerdrogerijen, veehouders of op eigen bedrijf.
- Teelt gestimuleerd door de huidige ecoregelingen van het GLB.

Alternatieve gewassen: biomassa- en oliegewassen

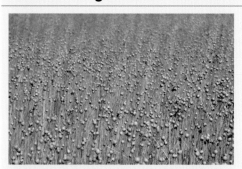

Vlas (*Linum usitatissimum*) – *Linaceae* (vlasfamilie)

- Vlas wordt vooral op kleigrond geteeld, maar kan op elk bodemtype groeien zolang er voldoende vochtige vocht is.
- Vlas heeft niet veel stikstof nodig, i.v.m. legering.
- Bloeiend gewas voor bestuivers.
- Overgebleven zaden zijn goed voor akkervogels.
- De afzet van vlas is voor de vezelindustrie, zaden of lijnolie.

Koolzaad (*Brassica napus*) – *Brassicaceae* (Kruisbloemigen)

- Gewas groeit het beste op rijke gronden met goede structuur (jonge zeeklei, gescheurd grasland)
- Bloeiend gewas voor bijen en hommels (mits niet met insecticiden behandeld)
- Honingbijen worden ingezet voor de bestuiving
- Koolzaad laat een intensief doorwortelde grond achter. De stoppels zijn aantrekkelijk voor akkervogels.
- Winterkoolzaad is ook in de winter een goede bodembedekker (minder uitspoeling en erosie).
- Afzet voor de productie van koolzaadolie

Deder (*Camelina sativa*) – *Brassicaceae* (Kruisbloemigen)

- Deder is heel geschikt voor armere gronden, teveel stikstof zorgt voor een lagere olieopbrengst
- Bloeiend gewas dat veel insecten aantrekt. De zaden die na de oogst op het land liggen zijn ook aantrekkelijk voor vogels
- Het gewas vraagt nauwelijks inzet van bestrijdingsmiddelen
- Deder is redelijk droogteresistent, en kan dus in droge jaren ook een goede opbrengst leveren
- Dederolie kan een vervanging zijn voor bijvoorbeeld olijfolie, maar toepassingen als biobrandstof en cosmetica worden ook onderzocht

Zonnebloem (*Helianthus anuus*) – *Asteraceae* (Composieten)

- Teelt kan het beste plaatsvinden op lichtere zand- of kleigronden met goed vochtvasthoudend vermogen.
- Interessant voor veel insecten door nectarklieren buiten de bloem en stuifmeel in het hart van de bloem.
- Mits niet bespoten, goed voor veel verschillende bloembezoekers en plaagreducerende insecten.
- Zonnebloem heeft veel last van *Plasmopara halstedii* (valse meeldauw), die tot 10 jaar in de grond kan blijven, daarom alleen in een brede vruchtwisseling telen.
- Klein deel van de markt is snijbloemen, grootste deel voor het zaad en de olie.

Miscanthus (*Miscanthus giganteus*) – *Poaceae* (grassen)

- Miscanthus stelt weinig eisen aan de bodem en kan zowel op lichtere als zwaardere gronden geteeld worden.
- Aanplant is duur en moet worden gezien als investering.
- Vervolgens kan miscanthus 15-20 jaar productiviteit behouden zonder bemesting of plaagbestrijding.
- Het materiaal wordt gebruikt als bouwmateriaal, vezels, bioplastics, of als grondstof voor biobrandstof.
- Voor de oogst wordt een maishakselaar gebruikt.

Hennep (*Cannabis sativa*) – *Cannabaceae* (hennepfamilie)
- Teelt vindt veel plaats op dalgronden met goede structuur en ontwatering.
- Is erg zelfverdraagzaam, maar zou een waardplant zijn voor het aaltje *Pratylenchus penetrans*. Daarom is het niet aan te raden hennep een groot aandeel in het bouwplan te geven.
- In de hennepteelt worden geen bestrijdingsmiddelen gebruikt.
- Goed voor akkervogels als de veldleeuwerik en de gele kwikstaart, met name in het begin van het broedseizoen.
- Met hennep in het bouwplan meer diversiteit in het bouwplan, aangezien de plant van een familie komt die niet in andere gewassen voorkomt (Cannabaceae).
- Vezelhennep kan worden gebruikt als bouwstof.

Luzerneteelt en vogelakkers

Ooit was luzerne in Nederland met 100.000 hectare een belangrijk gewas, nu wordt er jaarlijks nog zo'n 7.000 tot 8.000 hectare van geteeld. Daarvan is driekwart akkerbouwmatig, meestal in nauwe samenwerking met groenvoerdrogerijen. De rest door veehouders, in mengteelt met grasklaver. Recent is het gewas weer in trek, vanwege stimulering van dit gewas door de ecoregeling van het gemeenschappelijk landbouwbeleid.

Luzerne heeft zowel de boer als de natuur en het milieu veel te bieden. De lange en dikke penwortels zijn goed voor de bodemstructuur. Met zijn eiwitrijke blaadjes is het gewas in rantsoenen voor vee, (naast melkvee ook geiten, schapen, varkens, paarden, pluimvee en alpaca's) een vervanger van soja-eiwit uit verre landen. En dat zonder kunstmeststikstof, omdat de vlinderbloemige zelf stikstof bindt uit de lucht. Daar moet wel bij worden vermeld dat het drogen van luzerne energie kost.

Als twee- of driejarig rustgewas in een akkerbouwrotatie heeft luzerne sterke troeven in handen. De in twee of drie jaar vastgelegde stikstof is meestal voldoende voor een intensief gewas in de teeltrotatie, zoals aardappel, ui, prei en kool. Percelen met veel onkruiddruk kunnen met luzerneteelt worden 'schoongemaakt' omdat luzerne onkruiden onderdrukt en het gewas enkele keren per jaar wordt gemaaid. En luzerne heeft amper gewasbescherming nodig.

Vogelakkers zijn meerjarige percelen luzerne, met daar doorheen verschillende groene braakstroken, waarbij maximaal 70% van de oppervlakte wordt geoogst bij iedere maaibeurt. Bij twee- of driejarige teelt van luzerne (en dus ook op vogelakkers), is de bodem in de winter bedekt, wat gunstig is voor insecten, vogels, kleine zoogdieren en het bodemleven. Roofvogels komen op de vogelakkers af, omdat er veel muizen te vinden zijn. Maar ook veldleeuweriken nestelen er graag. In Groningse vogelakkers bleek driekwart van de broedende veldleeuweriken in de luzerne te broeden. De maaimomenten moeten dus niet te vroeg in het voorjaar plaatsvinden (na 15 juni) en ook met voldoende tijd ertussen (> 45 dagen), zodat jongen kunnen uitvliegen.

1. Maaien wanneer 5-10% van de bloemknoppen in bloei staan, levert optimale voederwaarde
2. Voor veldleeuweriken minstens 45 dagen tussen de maaibeurten
3. Het gewas minimaal één keer per jaar tot bloei laten komen, of laat bij iedere snede een deel staan. Dat bevordert bloembezoekende insecten en opslag van koolhydraten in de wortels
4. Maaien op 7-8 cm, het eerste jaar maximaal 2 snedes, de volgende jaren 3-4 snedes
5. Als luzerne bloeit vroeg of juist laat op de dag maaien zodat er geen bijen in het gewas zitten

Figuur 4.1. Voor de biodiversiteit is het maaimoment en manier van maaien van luzerne cruciaal.

'Fantastisch om te zien hoeveel bijen en andere insecten in zo'n veld rondzoemen'

Vanuit het Zeeuwse Kortgene heeft familiebedrijf Timmerman jaarlijks zo'n 2.300 hectare luzerne onder contract bij akkerbouwers in Zeeland en de Hoekse Waard. Het maaien en oogsten van het gewas doet Timmerman in eigen beheer. 'Dankzij diepe penwortels en binding van stikstof uit de lucht vraagt het weinig aandacht. Akkerbouwers telen het meerjarig om de kwaliteit van de grond te verbeteren', zegt Jan-Pieter Timmerman (34), die het bedrijf runt met broer Gerjan. 'Wij hebben luzerne niet voor het eiwit, maar voor de structuur en laten het bloeien. Het is fantastisch om te zien hoeveel bijen en andere insecten dan in zo'n veld rondzoemen.' In sommige regio's broeden veldleeuweriken in het gewas. Timmerman laat onderzoeken hoe het bedrijf daar bij het maaien rekening mee kan houden. Het gedroogde product leidt tot een keur aan eind- en tussenproducten voor veehouders en veevoerbedrijven. Het is terug te vinden in paardenbrokken en knaagdiervoeders, maar ook in kleine geperste baaltjes voor legkippen, als afleidingsmateriaal. Temperaturen van 80°C om te drogen horen tot het verleden, zegt Timmerman. 'We laten het gewas 24 uur drogen bij goed weer. In de fabriek drogen we verder met 20°C.'

Meer informatie

- Zaadvaste rassen: www.odin.nl/over-odin/boerderij/zaadvaste-veredeling
- Biologische veredeling: zaadgoed.nl
- Gewasdiversiteit: wiki.groenkennisnet.nl/space/kpikll/82182189/11.1+Index+Gewasdiversiteit
- Teelthandleidingen: kennisakker.nl/Bibliotheek/KennisCentrum/Gewassen

4.3 Onkruiden mechanisch aanpakken

Intelligente schoffels en robots in opkomst

Deze maatregel draagt bij aan:
Behoud biodiversiteit, minder inzet bestrijdingsmiddelen

Dankzij effectieve methodes om onkruid te bestrijden met herbiciden zijn schone akkers zonder onkruid de norm geworden. Niet alleen voor het oog, de onderliggende reden is dat onkruiden concurreren met het gewas om ruimte en voedingsstoffen. Mechanisch onkruid bestrijden vraagt meestal meer arbeid, maar geavanceerde machines en robots zijn in opkomst.

Schone velden

Rond de jaren 40 verschenen de eerste herbiciden 2,4D en MCPA en al spoedig werd 'onkruid spuiten' met chemisch-synthetische middelen de norm en herbiciden daarmee de grootste groep bestrijdingsmiddelen in Nederland. Teelten die voorheen erg arbeidsintensief waren door het vele handwerk voor onkruidbestrijding verliepen sindsdien eenvoudiger en beter. Heel anders is het in de biologische teelten: daar is onkruidbestrijding een van de grootste kostenposten.

Op gangbare bedrijven wordt het meeste onkruid bestreden met herbiciden, maar deze vorm staat onder druk en er wordt logischerwijs gezocht naar alternatieven. De laatste vijf tot tien jaar komen er steeds meer mechanische technieken op de markt. Zo zijn er schoffels en wiedeggen, die met behulp van GPS-sturing heel precies werken. Sommige maken gebruik van cameraherkenning om het verschil tussen gewas en onkruiden te maken. Een ontwikkeling waar ook veel van wordt verwacht is die van autonome onkruidrobots. Deze kleine voertuigen rijden door het gewas en 'zien' en herkennen het gewas en schoffelen de rest van het perceel schoon.

Het bestrijden van onkruid tússen de gewasrijen is mechanisch goed te doen, maar ín de gewasrij is technisch een grotere uitdaging. Er komen wel meer mogelijkheden met technieken als torsiewieders en vingerwieders in combinatie met lichtsensoren en cameraherkenning.

Tolerantie versus beheersbaarheid

Boeren die meer natuurelementen integreren op het bedrijf, zien vaak de onkruiddruk toenemen. Denk aan ongewenste kruiden als distels, ridderzuring en of bijvoet die in akkerranden opkomen. Met name wortelonkruiden zijn lastig in toom te houden. Het is als boer de uitdaging om de balans te vinden tussen tolerantie en beheersbaarheid. Het is namelijk niet te voorkomen dat er onkruiden opkomen, maar de kunst is om het niet uit de hand te laten lopen zodat het herbicidengebruik in de percelen toeneemt. Veldrobots zijn nog niet geschikt voor het bestrijden van onkruiden in natuurelementen. Het opdoen van kennis hierover is wel van belang. Denk aan het werken met een vals zaaibed en het juiste maaimoment kiezen van onkruiden, bijvoorbeeld halverwege de bloei, vlak vóór een flinke regenbui.

Een vingerwieder aan het werk.

In natuurmaatregelen ontwikkelen altijd wel enkele ongewenste kruiden, zoals hier een speerdistel. Zolang ongewenste kruiden beheersbaar blijven is dit niet problematisch.

Precisiewiedeg

Voor volledig mechanische onkruidbestrijding is de wiedeg onmisbaar. Als het onkruid net kiemt en nog niet eens boven de grond zichtbaar is moet de wiedeg er al doorheen om te voorkomen dat het onkruid kans krijgt om te groeien. Onkruiden in dit zogenoemde 'witte draden-stadium' trekt de wiedeg makkelijk los en met een beetje wind drogen ze uit. De eerste behandeling kan het best worden gedaan op zeven tot tien dagen na het zaaien, om het vervolgens afhankelijk van het weer, elke veertien dagen te herhalen tot het gewas gesloten is. De weersomstandigheden spelen een grote rol bij mechanische onkruidbestrijding. Wanneer het een tijdje teveel regent, groeit het onkruid snel en is er risico op structuurbederf van de bodem. Omdat je bij mechanische onkruidbestrijding vaker het land op moet dan bij chemische onkruidbestrijding, is structuurbederf extra relevant. Voor chemische bestrijding moet een teler soms wachten op regen. Bodemherbiciden hebben namelijk vocht nodig om te werken. Onkruiden harden af door schraal weer en zijn dan minder gevoelig voor contactherbiciden. In droge voorjaren is chemische bestrijding daarom wel eens minder effectief.

Schoffelmachine

Schoffelen geeft een optimale werking in onkruid tot 3 cm groot en moet vrijwel wekelijks worden herhaald, tot het gewas gesloten is. Een schoffelmachine heeft het concept van een bouwdoos: het is een frame, waar behalve de schoffelmessen nog diverse andere attributen aan gebouwd kunnen worden. De schoffelmessen hebben een snijdende werking, die vooral goed werkt tegen grotere onkruiden. De nuttige aanvullingen zijn:

- Vingerwieders: duwen klein onkruid in de rij los.
- Torsiewieders: slepen dicht langs de rij en trekken klein onkruid los (vergelijkbaar aan de wiedeg).
- Camerabesturing: zorgt ervoor dat er heel nauwkeurig (tot op 1 cm van de plant) geschoffeld kan worden en de schoffel door praktisch iedereen gebruikt kan worden.
- GPS of RTK-GPS: door te zaaien en schoffelen met GPS kan er, ongeacht of de gewasrij al zichtbaar is, heel nauwkeurig geschoffeld worden.

Robocrop InRow van Garford, die schoffelen tussen en in de rij mogelijk maakt door geavanceerde camerabesturing.

Verstelbare wiedeg van APV en ingezoomd op het eggen tussen de gewasrij.

Robocrop InterRow van Garford van 9 meter breed die met camerabesturing heel nauwkeurig tussen de gewasrij schoffelt.

Diversiteit aan robots

Naast de 'gewone' wiedeg en schoffel verschijnen robots op de markt en steeds meer praktijkbedrijven gebruiken die al in het veld. Enkele daarvan werken volledig autonoom. Het meest bekende praktijkvoorbeeld is de Naïo Oz. Dit is een kleine robot, die onder andere kan zaaien, schoffelen en ploegen. Een andere toepassing is het trekken van een maaimachine voor grasbanen.

Grondbroedende vogels

Mechanische onkruidbestrijding is goed voor het verminderen van de milieubelasting, maar lastig te combineren met het beschermen van akkervogels. Want veel akkervogels zijn grondbroeders. Door schoffelen of eggen, raken de nesten beschadigd. Daarom zijn er nu initiatieven die de nesten lokaliseren met vrijwilligers, drones of via cameradetectie op de trekker, waardoor nesten kunnen worden ontzien. Met het blote oog zijn de nesten moeilijk te zien, vanwege de goede camouflage.

Kosten en baten

Mechanische onkruidbestrijding is arbeidsintensiever dan chemische bestrijding. Met zeer geavanceerde werktuigen en robots vergt het ook hoge investeringen. Een 'normale' schoffel of wiedeg vergt naast vakmanschap veel arbeidstijd omdat de behandelingen vaak herhaald worden. Door meer werkuren met de trekker is de uitstoot van CO_2 hoger, maar daar staat besparing op chemische middelen tegenover, die bij de productie ook CO_2-uitstoot veroorzaken.

Een schoffel met GPS en/of cameraherkenning is makkelijker in het gebruik en kan door de meeste werknemers worden aangestuurd. De investering in deze machines is veel groter, waardoor de aanschaf niet voor iedere agrarische ondernemer rendabel is. Hetzelfde geldt voor een (autonome) onkruidrobot.

Bij mechanische onkruidbestrijding blijft het een uitdaging om voldoende hectares per uur van onkruid te ontdoen. Vooral in vergelijking met de 28 of 36 meter brede veldspuiten die bovendien een hogere werksnelheid hebben. Grote arealen

De Naïo Oz, een autonome robot die naast mechanische onkruidbestrijding ingezet kan worden voor verschillende toepassingen.

bewerken vraagt om investeren in 8 of zelfs 10 of 12-rijig poten/zaaien op GPS gevolgd door eggen en schoffelen met op die breedtes afgestemde apparatuur.

Mechanische onkruidbestrijding en de combinatie van mechanische en chemische bestrijding is nog altijd duurder dan met alleen chemie. De lage kosten voor chemie gaan echter gepaard met afwenteling van kosten op de maatschappij, zoals vervuiling van het drinkwater door herbiciden als bentazon. Het niet gebruiken van chemie heeft ook gezondheidsvoordelen voor de boer zelf en verminderd het risico op spuitschade.

ARD-JAN OOMEN PAKT ONKRUID MECHANISCH AAN

'Als je een gewas laat overwoekeren, is de winst weg'

Loonwerker Ard-Jan Oomen uit Almkerk (Noord-Brabant) gebruikt een speciale schoffelmachine. Het geeft hem meer voldoening dan spuiten en technisch kan het. De schoffelmachine van Ard-Jan Oomen werkt precies en snel. 'Het kost iets meer dan de spuit. Het punt is dat telers niet de moed hebben om te gaan schoffelen, zolang ze de spuit kunnen pakken.'

Wil je telers overtuigen van de overstap naar mechanisch onkruid bestrijden, dan is een blijvende beloning het belangrijkste, vindt Oomen, meer nog dan een investeringssubsidie op een schoffelmachine. 'Een vergoeding per hectare voor schoffelen heeft meer effect. Cichorei, uien en peen zijn ontzaglijk gevoelig voor onkruid. Als je cichorei laat overwoekeren door nachtschade, mis je zo 10 ton opbrengst. Dan is de winst weg.' Een onkruidje laten staan betekent dat je volgend jaar veel nakomelingen krijgt. Bijhouden is zijn devies.

Oomen kiest vaak voor een combinatie van één of twee keer bodemherbicide toepassen en daarna twee- tot viermaal schoffelen. 'Een keer minder spuiten geeft meteen een groei-impuls bij cichorei. Het gewas ontwikkelt pas als je stopt met chemie.' Hij vindt het belangrijk dat telers de vrijheid te behouden in hoe zij de middelenreductie bereiken. Volgens hem kunnen gangbare telers nog niet zonder onkruidmiddelen. 'Als er goede robots zijn die onkruid herkennen en verwijderen, is dat mogelijk, maar zover zijn we nog niet.'

Voor uitgebreid artikel lees:
www.nieuweoogst.nl/nieuws/2021/12/01/onkruid-mechanisch-aanpakken-lukt-brabantse-loonwerker-goed

Meer informatie
- Veldrobots: trekkeronline.nl/2023/01/deze-20-veldrobots-zijn-te-koop-in-nederland
- Schoffelen en robots: www.schoon-water.nl/?s=machine+van+de+week
- Eggen: www.nieuweoogst.nl/nieuws/2022/07/06/de-kunst-van-het-eggen-toegelicht
- Wiedeggen: www.nieuweoogst.nl/nieuws/2022/08/23/precisiewiedeggen-verdrijven-schoffels
- Nestdetectie: www.buijtenland-van-rhoon.nl/nieuws/project-nestdetectie
- Praktijkvoorbeeld: www.nieuweoogst.nl/nieuws/2021/12/01/onkruid-mechanisch-aanpakken-lukt-brabantse-loonwerker-goed

4.4 Biologische en geïntegreerde plaagbestrijding

Bestrijders stimuleren

Deze maatregel draagt bij aan:
Vergroten van biodiversiteit, minder inzet bestrijdingsmiddelen, verbetering bodem, plaagonderdrukking,
bestuiving

Het voorkómen dat een ziekte of plaag tot ontwikkeling komt
is de basis van de natuurinclusieve teelt en is tevens een belangrijke eerste stap in geïntegreerde ziekte- en plaagbeheersing.
Dit kan op verschillende manieren. Ten eerste door te werken
met gewassen die minder vatbaar zijn voor ziekten of plagen.
Andere manieren zijn door populaties bestrijders te stimuleren
of door de populatieontwikkeling van plaaginsecten te dwars-
bomen.

De gereedschapskist van geïntegreerde gewasbescherming (IPM)

De geïntegreerde aanpak bestaat uit een reeks maatregelen
die samen helpen om gewassen gezond te houden en het gebruik van bestrijdingsmiddelen tot een minimum te beperken.
Hier wordt gekeken naar verschillende aangrijpingspunten:
een gezonde bodem, ruime vruchtwisseling, het teeltsysteem,
rassenkeuze, teelttechnieken, natuurlijke vijanden en hygiëne-
maatregelen.

Figuur 4.2 geeft in een piramide aan wat in de IPM-aanpak
het belang is van verschillende methoden. Aan de basis van de
piramide staat preventie, bijvoorbeeld door resistente rassen te
gebruiken, een optimale vruchtwisseling, een goede bodemgezondheid en afwatering. Ook de inzet van biologische
bestrijding met natuurlijke vijanden is een maatregel binnen
IPM. Onkruid kan mechanisch worden bestreden. Inzet van
chemisch-synthetische middelen is in IPM een laatste redmiddel. Het monitoren van het gewas op het voorkomen van
aantasting, besluiten nemen als de aantasting boven een schadedrempel komt en het evalueren van effecten worden doorlo-
pend uitgevoerd om effectief plagen en ziekten te beheersen en
tijdig in te kunnen grijpen.

Rassenkeuze

Bij de veredeling van verschillende rassen spelen tal van gewenste eigenschappen van een ras een rol. Denk aan opbrengst, een gunstige vorm voor oogst en transport, smaak,
kleur en bewaarbaarheid. Bij die veelheid aan eigenschappen is
resistentie tegen ziekte (dus geen vermeerdering) of tolerantie
(de plant is er niet gevoelig voor) slechts één de aandachtspunten. Dit is echter een belangrijke maatregel in het hele
palet en krijgt langzamerhand al meer aandacht. Zo was het in
de aardappelmarkt lang gebruikelijk om rassen te telen waar
de consument aan gehecht was, terwijl resistente en tolerante

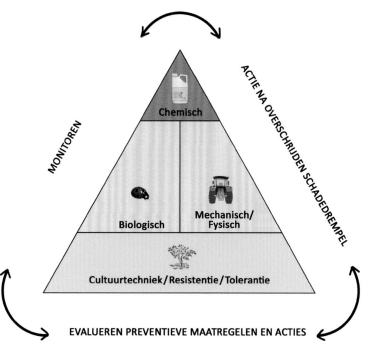

Figuur 4.2. De IPM piramide geeft het belang aan van verschillende methode om ziekten en plagen in het gewas te voorkomen en te bestrijden.

rassen minder populair waren. Selecteren op resistentie tegen bijvoorbeeld schimmels kan zeer effectief zijn. Zo zijn er biologische aardappelrassen die in het loof en de knol een mate van resistentie hebben tegen de aardappelziekte phytophthora. De supermarktketens zijn zich inmiddels meer bewust van de mogelijkheden en zetten meer in op verkoop van deze en andere 'robuuste' rassen. Afstemmen van het ras op de bodem en het klimaat zorgt ook voor een weerbare plant. Als gevolg van klimaatverandering worden droogte- en zouttolerantie steeds belangrijker voor Nederlandse teelten.

Hygiëne

Een goede hygiëne voorkomt 'insleep' van ziekten en plagen. Het begint bij gezond en schoon zaad of plantgoed van betrouwbare leveranciers. Een andere route waardoor een ziekte of plaag in gewas komt is via transportmiddelen, machines en apparatuur. Het is van belang om deze na gebruik grondig te reinigen. Afvalhopen op akker en erf vormen ook een risico. Het is beter om teeltafval van het bedrijf af te voeren of direct te composteren. Verder zijn er nog verschillende andere hygienemaatregelen. Zoals het gebruik van stro in aardbeienteelt om vruchtrot, Botrytis en Colletotrichum te voorkomen. In de preiteelt is snel onderwerken van gewasresten belangrijk om te voorkomen dat ziekten zich vestigen. Bij aardappel is het belangrijk om aardappelopslag te verwijderen, om hiermee de cyclus van de coloradokever te doorbreken.

Natuurlijke bestrijders

Wie gewassen teelt trekt insecten aan en onvermijdelijk ook plaaginsecten. Luizen, wantsen, kevers, mijten, rupsen en aaltjes doen zich graag tegoed aan de gewassen. Als neveneffect van internationale handel kwamen plaaginsecten uit andere delen van de wereld mee, die zich hier hebben gevestigd, zoals de coloradokever, de suzukivlieg en de grauwe schildwants. Boeren en landbouwkundigen zochten naar de rol die de natuur zelf kan spelen in de bestrijding van schadelijke insecten. Zo werden eind 19e eeuw in Australië al lieveheersbeestjes ingezet in de citrusteelt. En in 1926 ontdekte een Britse kommerteler de waarde van de sluipwesp tegen de schadelijke witte vlieg. Vrijwel elke plaag heeft ook een natuurlijke vijand. Het bekendste voorbeeld zijn luizen die op het menu staan van lieveheersbeestjes. Maar ook gaasvliegen en zweefvliegen doen nuttig werk voor het onderdrukken van plaaginsecten. Dergelijke natuurlijke bestrijders leven op en in het gewas, maar hebben daar niet genoeg aan voor hun hele levenscyclus. Natuurlijke elementen en akkerranden vergroten de leefruimte en hoeveelheid voedsel en daarnaast ook de overlevingskansen in de winter. Het is dus nuttig om de plaagbestrijders te helpen met akkerranden, hagen en struweel. Een term hiervoor is FAB-randen, wat staat voor randen met Functionele AgroBiodiversiteit. Het voordeel ervan is dat de natuurlijke vijanden als een *standing army* al aanwezig zijn als de plaag arriveert en zodat vermeerdering en verspreiding onderdrukt kan worden. Hierdoor zal de schadedrempel niet snel worden overschreden (figuur 4.3 en 4.4).

Proefveld met verschillende aardappelrassen waarin het verschil in phytophthora resistentie duidelijk te zien is.

Gebruik van stro in de aardbeienteelt kan vruchtrot voorkomen.

Figuur 4.3. Akkerranden zijn een broedplaats voor insecten die plagen kunnen onderdrukken in het gewas.

Zweefvliegen leggen eitjes in de buurt van bladluizen.

Larven van veel zweefvliegen eten bladluis.

Volwassen zweefvliegen voeden zich met nectar van o.a. korenbloem.

In granen en aardappelen blijken met voldoende FAB-randen chemische bespuitingen tegen plagen achterwege te kunnen blijven. Verder staan zogenoemde banker fields in de belangstelling. Dit zijn stroken door het gewas met daarin een aantal goedgekozen plantensoorten die voeding en voortplantingsplek bieden aan natuurlijke vijanden. Die kunnen zich vanuit de banker fields verplaatsen naar het gewas. Met de name de gaasvlieg en de zweefvlieg worden in banker fields in grote getale waargenomen.

Nieuwe kennis over plaagsoorten en vijanden

Decennia van wetenschappelijk onderzoek naar planten, insecten en bodem, leveren tal van inzichten en aanknopingspunten op voor biologische bestrijdingsmethoden. Zo ontdekten Wageningse onderzoekers dat sommige planten 'om hulp roepen' wanneer ze worden aangevreten. Dat doen ze door signaalstoffen af te scheiden die natuurlijke vijanden zoals roofwantsen aantrekken. Ook kennis van de genetica van plaagsoorten en hun natuurlijke vijanden biedt nieuwe kansen om biologische plaagbestrijding te optimaliseren.

Akkerranden (links) en bankierplanten (rechts) zorgen voor grote aantallen insecten en bestrijders dichtbij gewassen.

Loopkevers zijn carnivoren en zijn verantwoordelijk voor onderdrukking van tal van plaaginsecten, zoals slakken, rupsen, bladluizen. Ze komen in het vroege voorjaar tevoorschijn uit de strooisellaag van bijvoorbeeld meerjarige akkerranden.

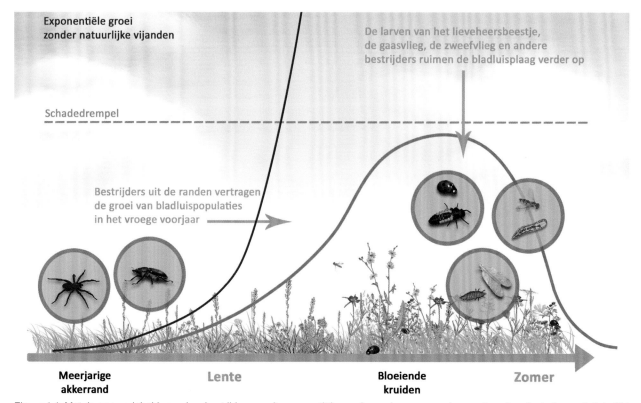

Exponentiële groei zonder natuurlijke vijanden

De larven van het lieveheersbeestje, de gaasvlieg, de zweefvlieg en andere bestrijders ruimen de bladluisplaag verder op

Schadedrempel

Bestrijders uit de randen vertragen de groei van bladluispopulaties in het vroege voorjaar

| Meerjarige akkerrand | Lente | Bloeiende kruiden | Zomer |

Figuur 4.4. Met de aanwezigheid van plaagbestrijders wordt exponentiële groei van plagen geremd, waardoor de schadedrempel niet altijd wordt overschreden.

Diverse methoden van natuurinclusieve bestrijding zijn nu al praktijk en worden door telers en onderzoekers op effectiviteit getest en verbeterd. Een belangrijke en voor de hand liggende route is door de populatie van inheemse en natuurlijke bestrijders te vergroten. Maar ook de voortplanting van plaagdieren is een aangrijpingspunt. Hieronder wordt een vijftal methodes van preventieve en/of biologische vormen van plaagbeheersing met voorbeelden beschreven:

1. Dicht bij het gewas lokken van gewenste bestrijders. Kruidenrijke randen langs en in het perceel voorzien de natuurlijke vijanden van luizen van de nectar en stuifmeel die ze nodig hebben voor energie en voortplanting. Bloemen waarvan is bewezen dat ze soorten als lieveheersbeestjes, gaasvlieglarven, zweefvlieglarven en diverse soorten sluipwespen aantrekken zijn schermbloemigen, boekweit, klaproos, margriet en korenbloem.

2. Bieden van nestgelegenheid voor bestrijders. Met broed- en schuilplaatsen voor bijvoorbeeld oorwurmen, lieveheersbeestjes, vogels en vleermuizen op en rond het boerenerf. Samen vormen ze dan een leger van bestrijders van vliegen in de stal en plagen op percelen. Zwaluwen en vleermuizen zijn erkende vliegeneters.

3. Plaaginsecten verwarren. Als mannetjes en vrouwtjes elkaar niet meer ontmoeten, volgt er geen vermeerdering. In de fruitteelt worden met verdampers feromoonstoffen verspreid die de mannetjes afleiden. Bij een lichte plaagdruk werkt dit goed.

4. In het gewas uitzetten van plaagbestrijders. De glastuinbouw heeft al sinds de jaren 80 goede resultaten met het uitzetten van roofwantsen en sluipwespen, die in kassen eenvoudig zijn vast te houden. Maar ook in open teelten wordt er steeds vaker succes mee behaald, zoals de inzet van galmuggen of sluipwespen in de strijd tegen bladluizen. Galmuggen worden aangetrokken door de geur van honingdauw die bladluiskolonies verspreiden. Ze leggen hun eieren bij de kolonies, waardoor de larven meteen een voedselbron hebben. De larven verlammen de bladluizen en zuigen deze vervolgens leeg. Ook zijn er diverse soorten sluipwespen die toegepast worden in verschillende omstandigheden.

5. Gesteriliseerde plaaginsecten uitzetten. Deze steriele mannetjes concurreren met de wilde mannetjes voor vrouwtjes. Als een vrouwtje met een steriele man paart komen er geen nakomelingen, en daarom is de volgende generatie kleiner. Een succesvol voorbeeld is de steriele vlieg tegen de uienvlieg. Dezelfde techniek met steriele mannetjes blijkt in het Verenigd Koninkrijk te worden ingezet tegen de invasieve Suzukivlieg. Naast het uitzetten van de steriele mannetjes wordt er ook gemonitord, middels tellingen in vangbekers. Zo kan eventueel worden bijgestuurd door extra steriele vliegen uit te zetten.

Vooral in jonge boomgaarden zijn extra schuilplaatsen voor oorwormen aan te raden, zoals zakjes of bloempotjes met stro.

Feromoonverwarring Checkmate CM verwart de fruitmot, waardoor populatieopbouw wordt verhinderd.

Met de Steriele Insecten Techniek (SIT) worden steriele mannetjes van de uienvlieg uitgezet om opbouw van de populatie te voorkomen.

Inpasbaarheid in de bedrijfsvoering

Preventie en beheersing van ziekten en plagen via een reeks samenhangende maatregelen is goed inpasbaar en levert een gezonder gewas op waarin minder vaak hoeft te worden ingegrepen. Wel vergt het (opbouwen van) vakkennis, aandacht en tijd. Maatregelen volgen de IPM-methodiek en zijn doorgaans inpasbaar in de bedrijfsvoering en *no-regret* (baat het niet dan schaadt het niet).

Kosten en baten

De verscheidenheid van maatregelen maakt het niet makkelijk om kosten en baten van preventieve maatregelen en biologische bestrijding te becijferen. Wel wordt preventie in plaats van ingrijpen over het algemeen gezien als kosteneffectief, met name wanneer telers voldoende ervaring hebben met de maatregelen. Sommige maatregelen brengen extra kosten met zich mee in de vorm van teeltoppervlak, arbeid en/of investeringen. Er zijn ook baten in de vorm van uitgespaarde bestrijdingsmiddelen. Bij sommige maatregelen zoals FAB-randen zijn de kosten van aanleg en beheer en de vermindering van areaal over het algemeen hoger dan één of twee insecticiden besparingen. Als gebruik kan worden gemaakt van een ANLb-regeling staat daar een vergoeding tegenover die dit verschil compenseert. Veel belangrijker zijn de baten in de vorm van een robuuster bedrijf: een gezonder gewas in een gezondere bodem. En de maatschappelijke baten in de vorm van een grotere biodiversiteit (meer soorten en grotere aantallen insecten), een schoner eindproduct en minder vervuiling van het milieu.

Meer informatie

- Preventieve maatregelen: wiki.groenkennisnet.nl/space/BB/11862203, www.beedeals.nl/wp-content/uploads/2018/01/001-Preventie-van-plagen-ziekten.pdf
- Resistente rassen: www.wur.nl/nl/onderzoek-resultaten/kennisonline-onderzoeksprojecten-lnv/soorten-onderzoek/kennisonline/bioimpuls-iii.htm
- Akkerranden: ipm-toolbox.nl/, www.landbouwmet-natuur.nl/maatregelen/akkerranden-en-bloemstroken
- Uienvlieg bestrijden: www.youtube.com/watch?v=ZmK7d0T_EC8
- Feromoonverwarring: www.youtube.com/watch?v=1F_x5yL3gtY
- Natuurlijke vijanden: edepot.wur.nl/453171
- Praktische adviezen fruitteelt: biofruitnet.eu/nl/materiaal/#praktische-samenvattingen

FRUITTELER AART VAN WIJK STIMULEERT NATUURLIJKE VIJANDEN

'Ik houd schadedrempels goed in de gaten'

In Opijnen worden bij Sikkert Berry's op ruim 20 hectare rode en witte bessen en bramen geteeld. Fruitteler Aart van Wijk omarmt daarbij zijn natuurlijke vijanden. Die aanpak kwam mede voort uit de eis vanuit de keten om rode bessen met maximaal vijf werkzame stoffen te telen. Door luizen met natuurlijke vijanden te bestrijden in plaats van met middelen, bleef er spelingsruimte over om een middel tegen vruchtrot in te zetten en het zachtfruit goed te bewaren tot aan de kerst. Die natuurlijke bestrijders trekt Aart aan door 'verantwoord slordig' te werken. Snoeihout blijft liggen voor biodiversiteit, organische stof en het bodemleven. 'In principe maai ik op het rode bessenperceel pas na de bloei. Voor de pluk moet ik wel maaien, maar dat doe ik dan om de rij, zodat de insecten naar de andere rij kunnen  uitwijken', vertelt Aart. 'De eerste plant die in het voorjaar groen is, is de brandnetel in de grasbaan. Daar zit dan ook als eerste luis in, maar dat trekt meteen natuurlijke vijanden aan. Zo staat er op tijd een legertje natuurlijke bestrijders klaar om de rode bessenstruiken te beschermen. Verder houd ik schadedrempels goed in de gaten. Afgelopen seizoen kwam een werknemer aan met een gekruld blad. Daar zaten inderdaad luizen op, maar deze waren bijna allemaal geparasiteerd. Dan hoef ik niet in te grijpen. Sterker nog: als ik zou gaan spuiten, dan spuit ik ook de nuttige dieren dood.' Aart teelt ook bramen en daarin heeft hij wel last van de Suzukivlieg. 'In de bramen zet ik zolang mogelijk (gekochte) natuurlijke vijanden in, zoals roofwantsen en sluipwespen. Aan het eind van het seizoen moet ik daar vaak toch chemisch ingrijpen. Omwille van de bestuivers spuit ik in dat geval altijd 's avonds, nooit overdag.'

4.5 Meten is weten

Monitoring van ziekten en plagen

Deze maatregel draagt bij aan:
behoud biodiversiteit, minder inzet bestrijdingsmiddelen, plaagonderdrukking

De ene luis brengt een virusziekte over, terwijl een ander soort luis alleen maar zuigschade aan het blad van het gewas veroorzaakt. Zo is de ene al bij een kleine hoeveelheid een bedreiging voor het gewas en de andere niet of pas bij grote aantallen. Daarom is het monitoren van ziekten en plagen een belangrijk onderdeel van geïntegreerde plaagbeheersing (IPM). Met die informatie en de hulp van beslissingsondersteunende tools kunnen telers heel gericht gebruik maken van bestrijdingsmiddelen op het juiste moment en alleen als de kosten daarvan opwegen tegen de mogelijke schade aan het gewas.

Scouten op vaste momenten

Bij geïntegreerde ziekte- en plaagbeheersing ga je als teler op voorhand uit van de mogelijkheid dat ziekten en plagen zich voordoen in gewassen. Hoe eerder het voorkomen van een plaag of ziekte in beeld komt, hoe beter je daar tijdig en gericht op kunt inspelen. Met gericht monitoren of scouten worden met vaste regelmaat waarnemingen gedaan in het gewas om ziekteverschijnselen en plaagdieren te zien en daarbij ook aantallen en mate van toename in te schatten. Voor het scouten van bijvoorbeeld insecten in een bietenperceel, worden deze geteld op een vast aantal planten, verspreid over het perceel. Binnen een perceel zijn er immers verschillende omstandigheden zoals plekken met en zonder schaduw, meer of minder vochtige bodem en verschil in blootstelling tussen de rand en het midden van het perceel.

Voor een goede scouting is het herkennen en onderscheiden van verschillende soorten plaaginsecten uiteraard van belang. Het voorbeeld waarmee deze paragraaf begint slaat op het verschil tussen de groene perzikluis en de zwarte bonenluis. De laatste veroorzaakt zuigschade, maar de eerste brengt vaak een virus met zich mee.

Voor sommige plaagsoorten, zoals de wortelvlieg, worden vangplaten gebruikt. Het aantal vliegen dat per week op één val blijft kleven en dan met meerdere vallen per perceel, geeft een beeld van de aanwezigheid van wortelvlieg op het perceel.

Schadedrempel

Gericht waarnemen zorgt voor een vinger aan de pols om op het juiste moment beslissingen te nemen over de inzet van middelen. Dat juiste moment wordt de schadedrempel genoemd en die is voor heel veel combinaties van gewassen en plagen of ziekten al vastgesteld op basis van historische data en proeven. Een schadedrempel geeft dus het moment aan waarop een ziekte of plaag in zo'n mate of hoeveelheid voorkomt, dat het een probleem gaat vormen voor het gewas. Tot dat moment is chemisch bestrijden nog niet nodig, of niet lonend. En door het te volgen en af te wachten krijgen natuurlijke plaagbestrijders langer de kans om de plaag te onderdrukken.

Een schadedrempel kan per plaag- of ziektesoort verschillend zijn, maar is daarbij ook afhankelijk van het stadium van een plaag (larve of adult), van het gewas, de periode en soms van de weersvoorspelling.

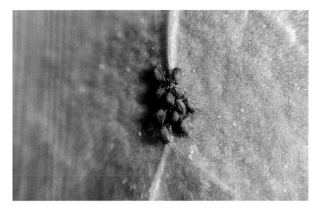

Zwarte bonenluis zuigt plantsappen op en is in kleine hoeveelheden onschadelijk voor het gewas.

Tijdens scouten in de gewassen worden vaak mummies van bladluizen gevonden. Dit zijn geparasiteerde bladluizen.

Waarschuwingssystemen

Bij het waarnemen en beslissen over al of niet bestrijden krijgen telers ondersteuning van waarschuwingssystemen. Deze geven tijdens het groeiseizoen actuele informatie over de kans op een plaag of een schimmelinfectie in het gewas. Dit wordt ook wel beslissingsondersteunende systemen (BOS) genoemd. Deze systemen maken gebruik van 'big data' afkomstig van sensoren, statistische informatie, weersvoorspellingen en modellen. Met name voor het voorspellen van de infectiekansen door schimmels zijn de weersomstandigheden van grote invloed. Sommige systemen houden ook rekening met eerdere bespuitingen om te bepalen of het gewas nog goed beschermd is.

Wanneer de plaag- of infectiedruk in de omgeving hoog is, loopt een perceel meer risico. Er zijn verschillende diensten die een waarschuwing versturen wanneer in de omgeving een bepaalde schadedrempel overschreden wordt. Dat bericht betekent niet dat agrariërs meteen een bespuiting moeten uitvoeren. Ze weten dan wel dat zij hun percelen extra goed in de gaten moeten houden. Pas wanneer op het eigen perceel een schadedrempel wordt overschreden, is het nuttig om daadwerkelijk in te grijpen.

Naast persoonlijke adviesberichten zijn er ook algemene bronnen te raadplegen, die boeren informeren over de ziekte- of plaagdruk. Een voorbeeld is de bladluiskaart van IRS. Deze geeft inzicht in de overschrijding van schadedrempels van bladluizen in suikerbietenpercelen in Nederland. Om deze kaart actueel te houden, tellen medewerkers van Cosun Beet Company en Delphy in het seizoen wekelijks bladluizen op wel meer dan 100 percelen.

Inpasbaarheid in de bedrijfsvoering

Het werken met een digitaal waarschuwingssysteem vergt over het algemeen wat begeleiding van adviseurs. Zeker in goedrenderende gewassen, zoals aardappels, vormen bespuitingen een verzekeringspremie voor de teler. Afwijken van een regulier spuitschema voelt als het nemen van een spannend risico. Het BOS-advies neemt het maken van keuzes van de teler niet over, maar ondersteunt en kan vaak ook juist sterken in eigen keuzes. De teler heeft zelf al gezien hoe het gewas ervoor staat en als het advies daarmee overeenkomt en ongeveer 'hetzelfde denkt' is dat een bevestiging om in te grijpen of het juist aan te durven om nog even af te wachten.

Gewasinspecties gaan volgens een vast protocol: bijvoorbeeld door langs een looproute door het gewas een vast aantal planten planten te bekijken.

De Goudval is een door De Groene Vlieg ontwikkelde methode die sinds midden jaren 90 veelvuldig wordt toegepast voor monitoring van insecten.

Kosten en baten

Goed scouten, gegevens bijhouden en daarnaast gegevens van adviesberichten en BOS volgen kost tijd, maar leidt tot forse besparingen op kosten voor gewasbescherming. In de fruitteelt leidde gebruik van een BOS tot 25% besparing, terwijl er bij asperge en aardbei gesproken wordt over 20% minder kosten voor fungiciden. In Italiaanse wijngaarden zorgde het gebruik van een BOS voor een middelenreductie van 24-75%, wat resulteerde in een kostenbesparing van € 56,- tot € 160/ha/jaar. Gebruik van abonnementen voor ziektemanagement-tools kosten € 200 - € 650 euro per jaar.

Meer informatie

- Bladluizenkaart: www.irs.nl/insectenwaarschuwings-kaart
- Adviessystemen: www.agrovision.com/nl/producten/teelt/adviessystemen/ziekteadvies www.dacom.nl/nl/producten/ziektemanagement
- Waarschuwingssystemen: agriconnect.nl/thema/emissiereductie-gewasbeschermingsmiddelen-door-weerpalen-en-waarschuwingssysteem
- Spuitmoment: www.toolboxwater.nl/wp-content/uploads/15.-Het-optimale-spuitmoment.pdf

Weerpaal bij een maisperceel helpt bij het bepalen van infectie-kansen door schimmels.

4.6 Zorgvuldig chemisch bestrijden

Alleen als laatste redmiddel

Deze maatregel draagt bij aan:
minder inzet bestrijdingsmiddelen, behoud biodiversiteit, plaagonderdrukking

Gebruik van chemisch-synthetische bestrijdingsmiddelen heeft hoe dan ook effecten voor biodiversiteit en het milieu. Om er zorgvuldig mee om te gaan en zo min mogelijk middelen te gebruiken is een geïntegreerde ziekte- en plaag beheersing de norm. Er wordt mee bedoeld dat een teler op voorhand inspeelt op de mogelijkheid van ziekten en plagen in het gewas. Dat kan door zorgvuldig te volgen wat er gebeurt en tijdig preventieve en niet-chemische maatregelen in te zetten om zo al veel onheil in de hand te houden. En pas bij schade boven een bepaalde drempel en als een andere aanpak niet helpt, wordt weloverwogen gekozen voor inzet van bestrijdingsmiddelen. De overwegingen gaan dan bijvoorbeeld over het type middel, de manier van toepassen en het voorkomen van emissies bij toepassing. Alles om de milieu-impact zo laag mogelijk houden.

Middelenkeuze

Bij de keuze van een middel tellen niet alleen prijs en effectiviteit, maar ook de effecten die het middel heeft op milieu, mens en dier. Die zijn eenvoudig af te lezen aan de milieubelastingspunten van het middel, zoals weergegeven via de CLM-milieumeetlat. De voorkeur gaat altijd eerst uit naar een middel dat selectief is en dus alleen inwerkt op de specifieke plaag of ziekte of het onkruid waar het om gaat en niet op andere organismen. Is dat er niet, dan vormen erkende laag-risico middelen een alternatief. Dit zijn middelen waarvan bekend is dat zij een lager risico vormen voor de omgeving.

Wie teelt voor een keurmerk zoals Planet Proof of Beter Voor Natuur en Boer heeft rekening te houden met de eisen die vanuit het keurmerk gesteld worden aan het type middelen dat gebruikt wordt. Teel je biologisch dan mag je helemaal geen chemisch-synthetische stoffen toepassen. Bij Planet Proof leveren stoffen die milieubelastend zijn maluspunten op. Die kan de teler compenseren met bonuspunten die te behalen zijn met keuzemaatregelen die juist goed zijn voor het milieu.

Pleksgewijs toepassen

Het is niet altijd nodig om op het gehele perceel bestrijdingsmiddelen toe te passen. Soms komt een plaag of ziekte maar in een deel van het perceel voor en is het voldoende om daar een pleksgewijze bestrijding uit te voeren. Hetzelfde geldt voor onkruidproblemen. Er zijn een aantal technieken voor pleksgewijze aanpak. Het kan bijvoorbeeld handmatig met een draagbare spuit of rugspuit, al of niet met een 'laagvolume strooilans'. Verder hebben veldspuiten vaak de mogelijkheid van middelinjectie. Alleen op de geselecteerde plek in het perceel wordt dan een extra middel aan de spuitvloeistof toegevoegd.

Door de optimale bedekking en minimale drift kan met de laagvolume strooilans tot 50% op middel worden bespaard.

Emissie voorkomen bij de toepassing

Tijdens het spuiten ontstaat nevel die gevoelig is voor verwaaien ofwel drift (figuur 4.5). Het middel kan ook na de bespuiting vanaf het gewas of de bodem uitspoelen. Om drift te voorkomen zijn er diverse driftreducerende technieken beschikbaar. Het is wettelijk verplicht om te werken met een (combinatie van) technieken die minimaal 75% driftreductie scoren. Sommige driftarme doppen of technieken zoals luchtondersteuning of wingsprayer leveren een hoger reductiepercentage op. De goedgekeurde driftreducerende spuittechnieken en -doppen zijn te vinden op de DRT- en DRD-lijst van de Technische Commissie Techniekbeoordeling (TCT).

Door de spuitboom te verlagen van 50 cm naar 30 cm kunnen spuitdoppen een driftreductieklasse hoger uitkomen. Om de spuitvloeistof goed te blijven verdelen moet de afstand tussen de doppen dan gehalveerd worden van 50 naar 25 cm en de tophoek van de doppen is dan 80° in plaats van 110°.

Er bestaan driftreducerende additieven die de spuitvloeistof en de druppels zwaarder maken. Zo zorgt het additief ervoor dat de vloeistof minder snel verwaait. Bovendien kan het additief het uitvloeien en aanhechten van het middel op het blad verbeteren.

Vanuit een bodem met veel organische stof spoelen minder middelen uit. Stimuleren van het bodemleven en voorkomen van verdichting zijn ook voor dit aspect belangrijke maatregelen.

Emissie voorkomen bij het vullen van de spuit

Door betere spuittechnieken en spuitvrije zones zijn de emissies in het veld in de afgelopen decennia sterk teruggedrongen. Tijdens het vullen en reinigen van de spuitmachine op het erf kunnen middelen afspoelen en alsnog in het milieu terechtkomen. Een goede maatregel om dit te voorkomen is een vul- en wasplaats met de mogelijkheid om restvloeistof en waswater op te vangen en een reinigingssysteem. Hiervoor zijn verschillende zuiveringssystemen beschikbaar die het afvalwater via verdamping of biologische zuivering reinigen.

Bij het vullen van een spuit is het altijd van belang om absorptiemiddel bij de hand te hebben om eventueel verspild middel meteen op te ruimen. Verder zijn er gesloten vulsystemen in ontwikkeling, waarbij contact tussen het onverdunde middel en de gebruiker of omgeving wordt voorkomen.

Bufferstroken

Vanaf 2023 is het voor het Gemeenschappelijk landbouwbeleid (GLB) en de mestwetgeving verplicht om bufferstroken langs alle waterlopen te hebben. Op deze stroken mogen geen bestrijdingsmiddelen of meststoffen worden toegediend. De breedte van de strook hangt af van het type waterloop; voor ecologisch kwetsbare en KRW waterlopen geldt een breedte van 5 meter. Uit onderzoek blijkt dat bij een zone van 3,5 meter zo'n 80% minder middel in de sloot belandt dan bij een zone van 1,5 meter. Deze zone kan door inzaai ook als akkerrand dienen en zo meerdere functies krijgen. Met diverse krui-

Drift

Figuur 4.5. Spuitvrije bufferzones verminderen de kans dat bestrijdingsmiddelen in het oppervlaktewater terechtkomen (direct of via drift). Inzaaien met akkerkruiden help de biodiversiteit en plaagonderdrukking in het gewas. Een strook langs een kruidenrijke akkerrand kan ook overgeslagen worden met spuiten, om natuurlijke bestrijders te sparen.

den bevordert zo'n rand de biodiversiteit en trekt natuurlijke vijanden aan. Die helpen plaaginsecten beheersen en dragen zo bij aan minder middelengebruik. Het is dan aan te raden om niet direct naast de akkerrand te spuiten, om natuurlijke bestrijders te sparen. Een akkerrand kan ook een infiltratiegreppel bevatten die afstromend water uit het perceel opvangt. Met name bij ruggenteelt is dit relevant, omdat water daar sneller wegstroomt. Om afspoeling tussen de ruggen te voorkomen zijn er machines die een wafelpatroon met kuiltjes aanbrengen waardoor water makkelijker infiltreert.

Het is mogelijk om een emissiescherm van ondoorlatend materiaal te plaatsen om wegwaaien te voorkomen. Dit scherm moet dan minstens even hoog zijn als de spuitdoppen.

Een houtsingel of een struweelhaag langs een perceelsrand kan een natuurlijk emissiescherm vormen. Het moet wel in het voorjaar voldoende begroeid zijn en in blad staan om die functie te vervullen. Bij doelbewuste aanplant als 'vanggewas' zijn haagbeuk, meidoorn, populier, eik, vlier en liguster geschikte soorten. Als er ook bomen en struiken in komen die plaaginsecten aantrekken (die als voeding dienen voor natuurlijke vijanden), zoals zwarte els, krijgt de haag een dubbeldoel. Vanzelfsprekend is het ook van belang om goed op het weer te letten en niet te spuiten bij veel wind, of als er fikse regenbuien op komst zijn.

Kosten en baten

Veel van de hierboven beschreven maatregelen zijn wettelijk verplicht om drift en afspoeling te voorkomen. Een ondernemer kan ervoor kiezen om deze maatregelen uit te breiden zodat zij een dubbel doel dienen. Zo kan het inzaaien van een spuitvrije zone ervoor zorgen dat natuurlijke vijanden en andere insecten worden aangetrokken. Het inzaaien van randen, aanplanten van hagen en aanleggen van infiltratiegreppels brengt meerkosten met zich mee en kan productieruimte kosten.

Technische innovaties, zoals nieuwe spuittechnieken, zijn prijzig, maar leveren ook een besparing op middelen op en kunnen zichzelf zo op termijn terugverdienen. Richtlijn voor de kosten van een betonnen wasplaats zijn € 100/m², de totaalkosten van de bijpassende zuiveringssystemen variëren tussen de € 800 en € 16.500, afhankelijk van de benodigde capaciteit.

Meer informatie

- Milieu-impact bestrijdingsmiddelen: www.milieumeetlat.nl
- Emissiereductie: www.toolboxwater.nl
- Driftreductie: iplo.nl/thema/water/afvalwater-activiteiten/agrarische-activiteiten/telen-gewassen-openlucht/vaststellen-driftreductie-spuittechnieken
- Gewasbeschermingsmonitor: www.schoonwaterwijzer.nl

Een haag kan voorkomen dat bestrijdingsmiddelen naar de omgeving verwaaien.

Een overdekte wasplaats voor machines waarmee bestrijdingsmiddelen zijn toegepast.

4.7 Gemengde teelt van granen en peulvrucht

Gewassen versterken elkaar

Deze maatregel draagt bij aan:
biodiversiteit, verbetering bodemkwaliteit, korte kring-loop, vermindering meststoffen, minder inzet bestrijdings-middelen

Het telen van één gewas op één perceel is om allerlei redenen het meest gangbare systeem geworden, maar in traditionele landbouwsystemen werden gewassen ook wel in mengteelt door elkaar verbouwd. De voordelen van dergelijke meng-teelten worden opnieuw ontdekt. Onder mengteelt wordt verstaan: het door elkaar telen twee of meer gewassen op het-zelfde perceel. Voorbeelden zijn combinaties als gerst en erwt, mais en klimboon en tarwe met veldboon. De laatste variant wordt verder toegelicht in dit hoofdstuk.

Het achterliggende idee bij mengteelt is dat verschillende gewassen elkaar versterken. Niet toevallig gaat het in de voor-beelden om mengteelten met een vlinderbloemige. Die bin-den stikstof uit de lucht, waar het andere gewas van profiteert. Denk verder aan het aantrekken van natuurlijke bestrijders en verschillen in het benutten van licht en nutriënten. Mengteel-ten leveren een iets hogere opbrengst en zijn daarnaast goed voor de bodemgezondheid.

Tarwe-veldboon, geschikt voor mens en dier

Het mengen van gewassen heeft uiteraard ook gevolgen voor de oogst en afzet van het product. Tarwe met veldboon valt als veevoer van hoge kwaliteit voor melkkoeien te oogsten door het te hakselen en in te kuilen (zogenoemde GPS – Gehele Plant Silage). Dorsen als korrelmengsel om in geplette vorm aan koeien te voeren, of als eiwitgrondstof in mengvoeders is ook een mogelijkheid. Maar beide producten zijn ook zeer geschikt voor menselijke voedsel. Vaak is er dan wel een extra handeling nodig, namelijk het scheiden van de bonen en de graankorrels.

Binden en uitdelen van stikstof

Een vlinderbloemige heeft de bijzondere eigenschap over wortelknolletjes te beschikken die stikstof (N_2) binden uit de lucht. Die gebonden stikstof komt beschikbaar voor de plant zelf, waardoor de omringende granen de beschikbare stikstof uit de bodem kunnen opnemen. Dat maakt dat de veldboon in een mengteelt harder gaat werken om zichzelf van stikstof te voorzien. De gebonden stikstof maakt dat de gewasresten van peulvruchten veel stikstof bevatten en de geoogste bonen eiwitrijk zijn, aangezien stikstof de belangrijkste bouwsteen is van eiwitten. Veldboon bevat rond de 30% eiwit. Tarwe min-

Mengteelt tarwe veldboon in vroeg (links) en afrijpingsstadium (rechts).

der, zo'n 10-12%. Het eiwitgehalte van graankorrels stijgt enkele procenten in een mengteelt, want per plant is er meer stikstof beschikbaar (er staan minder graanplanten per vierkante
meter dan in een monoteelt graan) (figuur 4.6).

De veldboon heeft nog een sterke eigenschap in te brengen
in de 'samenwerking' met tarwe. De penwortels gaan tot wel
een meter diep de grond in. De wortels scheiden stoffen uit
die mineralen mobiliseren uit bodemdeeltjes: zo komt onder
meer fosfaat (beter) beschikbaar.

Een mengteelt legt zo een hogere efficiëntie aan de dag in
de benutting van voedingsstoffen uit de bodem, ook omdat
beide gewassen een andere behoefte aan nutriënten hebben.
Het wortelstelsel en de gewasresten bevatten na de oogst zo'n
100 tot 120 kg stikstof per hectare, die zoveel mogelijk moet
worden vastgehouden in een vanggewas zodat deze ten goede
komt aan de volgteelt.

Wortelstelsel van de veldboon met witte wortelknolletjes waar stikstof wordt gebonden uit de lucht.

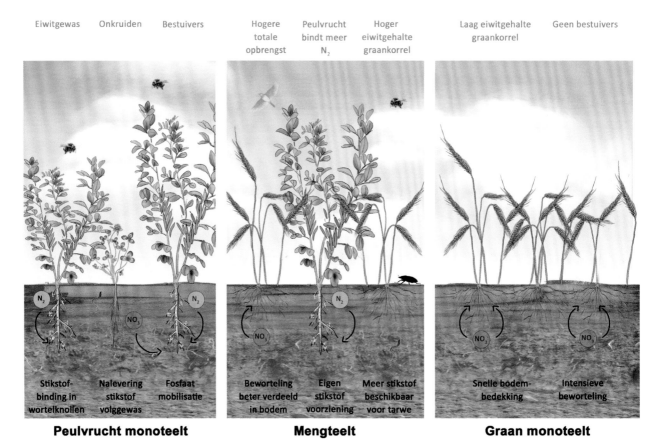

Figuur 4.6. Een mengteelt met een vlinderbloemige legt stikstof (N_2) vast in de vorm van nitraat (NO_3^-), waar het graan van profiteert en zo
in totaal een hogere opbrengst levert en voor meer eiwit in het graan zorgt. Diversiteit in beworteling van mengteelten zorgt voor efficiënt
gebruik van voedingsstoffen en bodemvocht. Bloeiende gewassen trekken bestuivers en zorgen voor meer biodiversiteit. Granen groeien
snel ten opzichte van vlinderbloemige waardoor onkruiden geen kans krijgen.

Onkruidbestrijding

Peulvruchten hebben als nadeel dat ze bij opkomst lange tijd een open stand houden, waardoor onkruid een kans krijgt. Graan heeft juist een vlotte bodembedekking, wat dus onkruiden onderdrukt. Onkruidbestrijding kan mechanisch door meerdere keren eggen en schoffelen.

Bestuiving

Vlinderbloemigen trekken met hun bloei hommels en bijensoorten aan, die zich voeden met het stuifmeel en de nectar in de bloem. De kruisbestuiving verhoogt de opbrengst van het gewas. Insecten en gewas hebben elkaar dus nodig. Omdat het gewas maar kort in het voorjaar bloeit, is het goed om zorg te dragen voor zoveel mogelijk bloeiende planten in de bermen, akkerranden, houtwallen en slootranden, die samen over een langere periode nectar en stuifmeel te bieden hebben: daarmee verleng je de zogenoemde bloeiboog (zie § 7.4). Bijenkasten zijn eveneens bevorderlijk voor een goede bestuiving.

Voordelen

Betere benutting van nutriënten, doorgeven van uit de lucht gebonden stikstof via gewasresten, onkruidonderdrukking: allemaal redenen om mengteelt als een variant te zien die past bij een natuurinclusieve manier van boeren. Daar komt nog bij dat de planten van één soort minder dicht op elkaar staan, wat de verspreiding van ziekten en plagen afremt, wat natuurlijke vijanden meer tijd en kans geeft om de plaag vanuit akkerranden, bermen en struweel onder controle te houden. Granen en peulvruchten kennen elk hun eigen schimmelziekten, waardoor het ook niet praktisch of niet toegestaan is om fungiciden te gebruiken. Nog een reden waarom het goed past in een natuurinclusieve bedrijfsvoering.

Inpasbaarheid in de bedrijfsvoering

De mengteelt van tarwe en veldboon kan zowel in het najaar worden gezaaid als wintergewas, als in het voorjaar in de zomervariant. De wintervariant levert een hogere opbrengst per hectare, maar kent in de winter extra risico's, zoals ganzenschade en wateroverlast. De mengteelt levert zelf een bijdrage aan bodemverbetering, maar heeft bij de start wel een goed ontwaterde bodem met een fijne structuur nodig. Aan de groei van het mengsel ken je in het seizoen ook de verschillen in een perceel terug. Zo zal tarwe het op slechtere plekken en in droge zomers iets beter doen. De groeiomstandigheden bepalen zo uiteindelijk ook de mengverhouding in het geoogste gewas tarwe en veldboon.

Veldboon en tarwe hebben elk een andere zaaidiepte. Tarwe moet op 2-3 cm liggen en komt bij dieper zaaien matig op, terwijl veldboon juist op zo'n 7-8 cm moet liggen en bij ondieper zaaien risico's heeft op vraat van vogels of muizen. Dit wordt vaak opgelost door in twee werkgangen te zaaien, of met combimachines die verschillende zaden op twee dieptes kunnen zaaien. De afstand tussen de rijen is 12 tot 50 centimeter, afhankelijk van de gebruikte schoffelgarnituur.

Eggen in een mengteelt waarbij de mengteelt net is opgekomen.

Het mengsel kan als korrelproduct worden geoogst door het te dorsen en het korrelmengsel als grondstof voor mengvoeders te verkopen of voor gebruik op eigen bedrijf. Aangezien tarwe doorgaans enkele weken eerder rijp is dan veldboon vergt dit een goede afstemming van rassen door te kiezen voor een late tarwe en een vroege veldboon.

Afzet van veldbonen aan bijvoorbeeld producenten van vleesvervangers is mogelijk, maar vergt een extra behandeling om tarwe en veldbonen te scheiden. De verwachting is dat de vraag naar plantaardige eiwitten in Europa gaat stijgen. Dit vanwege maatschappelijke druk om de importen van soja voor veevoer te verlagen en daarnaast dierlijke eiwitconsumptie te vervangen door een meer plantaardig voedselpatroon (eiwittransitie). Een andere meer toegepaste variant is het gewas in een wat vroeger stadium te hakselen met een maishakselaar en in te kuilen als GPS.

Kosten en baten

Peulvruchten zijn in Nederland bezig aan een kleine revival: het was in 2013 2.830 ha en werd in 2023 geschat op 7.840 ha. De gewasopbrengsten zijn wisselend, maar er komen voortdurend betere rassen op de markt. In biologische (meng) teelt worden opbrengsten van 5 tot 7 ton per hectare gehaald met wisselende verhoudingen tarwe/veldboon. De tarwe uit mengteelt heeft 2 tot 3 procentpunt meer eiwit, waardoor het vaker mogelijk is om bakkwaliteit te produceren. Andere baten waar moeilijk een bedrag aan te hangen is, zijn de bijdrage aan bodemkwaliteit, ziektewerendheid en efficiëntere benutting van nutriënten. Aan de andere kant zijn de teeltkosten iets hoger door duurder veldbonenzaad (ca 260 euro veldbonen + 30 euro tarwe). Wanneer gekozen wordt voor combinen, duurt dit langer dan bij wintertarwe en kan later een extra sorteerbewerking nodig zijn als tarwe en veldbonen apart worden verkocht. Het saldo van een mengteelt veldboon en tarwe is iets minder negatief dan van de monoteelten. Dat deze negatief zijn, heeft te maken met de hoge grondprijzen in Nederland en goedkope importmogelijkheden uit het buitenland.

Een mengteelt van lupine en graan (links) en mais met klimboon (rechts).

'Gemengde teelt zorgt voor een hoger eiwitgehalte in de tarwe'

Ondernemers Winny en Arjen van Buuren beheren landbouwgronden op landgoed Velhorst bij Lochem, landgoed Kreil bij Winterswijk en op de Zenderense Es bij Borne op landgoed Twickel. Sinds 2020 passen ze mengteelt toe van zomertarwe en bloeiende zomerveldbonen. Voor het inzaaien hebben ze met bouwer en leverancier van zaaimachines Koeckhoven een machine ontwikkeld die in één werkgang op twee verschillende dieptes kan zaaien. Ze oogsten het menggewas met een combine, wat dus een mengsel oplevert van bonen en tarwe. Die worden vervolgens gescheiden met een Petkus zaadschoner.

Winny vertelt dat deze mengteelt met vlinderbloemigen niet alleen belangrijk is voor de stikstofvoorziening, maar daarnaast ook bijdraagt aan de organische stof in de bodem.

De gemengde teelt zorgt voor een aanmerkelijk hoger eiwitgehalte in de tarwe, namelijk 15 tot 16% eiwit. Dit draagt bij aan een goede bakkwaliteit en maakt afzet mogelijk aan ambachtelijke bakkers binnen en buiten de regio. De afnemers zijn erg tevreden over de kwaliteit. Zoals een van de bakkers stelt: 'Bij het kneden van het deeg voel je de kwaliteit in je handen.' De beschikbaarheid van deze kwaliteit graan draagt bij aan de verdere ontwikkeling van lokale korte ketens.

Meer informatie
- Tarwe-veldboon: www.louisbolk.nl/publicaties/teeltsheet-mengteelt-tarwe-en-veldboon-bio
- Mengteelten: vm193-134.its.uni-kassel.de/En.DiversiWiki/index.php/Mixed_Cropping

4.8 Strokenteelt

Variatie geeft plagen minder kans

Deze maatregel draagt bij aan:
verbetering biodiversiteit, vermindering inzet bestrijdingsmiddelen, verbetering bodemkwaliteit

Steeds vaker te zien: verschillende gewassen in lange repen of
stroken naast elkaar op een perceel. Het is niet alleen een mooi
gezicht, het is volgens sommigen de toekomst van de plantaardige teelten. Dit wordt strokenteelt genoemd om het verschil
aan te geven met een perceel met één gewas.

De afgelopen tien jaar is er op het gebied van strokenteelt
veel onderzocht en in de praktijk uitgeprobeerd. Behalve een
afwisseling van gewassen, kan ook worden gevarieerd met diverse rassen van hetzelfde gewas en met bloemstroken, luzerne
of grasklaver. Deze maaigewassen zijn ook weer handig voor
het transport bij de oogst van gewassen als aardappel, bieten
en peen. De breedte van de stroken kan om diverse redenen
variëren van 1,5 tot 36 meter.

Meer variatie op het veld

Bij verschillende gewassen op een perceel is voor meer verschillende soorten een leefgebied te vinden en neemt de soortenrijkdom op het perceel toe. Ook ondergronds is er meer biodiversiteit te vinden dan op een perceel met maar één gewas.

Al die variatie en biodiversiteit helpen de teler: het leidt er
samen toe dat plagen minder kans krijgen om zich door een
gewas te verspreiden, dat er sprake is van risicospreiding en
dat natuurlijke plaagbestrijders sneller en in grotere getale hun
werk kunnen doen.

Rem op ziekteverspreiding

Gewassen in een grote oppervlakte telen is efficiënt voor alle
bewerkingen, maar brengt ook kwetsbaarheid mee voor plagen en ziekten. Een schimmelziekte die eenmaal in een perceel
is geland, kan zich naar alle windrichtingen verspreiden. Bij
teelt in stroken met andere gewassen op hetzelfde perceel vormen de naastliggende stroken een natuurlijke barrière.

Bijvoorbeeld: in aardappels verspreidt een besmetting met
de aardappelziekte phytophthora zich minder snel als het
stroken tegenkomt met planten waar de sporen niet op overleven. Het loof van de aardappel kan langer op het veld blijven,
waardoor de knollen langer kunnen doorgroeien. Zo kan de
opbrengst per hectare gemiddeld hoger liggen dan in het vol-
veldsysteem.

Strokenteelt met stroken van 3 meter.

Meer biodiversiteit

Plaaginsecten hebben diverse natuurlijke vijanden. De natuurlijke vijanden komen uit de perceelsrand en trekken het veld
in om voedsel te vinden. Door meer randen te creëren door
strokenteelt, kunnen de natuurlijke vijanden grotere oppervlakten van percelen bevliegen op zoek naar voedsel. In een
grote oppervlakte met hetzelfde gewas verspreiden natuurlijke
vijanden zich minder goed. Een perceel met strokenteelt heeft
meer gewasdiversiteit en variatie in de vegetatie. Overgangen
van hoge naar lage vegetatie en dichte naar minder dichte vegetatie zorgen voor verschillen in wind, luwte, zon en schaduw.
Samen zorgen die factoren voor veel verschillende habitats
voor insecten en vogels.

Voor bodemkruipende insecten betekent het dat ze snel
weer een beschutte plek tegenkomen, als een andere strook
is geoogst. Vogels en zoogdieren vinden meer plekken om
zich schuil te houden en voort te planten. Zo forageren veldleeuweriken graag in strokenteeltsystemen. Voor hun nesten
zoeken ze percelen met voldoende rust en een open vegetatiestructuur.

De gedachte is dat natuurlijke vijanden van plaaginsecten in grotere getale aanwezig zijn in een strokenteeltsysteem. Dit kan helpen om plaageffecten te dempen en daarmee ook de inzet van bestrijdingsmiddelen te verminderen. Het hangt uiteraard sterk af van de situatie en van de mix van gewassen die op het perceel geteeld worden.

Slimme combinaties

Het is de kunst om slimme combinaties te maken van gewassen in een strokenteeltsysteem. Combinaties die elkaar helpen in hun weerbaarheid tegen plagen en ziekten, maar ook combinaties die praktische voordelen meebrengen. Zo zijn vroeg geoogste stroken met graan, grasklaver of luzerne handig om tijdens de oogst van andere gewassen te gebruiken voor transport. Maaisel van grasklaverstroken kan in de naastliggende strook worden benut als maaimeststof. En stroken met bloemen kunnen plaagbestrijders stimuleren vlak naast economisch belangrijke gewassen. Uien en wortelen zouden naast elkaar passen als gunstige combinatie om over en weer de wortel en uienvlieg te bestrijden.

Anders werken

Werken in stroken vergt anders denken en anders werken. Zo is het ploegen lastig in een strokensysteem en zijn vormen van minimale grondbewerking beter toepasbaar. Er wordt doorgaans met lichtere machines gewerkt in strokenteelt, wat volgens boeren die ermee werken ook een betere bodemkwaliteit met minder verdichting oplevert.

In een strokenteeltsysteem ligt nooit het hele perceel braak, maar één of meer stroken. Dit vermindert de kans op stuiferosie aanzienlijk. In heuvelachtige gebieden kunnen de stroken ook goed werken in het tegengaan van erosie door water.

Inpasbaarheid in de bedrijfsvoering

Op alle bedrijven is strokenteelt toepasbaar, maar rechthoekige percelen maken het werk wel makkelijker. GPS op de trekkers waarmee heel precies en plaatsgericht kan worden gewerkt, is ook een uitkomst. De breedte van de stroken is mede afhankelijk van beschikbare mechanisatie. Uit onderzoek blijkt dat het effect van plaagonderdrukking lager wordt bij bredere stroken. Onkruidbestrijding is bij strokenteelt vergt vaak meer arbeid.

Bij een strokenteeltsysteem ligt nooit het gehele perceel braak.

Naast deze strook peen staat een strook grasklaver, waarvan het maaisel gebuikt kan worden als maaimeststof.

Kosten en baten

Strokenteeltsystemen vragen investeringen voor aanpassing van de mechanisatie op het bedrijf. Veel bestaande mechanisatie is minder geschikt, er zijn (vaak) kleinere machines nodig. Strokenteelt vraagt meer arbeid, met name in de voorbereiding en planning, maar ook door langere aanrijtijden, het afzonderlijk oogsten van gewassen en onkruidbeheersing.

Hoe dit economisch uitpakt hangt erg af van de ligging van percelen en de verkaveling. Werken met GPS-systemen maakt het mogelijk efficiënte routes te berekenen. Tal van bedrijven en instellingen werken aan robotisering die strokenteelt eenvoudiger maken.

De opbrengsten hangen af van de mate waarin naastliggende gewassen elkaar versterken of juist niet. Over het algemeen wordt ondervonden dat de opbrengst in het midden van de stroken gelijk of iets hoger is dan op gangbare grote percelen. Aan de randen worden verschillen gezien, zowel positief als negatief. Doordat bij strokenteelt meerdere gewassen op een perceel worden geteeld, wordt het risico van een slechte opbrengst gespreid. Mocht een gewas een tegenvallende opbrengst geven, dan kan daar tegenover staan dat een buurgewas wel een goed tonnage geeft.

Meer informatie

- Strokenteelt:
  www.youtube.com/watch?v=DqYEOLoEPIQ
  groenkennisnet.nl/dossier/strokenteelt-dossier
- Praktijkvoorbeelden:
  Farm of the future: farmofthefuture.nl
  Proeftuin van Pallandtpolder: proeftuinpallandt.nl
  Erf: www.erfbv.nl/nl/actueel/42/vereerd-ekoland-innovatieprijs-voor-erf

Inpasbaarheid in de bedrijfsvoering is afhankelijk van de beschikbare machines zoals de breedte van deze schoffelmachine.

4.9 Kruidenrijk grasland

Onderscheid tussen de extensieve en productieve vorm

Deze maatregel draagt bij aan:
verbetering biodiversiteit, verbetering bodemleven, vermindering meststoffen, aanpassing aan klimaatverandering

Iets minder dan de helft van de agrarische grond in Nederland is grasland. Het overgrote deel daarvan heeft een eenzijdige samenstelling van productieve grasrassen. Als mensen aan natuurinclusieve landbouw denken, dan komt vaak als eerste het beeld van kruidenrijk grasland naar boven. Daarbij is het belangrijk onderscheid te maken in extensief en productief kruidenrijk grasland. Veehouders beginnen kruidenrijk grasland te herwaarderen. Want de productieve vorm hiervan biedt niet alleen kansen voor meer biodiversiteit in de weilanden, het kan ook beter tegen droogte en behoeft minder bemesting.

'Vroeger', tot in de jaren 60 was meer dan de helft van de graslanden kruidenrijk en deze werden extensief beheerd met weinig bemesting, beweiding of maaibeurten. Nu liggen de meeste van deze extensieve graslanden in natuurgebieden of zijn ze onderdeel van het agrarische natuurbeheer bijvoorbeeld in weidvogelgebieden (ANLb, zie Hs 6 en 7). Maar er is ook een andere vorm van kruidenrijk grasland. Dit is een productieve vorm die bestaat uit verschillende grassen, vlinderbloemigen en kruiden. Vlinderbloemigen zijn bijvoorbeeld rode en witte klavers, en esparcette. De kruiden hierin bestaan uit onder andere smalle weegbree, cichorei, wilde peen en duizendblad. Productief kruidenrijk grasland is (over het algemeen) minder soortenrijk dan extensief kruidenrijk grasland en wordt intensiever gemaaid of beweid. Door de samenstelling met klavers is er minder kunstmest nodig dan normaal grasland en het levert een eiwitrijk en smakelijk gewas op voor het vee. Met het beheer wordt steeds een klein deel niet gemaaid, waardoor de bloeiende kruiden kansen bieden voor meer bloembezoekende insecten.

Stimulans voor meer kruiden

Beide vormen van kruidenrijke graslanden worden op melkveebedrijven gestimuleerd met 'duurzame melkstromen' door grote zuivelverwerkers. Veehouders krijgen enkele centen per kg melk extra als ze scores halen voor dierenwelzijn, duurzaamheid en biodiversiteit. Dat laatste is in te vullen door 5-10% van het areaal te beheren als extensief kruidenrijk grasland (waarbij op dit moment productief kruidenrijk grasland met een omrekenfactor van 0,4 meetelt). Verder heeft de overheid in het Gemeenschappelijk Landbouw Beleid (GLB) via de ecoregelingen stimulansen ingebouwd voor natuurinclusieve

maatregelen zoals productief kruidenrijk grasland en kruidenrijke graslandstroken. En het agrarisch natuurbeheer (ANLb) kent beheerpakketten voor extensief kruidenrijk grasland.

Indeling kruidenrijke graslanden

Het is goed om onderscheid te maken in verschillende soorten kruidenrijk grasland. Het verschil zit vooral in het doel wat de veehouder nastreeft. Bij productief kruidenrijk grasland is het doel om eiwitrijk voer te produceren. Bij extensief kruidenrijk grasland gaat het om het versterken van de biodiversiteit. Het gewas is veel minder eiwitrijk en dus minder geschikt om aan koeien die in lactatie zijn te voeren. Voor droogstaande koeien en jongvee is het wel geschikt. Productief kruidenrijk grasland wordt vaak door inzaai of doorzaai omgevormd. In het mengsel zitten diverse soorten grassen, kruiden en vlinderbloemigen die zijn gekozen omwille van hun diepere en fijnere beworteling en de inhoudsstoffen die de gezondheid van het vee ondersteunen.

Productie kruidenrijk grasland met klavers en kruiden als weegbree, duizendblad en cichorei.

Grazende koeien in productief kruidenrijk grasland.

In de graspercelen die boeren kunnen pachten in natuurgebieden ('natuurpacht') is een hogere diversiteit aan planten, insecten en vogels het doel. Dit wordt extensiever beheerd en bevat veel inheemse soorten grassen en kruiden en heeft een open vegetatiestructuur. Zo is er minder bemesting (alleen ruige stalmest) en wordt het gras doorgaans pas in de tweede helft van juni gemaaid. Hetzelfde gaat op voor de eigen percelen waarop boeren een beheerpakket afsluiten met een ANLb-vergoeding. Dit wordt 'extensief kruidenrijk grasland' genoemd. Extensief kruidenrijk grasland wordt meestal ontwikkeld vanuit een bestaand grasland. Het beheer wordt aangepast (minder bemesting en minder maaibeurten) waardoor de productiviteit afneemt en er meer kruiden in de grasmat komen. In sommige gevallen verloopt dit proces niet zoals gehoopt en stagneert de ontwikkeling. Ongewenste soorten als gestreepte witbol en pitrus kunnen dan dominant zijn in extensieve graslanden.

Meerwaarde van kruiden

Veel kruiden wortelen aanzienlijk dieper dan grassen zoals Engels raaigras (figuur 4.7). Dit maakt dat productief kruidenrijk grasland beter bestand is tegen droogte. Een ander voordeel van kruiden is dat ze hogere gehaltes aan mineralen bevatten en soms ook stoffen met een gezondheidseffect, zoals antibacteriële werking en onderdrukking van worminfecties. Voor kuikens van weidevogels is extensief kruidenrijk grasland in de opgroeifase belangrijk, omdat ze er meer en vooral ook grotere insecten vinden. Ook de open vegetatiestructuur is van belang, zodat ze er gemakkelijk doorheen kunnen lopen.

In de 'Contouren Nieuw Mestbeleid' geeft de minister van LNV aan te streven naar grondgebonden melkveehouderij. De definitie van grondgebonden is nog niet concreet, maar zou kunnen betekenen dat melkveehouders niet meer mest produceren dan ze op eigen land kunnen aanwenden of op dat van een nabije akkerbouwer waarmee wordt samengewerkt. Dit houdt in dat veel melkveebedrijven mogelijk extensiever gaan werken en dan komt er meer ruimte voor het inpassen van kruidenrijke graslanden.

Extensief kruidenrijk grasland op zandgrond met veel biggenkruid en enkele margrieten.

Productief kruidenrijk grasland in een periode van droogte: de diepwortelende smalle weegbree blijft lang groen.

Extensief kruidenrijk grasland met daarin verschillende soorten grassen, zuring, klavers en boterbloem.

Extensief kruidenrijk grasland stagneert soms in de ontwikkeling, waardoor er dominantie van gestreepte witbol ontstaat.

Figuur 4.7. Het verschil in wortelstelsel bij 1) cichorei, 2) paardenbloem, 3) smalle weegbree, 4) rode klaver, 5) witte klaver en 6) Engels raaigras.

Inpassing in de bedrijfsvoering

Bij pacht van natuurland of eigen land met een ANLb-pakket, dus extensief kruidenrijk, moet rekening worden gehouden met een lagere opbrengst in hoeveelheid en kwaliteit (energie- en eiwitgehaltes). Voor het weiden van jongvee en het winnen van hooi voor droge koeien en jongvee is het zeer geschikt. Ervaren adviseurs hanteren de vuistregel dat zo'n 15 à 20% van het areaal met natuurgras goed inpasbaar is. Een hoger aandeel vergt benutting van het voer bij de melkkoeien en brengt het dilemma mee van meer krachtvoer gebruiken of een lagere melkproductie voor lief nemen. Sommige koeienrassen kunnen beter omgaan met extensief kruidenrijk hooi.

Inpassen van productief kruidenrijk grasland gaat het best op percelen die niet op de huiskavel liggen en waar dus niet of weinig beweid wordt. Op deze veldkavels is de wens om kruiden minstens een keer te laten bloeien voor zaadzetting, gemakkelijker te realiseren. En de bloei is ook positief voor algemeen voorkomende insecten.

Veehouders die gewend zijn om grasland eens in de 6 tot 8 jaar vernieuwen (zand- en kleigronden) kunnen er op zo'n moment voor kiezen om kruiden en klavers mee te zaaien. Grasland met kruiden vergt aandacht en goed beheer, maar kan worden gebruikt voor beweiding met koeien en voor voederwinning. Afhankelijk van de nadruk in het gebruik kan de voorkeur worden gegeven aan specifieke kruiden die zich beter 'staande houden' bij veelvuldig weiden dan wel maaien. Hierover later meer.

Graslandvernieuwing met productief kruidenrijk grasland

Bij het scheuren en opnieuw inzaaien van grasland is inzaai met kruiden kansrijker dan met doorzaaien, mits de omstandigheden goed zijn:

- In zandbodems een pH van minimaal 5,5 vereist, in kleibodems minimaal 6,0.
- Probleemonkruiden vooraf aanpakken. In kruidenrijk gras is enkel plaatselijke bestrijding met herbiciden mogelijk.
- Creëer een fijn en stevig zaaibed en rol dit voor het zaaien, voor stevigheid.
- Goed mengen: na iedere hectare inzaaien de voorraadbak opnieuw mengen.
- Rol na het inzaaien nogmaals. Een stevig zaaibed en een goed bodemcontact zijn cruciaal voor de kleine zaadjes van vlinderbloemigen en kruiden.
- Kruiden en klavers willen meer warmte om te kiemen: vroeg in het najaar inzaaien, dus in augustus/september is beter dan in het voorjaar.
- Ga het kruidenrijke grasland pas weiden als bij het plukken van gras en kruiden de wortels goed blijven zitten. Dit is meestal pas na zes à acht weken.

Grasland doorzaaien met kruiden

Bij doorzaaien van productief kruidenrijk grasland in een bestaand grasland, moeten de kruiden concurreren met het gras dat reeds goed geworteld is in de bodem. Bij doorzaaien is het advies om vooraf het grasland goed kort te maaien en na opkomst van de kruiden het gras nogmaals kort te weiden of te maaien. Soms wordt een strokenzaaimachine ingezet voor de realisatie van productief kruidenrijk grasland. Deze freest een sleuf van 10-15 cm om daarin de kruiden zaaien. Maar deze methode blijkt in de praktijk niet de beste resultaten op te leveren.

Beheer om grasland kruidenrijk te houden

Productief kruidenrijk grasland vraagt aangepast beheer. Mede omdat er klavers in voorkomen die zelf stikstof binden uit de lucht, kan met een lagere stikstofgift worden volstaan. Sommige kruiden zijn (veel) minder sterk en zullen bij veel maaien en intensief weiden snel verdwijnen. Koeien omweiden en daarbij elke dag of elke twee à drie dagen inscharen in een nieuw perceel en het perceel daarna drie tot vier weken rust geven, draagt bij aan een betere kwaliteit en standvastigheid van het kruidenbestand. Continu beweiden, zoals met standweiden of met roterend standweiden is ongunstig voor de kruiden. Om voldoende kruiden in het kruidenrijke grasland te behouden is het gunstig om de kruiden eens per jaar te laten bloeien en zaad te laten zetten. Dat levert dan een zware grassnede op.

Kosten en baten

Mengsels voor kruidenrijk grasland zijn duurder, waardoor inzaai en doorzaai van gras met kruiden extra kosten met zich meebrengt. Bij inzaai is dat pakweg € 400,- tot € 450,- per hectare voor het zaad. Bij geslaagde inzaai en zorgvuldig beheer zijn het eenmalige kosten voor meerdere jaren. De opbrengst kan vergelijkbaar zijn aan die van intensief grasland.

Extensief kruidenrijk grasland is niet nodig om in te zaaien, want deze wil je ontwikkelen via verschralingsbeheer. Er zitten dus weinig kosten aan, maar de opbrengst van extensief kruidenrijk grasland gaat zowel in kwantiteit (hoeveelheid droge stof) als kwaliteit (energie- en eiwitgehaltes) sterk achteruit. Als de opbrengst circa 30% lager is, zal een melkveehouder dit willen compenseren met aangekocht voer en dat kost ongeveer € 500,- per hectare. De kosten zijn lager, door minder kunstmest, minder mest uitrijden en minder maaien. Het financiële nadeel per hectare zal dan nog enkele honderden euro's zijn, maar is sterk afhankelijk van de opzet van het bedrijf. Dat is de reden dat er via het ANLb beheervergoedingen beschikbaar zijn voor extensief kruidenrijk grasland.

Doorzaaien van kruidenrijk grasland met een strokenfrees.

'Kruidenrijk grasland is een kans'

Hij bedacht zelf de naam voor het project waarmee Urgenda en LTO Nederland samen de drempel voor melkveehouders willen verlagen om kruidenrijk grasland in te zaaien. Wilco Brouwer de Koning kan tevreden zijn met het succes van '1001 hectare'. In drie jaar is er meer dan 5.000 hectare kruidenrijk grasland ingezaaid. Melkveehouders kunnen per jaar voor 3 hectare zaad bestellen, wat dan dankzij crowdfunding en betaling van publiek/private partijen niet meer kost dan veel gebruikte grasmengsels.

Zelf heeft Brouwer de Koning op het bedrijf in Heiloo twee keer drie hectare ingezaaid. 'Ik beschouw kruidenrijk grasland als een kans. Het is een bijdrage aan biodiversiteit en dankzij klavers gebruik je minder kunstmest-stikstof. De opbrengst in tonnen is gelijk aan gras en het kan veel beter tegen droogte'.

De percelen waar hij het zelf inzaaide zijn verschillend. Op zandgrond is het goed gestart en blijven de kruiden er nog goed in. Op een venige grond kwam er veel vogelmuur en ander onkruid op. Met een extra doorzaaibeurt hoopt hij daar meer kruiden in te krijgen. 'Kruidenrijk gras vraagt wat ander beheer. Wij hebben de maaier op hogere sloffen gezet om op 9 cm te kunnen maaien. En het is goed om de kruiden een keer te laten bloeien.'

Meer informatie

- Productief en extensief kruidenrijk grasland: www.boerennatuur.nl/wp-content/uploads/2022/05/DC4.1.1-Factsheets-kruidenrijk-grasland.pdf
- Productief kruidenrijk grasland: www.dlf.nl/nieuws/artikel/beheer-van-kruidenrijk-grasland-waar-moet-je-rekening-mee-houden
- Inzaaien productief kruidenrijk grasland: www.dlf.nl/nieuws/artikel/kruidenrijk-grasland-inzaaien-doe-je-zo
- Doorzaaimachine productief kruidenrijk grasland: youtu.be/OLocAAN5tX8
- Extensief kruidenrijk grasland: www.louisbolk.nl/sites/default/files/publication/pdf/handreikingen-voor-boswachter-boer-1-tm-10.pdf

4.10 Agroforestry

Landbouw waarbij bewust bomen en struiken worden ingepast

Deze maatregel draagt bij aan:
klimaatadaptatie, klimaatmitigatie, verbetering biodiversiteit, korte kringloop, dierenwelzijn

Combineer de Engelse woorden agriculture en forestry en je hebt de term agroforestry. De samentrekking van woorden zegt het eigenlijk al, agroforestry slaat op mengvormen tussen landbouw en bosbouw: door bomen en struiken te combineren met veehouderij en teelt van gewassen op hetzelfde stuk land. De gedachte hierbij is dat de verschillende productiesystemen elkaar over en weer versterken. Je zou ook kunnen zeggen dat bomen en struiken niet langer in de weg staan, maar een functioneel onderdeel worden van het landbouwsysteem.

Verschillende vormen

Agroforestry kan veel verschillende vormen hebben (figuur 4.8). Het kan gaan om een weide voor vee, waar in lage dichtheden bomen zijn geplant die vrucht dragen en schaduw leveren. Vroeger was het beweiden van hoogstamboomgaarden veel gebruikelijker. Met name in mediterrane landen is de combinatie van vruchtbomen en veehouderij nog veel toegepast en in Nederland komt dit ook steeds meer in de belangstelling. Veehouders hebben ook walnotenbomen ontdekt voor verbreding van activiteiten en schaduw voor het vee. Met een mooie term spreek je dan over 'silvopastorale systemen'.

Veekerende hagen zijn in onbruik geraakt, maar hagen staan opnieuw in de belangstelling omdat ze het vee en de natuur veel te bieden hebben. Een haag met veel verschillende soorten struiken en bomen kan dienst doen als 'voederhaag', want de bladeren bevatten veel mineralen, sporenelementen en vitamines.

In de akker- en tuinbouw staan eveneens nieuwe combinaties van teelten met bomen en struiken in de aandacht. In de akkerbouw helpen hagen bijvoorbeeld om het effect van wind op het verwaaien van bestrijdingsmiddelen te voorkomen of om juist luwte te creëren, wat een positief effect kan hebben op gewasopbrengsten (zie § 4.6). Daarnaast zijn die hagen een eldorado voor insecten en vogels en bieden ze leefgebied voor natuurlijke plaagbestrijders dichtbij de gewassen. In Oost-Duitsland is bodemerosie het voornaamste argument voor gebruik van hagen tussen akkers op hellingen. Deze systemen worden 'silvoarable systemen' genoemd.

Koeien eten graag wilgenbladeren en twijgen.

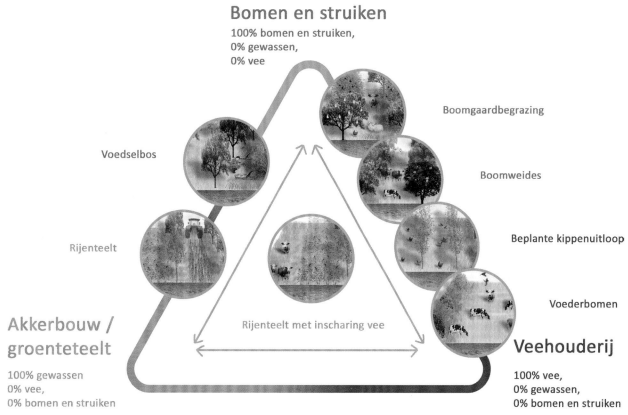

Figuur 4.8. Agroforestry is een mengvorm tussen bosbouw en landbouw en kent allerlei vormen waarin veehouderij en akkerbouw of groenteteelt gecombineerd worden met houtige gewassen.

Niet nieuw

Agroforestry klinkt modern en staat veel in de belangstelling, toch is het geen nieuw fenomeen. Bomen en struiken zijn altijd onderdeel geweest van het boerenlandschap omwille van het fruit, noten, geriefhout en hout voor energie. Tegelijk leverden die bomen en struiken een aantal belangrijke voordelen, ook wel 'ecosysteemdiensten' genoemd, zoals windscherm en veekering, maar ook verkoeling en schaduw voor boer en vee. Samen met de aandacht voor biodiversiteit en natuurinclusief boeren zorgt dit voor een herwaardering voor bomen en struiken in de landbouw. Steeds meer vat de gedachte post dat ook in de toekomst bomen en struiken een integraal deel horen te zijn van het landbouwsysteem en daarmee van het landschap.

Schapen liggen in de schaduw van een boom.

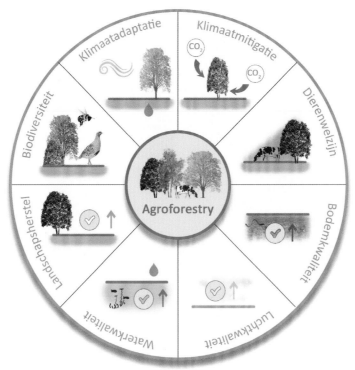

Figuur 4.9. Er zijn veel voordelen van agroforestry tegenover eenjarige teeltsystemen.

Voedselbossen

Voedselbossen zijn een vorm van agroforestry die de laatste jaren in populariteit is toegenomen in Nederland. Vanuit boeren, burgers en maatschappelijke organisaties is er aandacht voor. Voedselbossen bestaan uit meerdere teeltlagen zoals een kroonlaag met hoge bomen, lagere bomen, heesters, kruiden, bodembedekkers en klimplanten. De producten uit voedselbossen zijn erg divers, zoals fruit, noten, kruiden, maar ook bladeren, bloemen en bloemknoppen. Kortom, een grote variëteit aan producten van een kleine oppervlakte, maar ook een complex systeem en daardoor moeilijk te mechaniseren. Telers die met hun voedselbossen inzetten op productie gaan er steeds meer toe over hun planten steeds op rijen zetten om de teelt makkelijker te maken.

Ecologische interacties

Bomen, struiken, gewassen en vee hebben invloed op elkaar. Ze maken gebruik van dezelfde hulpbronnen zoals water, licht en nutriënten en beïnvloeden elkaars habitat. Deze interacties kunnen positief, negatief of neutraal uitpakken voor beide soorten (tabel 4.3). In de biologie zijn er meerdere soorten interacties beschreven. In een goed ontworpen Agroforestry-systeem wordt maximaal gebruik gemaakt van deze interacties.

Inpassen van agroforestry

Wat voor soort agroforestry-systeem past bij een bedrijf hangt af van onder meer de grondsoort, ontwatering, landschap, het huidige bedrijfssysteem, mogelijkheden voor afzet en interesses, vaardigheden en ambitie van de ondernemer zelf. Het maken van een ontwerp kan daarom een hele zoektocht zijn.

Tabel 4.3. Verschillende vormen van interacties tussen soorten.

	Interactie tussen organismen (van verschillende soorten)
Mutualisme: Beide soorten hebben profijt.	De samenwerking tussen bomen en mycorrhiza-schimmels is een voorbeeld van mutualisme. Mycorrhiza zorgen voor de opname van mineralen uit de bodem die zij afgeven aan de boom. De boom geeft op zijn beurt suikers af aan de mycorrhiza.
Commensalisme: de ene soort heeft voordeel, de ander wordt niet beïnvloed.	Een voorbeeld hiervan is graan dat op 20 meter van een houtwal staat. Het graan is beschermd tegen sterke wind, maar het graan heeft geen invloed op de houtwal.
Parasitisme: de ene soort heeft voordeel, de ander nadeel	Paddenstoelen die op bomen groeien zijn vaak parasitair. De schimmels gebruiken de boom als voedingsbron, die daar uiteindelijk aan kan bezwijken.

Agroforestry integreren is maatwerk: systemen kunnen vaak niet zonder aanpassing van het ene naar het andere bedrijf gekopieerd worden. Het is nog pionieren. Soms werken bestemmingsplannen of andere wet- en regelgeving niet mee.

Plantkeuze

De grondsoort, diepte van de teeltlaag en de grondwatertrap zijn belangrijke uitgangspunten voor kiezen van bomen en struiken. Droge zandgronden zijn vaak minder geschikt voor de productie van hardfruit of walnoten, maar tamme kastanje past daar bijvoorbeeld wel, net als gevarieerde voederhagen. In tabel 4.4 is een lijst met vaak toegepaste bomen en hun ecologische functies opgenomen.

Kosten en baten

Op dit moment worden in Nederland tal van agroforestry-systemen ontwikkeld en uitgeprobeerd. Er is nog weinig bekend over de daadwerkelijke productie en opbrengsten en evenmin over de kosten. Die worden nu in beeld gebracht door ze zo goed mogelijk te schatten. De hoeveelheid benodigde arbeid en kosten voor mechanisatie zijn nog met onzekerheden omgeven.

Aangezien agroforestry diverse ecosysteemdiensten vervult (figuur 4.9), wordt ook gewerkt aan manieren om deze diensten te belonen. Zo valt te denken aan een betaling voor vergroting van biodiversiteit en het vastleggen van koolstof onder en boven de grond. Er zijn enkele systemen die middels certificaten betalen voor CO_2-vastlegging. Op het moment van schrijven levert dit zo'n € 55 per ton vastgelegde CO_2 op. In een walnotenboomgaard of een voedselbos wordt naar schatting vijf ton CO_2 per hectare per jaar vastgelegd en zou het dus kunnen gaan om een extra opbrengst van 275 euro per hectare.

Voor het aanplanten van bomen en struiken zijn in de meeste provincies subsidies beschikbaar via de landschapsbeheerorganisaties of de agrarische collectieven. Afhankelijk van de locatie en de geplante soorten zijn er ook beheervergoedingen beschikbaar. Verschillende provincies geven bovendien aanplantsubsidie specifiek voor agroforestry-initiatieven.

Meer informatie

- Agroforestry:
  groenkennisnet.nl/dossier/Agroforestry
  www.wur.nl/agroforestry
- Agroforestry Netwerk Nederland: www.agroforestrynetwerk.nl
- Agroforestry planner: www.agroforestryvlaanderen.be/nl/agroforestryplanner
- Praktijkvoorbeelden:
  janmiekeshoeve.nl
  boerderijtussendehagen.nl/agroforesty
  vimeo.com/722148042

Tabel 4.4. Ecologische functie en mogelijke toepassingen van enkele boomsoorten.

Boomsoort	Ecologische functie	Groeiplaats
Wilg	Vroege bloei, waterinfiltratie verbeteren, voederboom, bodem zuiveren van zware metalen, voedselbron voor wilde bijen	Nat, zand, klei, löss, veen
Els	Stikstofbinding, bodemleven voeden, slootkanten verstevigen, veekering, hakhout, voedselbron voor vogels als sijzen en putters	Nat, zand, klei, löss, veen
Linde	Hout, jonge bladsalade, bloementhee, voederboom, bodem verbeteren met calcium, voedselbron voor bijen en hommels	Zand, klei, löss
Olijfwilg	Stikstofbinding, eetbare bessen	Zilt
Tamme kastanje	Kastanjes, hout, beschutting vee op zandgrond	Zandgrond
Walnoot	Walnoten, hout, looistoffen voor veevoer, bestuiving via metselbijen	Zand, klei, löss
Hazelaar	Hazelnoten, bodemleven voeden, voederboom, breken van de wind, windbestuiver	Zand, klei, löss
Zure kers	Fruit voor sap, bier, bloesem voor bijen	Zilt
Duindoorn	Stikstofbinding, bessen voor jam en voedsel voor vogels	Droog, zilt, kalkrijk
Meidoorn, kornoelje, vuilboom, vlier, hondsroos, hazelaar, braam, framboos, haagbeuk	Voederhaag, breken van de wind, veekering, biedt habitat (voedsel en beschutting) aan vogels, kleine zoogdieren, insecten, spinnen	Zand, klei, löss

Bronnenlijst Hoofdstuk 4: Gewas

4.1 Inleiding

Dent, R.D. & R.H. Binks (2000). Insect pest Management 3rd edition. ISBN : 978-1-78924-105-1, CABI Books.

FAO (2001). The state of food insecurity in the world 2001, Food and Agriculture Organisation, Rome.

FAO (2022). Soil for nutrition: state of the art. Food and Agriculture Organization, Rome.

Gaines, J.C. (1957). Cotton insects and their control in the United States. Ann. Rev. Entomology 2, 319–38.

Oerke, E.-C., Dehne, H.-W., Schönbeck, F. & A. Weber (1994). Crop production and crop protection: estimated losses in major food and cash crops. Elsevier, Amsterdam.

Perkins, J. H. (2002). Integrated pest management: a global overview of history, programs and adoption. In: Encyclopedia of Pest Management, ed. Pimentel, D., p368–372. Marcel Dekker, New York.

Peshin, R. & A.K. Dhawan (eds.) (2009). Integrated pest management: innovation-development process, Volume 1. Springer Science Business Media B.V.

Pinstrup-andersen, P. (2010). Feeding the world in the new millennium issues for the new U.S. administration. Environment: science and policy for sustainable development 43(6): 22-30.

4.2 Gewasdiversiteit

Doorn, A. M. van, Schütt, J., Visser, T., Waenink, R. J. B., ... & C. Weebers (2021). BiodiversiteitsMonitor Akkerbouw: Wetenschappelijke onderbouwing en toepassing in de praktijk (No. 3121). Wageningen Environmental Research.

Ecopedia (2023). Esparcette, www.ecopedia.be/planten/esparcette, geraadpleegd op 6-12-2023.

Bernelot Moens, H.L. & J.E. Wolfert (2003). Teelt van koolzaad. Wageningen, Praktijkonderzoek Plant & Omgeving B.V.

Leendertse, P., Hees, E., Well, E. van & P. Rietberg (2020). Bijdrage van vlas en hennep aan milieu- en klimaatdoelstellingen van het toekomstig EU-landbouwbeleid. CLM, Culemborg.

Leendertse, P., Blok, A., Hees, E. & E. van Well (2020). Bijdrage van luzerne aan Europese milieu- en klimaatdoelstellingen. Publicatienummer 1047, CLM, Culemborg.

Luske, B. & E. Nuijten (2019). Diversifood: werken aan meer diversiteit in het voedselsysteem: Met een casus over de teelt en verwerking van 'oergranen' afkomstig van natuurakkers. Louis Bolk Instituut, Bunnik.

Sukkel, W., Cuperus, F. & D. van Apeldoorn (2019). Biodiversiteit op de akker door gewasdiversiteit. De Levende Natuur, jaargang 120 (4): 132-135.

Wiersma, P., Ottens, H. J., Kuiper, M. W., Schlaich, A. E., ... & B.J. Koks (2014). Analyse effectiviteit van het akkervogelbeheer in Provincie Groningen: Evaluatierapport (2). Stichting Werkgroep Grauwe Kiekendief, Groningen.

4.3 Onkruiden mechanisch aanpakken

Bleeker, P. (2010). Mechanische onkruidbestrijding perspectiefvol. Telen met Toekomst, PPO-AGV, Lelystad.

Vanwijnsberghe, J., Delanote, L., Callens, D., Latré, J., Vandevijver, E., Ven, G. van de & S. Torfs (2022). Aan de slag met mechanische onkruidbestrijding. Onkruidbestrijding 2.0. Inagro, Rumbeke-Beitum.

4.4 Biologische en geïntegreerde plaagbestrijding

Leendertse, P.C., Lageschaar, L., Hoftijser, E., Rougoor, C.W., ... & J. van Beek (2019). Tussenevaluatie Gezonde Groei, Duurzame Oogst (GGDO): geïntegreerde gewasbescherming. Publicatienummer 968. CLM, Culemborg.

Tiktak, A., Bleeker, A., Boezeman, D., Dam, J. van, ... & R. den Uyl (2019). Geïntegreerde Gewasbescherming nader beschouwd. Tussenevaluatie van de nota Gezonde Groei, Duurzame Oogst. Planbureau voor de Leefomgeving, Den Haag.

Van Remoortere, L. & H. Casteels (2014). Natuurlijke vijanden in de kwekerij: ken uw vrienden. Sierteelt & Groenvoorziening 15. PCS.

4.5 Meten is weten

Caffi, T., Legler, S. E., Rossi, V., & R. Bugiani (2012). Evaluation of a warning system for early-season control of grapevine powdery mildew. Plant Disease 96 (1): 104-110.

Rossi, V., Salinari, F., Poni, S., Caffi, T., & T. Bettati (2014). Addressing the implementation problem in agricultural decision support systems: the example of vite.net®. Computers and Electronics in Agriculture 100: 88-99.

Spruijt, J., Spoorenberg, P. M., Rovers, J. A. J. M., Slabbekoorn, J. J., ... & B. J. van der Sluis (2011). Milieueffecten van maatregelen gewasbescherming (No. 244). Wettelijke Onderzoekstaken Natuur & Milieu.

4.6 Zorgvuldig chemisch bestrijden

CLM (2023). Milieumeetlat, www.milieumeetlat.nl/, geraadpleegd op 7-12-2023.

CML, Universiteit Leiden & Royal HaskoningDHV (2023). Atlas bestrijdingsmiddelen in oppervlaktewater, www.bestrijdingsmiddelenatlas.nl/, geraadpleegd op 7-12-2023.

Hoogendoorn, M., Leendertse, P. & E. Hoftijser (2019). Update van de risicolijst van bestrijdingsmiddelen. CLM, Culemborg.

Ministerie van landbouw Natuur en Voedselkwaliteit (2023). Kamerbrief over loskoppeling verkoop en advies gewasbeschermingsmiddelen. LNV, Den Haag.

RIVM (2023). Gewasbeschermingsmiddelen, rvs.rivm.nl/onderwerpen/stoffen-en-producten/Gewasbeschermingsmiddelen, geraadpleegd op 7-12-2023.

Toolbox emissiebeperking (2023). www.toolboxwater.nl/ Geraadpleegd op 7-12-2023.

4.7 Gemengde teelt van granen en peulvrucht

De Long, J.R., Malland F.C. van, Buck, A. de & M. van den Berg (2023). Wheat and faba bean intercropping and cultivar impacts on morphology, disease, and yield. Agronomy Journal Vol. 115 (6): 3010–3024.

Stokkermans, P. (2018). Meer eiwit van eigen bodem met mengteelt. Nieuwe Oogst 15 dec 2018.

4.8 Strokenteelt

Cuperus, F., Ozinga, W.A., Bianchi, F. J.J.A., Croijmans, L., ... & D. F. van Apeldoorn (2023). Effects of field-level strip and mixed cropping on aerial arthropod and arable flora communities, Agriculture, Ecosystems & Environment, Volume 354: 108568.

Dodde, H. (2021). Strokenteelt is droom die werkelijkheid wordt. Nieuwe Oogst 20 jan 2021.

Apeldoorn, D. van, Rossing, W. & G. Oomen (2017). Strokenteelt klaar voor de praktijk. Ekoland mei 2017: 10-11.

Boo, M. de (2017). Gewassen mengen werkt beter. Wageningen World 2017 (2): 34-39.

Juventia, S.D., Rossing, W.A., Ditzler, L., & D.F. van Apeldoorn (2021). Spatial and genetic crop diversity support ecosystem service delivery: A case of yield and biocontrol in Dutch organic cabbage production. Field Crops Research 261: 108015.

Juventia, S.D., Norén, I.S., Van Apeldoorn, D.F., Ditzler, L. & W.A. Rossing (2022). Spatio-temporal design of strip cropping systems. Agricultural Systems 201, 103455.

4.9 Kruidenrijk grasland

Janssen, P.W.L., Hoekstra, N., Eekeren, N.J.M., Jansma, A., ... & T. Verhoeff (2018). Inzaaien van kruiden in grasland. V-focus december 2018: 19-20.

Eekeren, N. van & T. Visser (2019). Memo: invulling kruidenrijk grasland – Definitie, randvoorwaarden en borging. Louis Bolk Instituut en Wageningen Environmental Research.

Janssen, P.W.L., Wagenaar, J.-P., Eekeren, N. J.M. van & H. Antonissen (2020). Productief kruidenrijk grasland biedt kans. V-focus mei 2020: 32-35.

Janssen, P.W.L. & T. Verhoeff (2021). Van moeilijk naar mogelijk: doorzaaien productieve kruiden in grasland. V-focus jan 2021: 28-31.

Janssen, P.W.L. & T. Bongers (2022). Kunstmest besparen met kruidenrijk grasland. V-focus jan 2022: 28-30.

Wagenaar J.-P. (2012). Kruiden in grasland en de gezondheid van melkvee - Deel 1: De potentiële medicinale waarde van kruiden in grasland. Louis Bolk Instituut, Driebergen.

Wagenaar J.-P. (2012). Kruiden in grasland en de gezondheid van melkvee - Deel 2: Kennis van veehouders over kruiden en diergezondheid verkend met 'free lists' methode. Louis Bolk Instituut, Driebergen.

Wagenaar J.-P., Wit, J. de, Hospers-Brands, A.J.T.M., Cuijpers, W.J.M. & N.J.M. van Eekeren (2017). Van gepeperd naar gekruid grasland: Functionaliteit van kruiden in grasland. Louis Bolk Instituut, Driebergen.

4.10 Agroforestry

Eekeren, N.J.M., Luske, B., Vonk, M. & E. Anssems (2014). Voederbomen in de landbouw: Meer waarde per hectare door multifunctioneel landgebruik. Louis Bolk Instituut, Driebergen.

Luske, B., Prins, E., Krommendijk, E. & N. Geerts (2020). Agroforestry op het landbouwbedrijf: bomen en struiken inpassen. Hoe pak je dat aan in Noord-Holland? Louis Bolk Instituut, Bunnik.

Reubens, B., Wauters, E., Coussement, T., Daele, ... & K. Verheyen (2019). Agroforestry in Vlaanderen 2014-2019. Handvatten na 5 jaar onderzoek & praktijkervaring. Consortium Agroforestry Vlaanderen.

Wendel, B., Rooduijn, B. & E. Disselhorst (2023). Voedselbossen: bodem, biodiversiteit, biomassa, business & beweging. Drie jaar onderzoek naar voedselbossen in Nederland. Nationaal Monitoringsprogramma Voedselbossen.

Dier

5. Dier

5.1 Inleiding

De rol van het dier in het systeem

Nederland is een land met een grote veestapel en vakkundige veehouders. De productie van melk en zuivel, vlees en eieren is groot en vertegenwoordigt een forse exportwaarde voor de economie van het land.

Focus op melkveehouderij

Na de Tweede Wereldoorlog werd duidelijk dat vooral de arme zandgronden niet konden voorzien in het veevoer dat nodig was bij sterk ontwikkelende productiviteit van koeien, varkens en kippen. Daar ontwikkelde zich intensieve veehouderij, gebaseerd op geïmporteerd veevoer. De pluimveehouderij en varkenshouderij hebben zich in de afgelopen eeuw ontwikkeld van erfdieren die vooral leefden van reststromen uit het huishouden tot hokdieren die intensief worden gehouden en gevoerd met (geïmporteerd) krachtvoer. De varkens- en pluimveehouderij hebben daardoor vrijwel alleen invloed op natuur en landschap door de emissie van stikstof en zijn (behalve bij systemen met vrije uitloop) nauwelijks relevant voor natuurinclusieve landbouw. Hoewel er ook hier mooie voorbeelden van natuurinclusiviteit te vinden zijn, gaan we in dit hoofdstuk niet verder in op deze sectoren.

Als het gaat om natuurinclusieve landbouw en dieren ligt de focus van dit hoofdstuk dus op de melkveehouderij. De melkveehouderij is het meest afhankelijk van ruwvoerproductie in eigen land. Er is 900.000 ha grasland en nog eens 200.000 ha aan ruwvoergewassen als snijmais, luzerne en voederbieten. Daarmee geeft de melkveehouderij 'vorm' aan twee derde van de landbouwgrond en heeft dus veel invloed op landschap en biodiversiteit. Een aantal aspecten van natuurinclusieve landbouw in combinatie met veehouderij komt ook in andere hoofdstukken in brede context aan bod en die stippen we hier bewust kort aan om wat dieper in te kunnen gaan op enkele specifieke dieraspecten in relatie tot natuurinclusieve landbouw.

De stimulering en verbetering van de veehouderij

De veehouderij is de afgelopen 100 jaar enorm veranderd in Nederland. Vooral na de Tweede Wereldoorlog kwam een wereldwijde handel in grondstoffen op gang. De overheid stimuleerde specialisering en intensivering van de veehouderij (figuur 5.1). Dankzij goede logistiek, eigen veevoercoöperaties en de wereldhaven van Rotterdam, konden Nederlandse vee-

bedrijven met melkvee   melkkoeien per bedrijf

— Gemiddeld aantal koeien per bedrijf
— Aantal bedrijven (linkeras)

Figuur 5.1. In 1950 waren er bijna 140.000 bedrijven met melkkoeien, in 1990 nog ruim 40.000 en in 2023 minder dan 15.000. De veestapel nam toe van 1,5 miljoen in 1950 tot meer dan 2,5 miljoen koeien in 1984. Door overheidsingrijpen is sindsdien de veestapel gekrompen en nu terug op het niveau van 1950. Bedrijven zijn sterk gegroeid en gemiddeld met 110 melkkoeien per bedrijf in 2023, ongeveer 10 keer zo groot als 75 jaar geleden (bron: CBS).

De import van goedkoop veevoeder uit andere delen van de wereld heeft geleid tot intensieve vormen van veehouderij in Nederland.

houders relatief goedkoop grondstoffen voor veevoer aankopen vanuit de hele wereld. En zo konden bedrijven steeds meer vlees en zuivel gaan produceren, min of meer 'los' van eigen grond of draagkracht van de regio. Deze ontwikkelingen leidden tot overproductie en de bekende melkplas en boterberg. Door het instellen van het melkquotum is het aantal runderen na 1984 afgenomen. Wel bleef de productie per koe stijgen en met een teruglopend areaal landbouwgrond resulteerde dat in meer druk op natuur en omgeving.

De (melk)veehouderij wordt nu vooral in verband gebracht met stikstofemissie, mineralenuitspoeling, bodemverzuring en mestoverschotten. Dankzij mestwetgeving en normen die in stappen zijn verlaagd is de landbouw inmiddels in evenwicht wat betreft aan- en afvoer van fosfaat. Maar stikstof is ingewikkelder want daar zijn onvermijdelijke verliezen naar lucht en grondwater.

De boer voorop en passende oplossingen

De gespecialiseerde productie met hoge input en hoge productie op zowel dierniveau, perceelsniveau als bedrijfsniveau gaat veelal ten koste van natuur en biodiversiteit. Ga je natuurinclusief werken dan zul je concessies moeten doen aan de productie. Waar en in welke mate hangt af van individuele keuzes. Elke agrariër geeft zijn eigen invulling aan natuurinclusief en veel kan werken. Zo hoeft intensieve begrazing niet per definitie te betekenen dat natuur geen kans krijgt, maar het vereist wel een heel natuurbewust management, 'hoe en wanneer je dingen doet'. In dit hoofdstuk ligt de focus op het bedrijfsniveau.

In algemene zin is extensivering noodzakelijk om de druk op de bodem, het milieu en de natuur te verminderen. Dat kan door bedrijfsbreed maatregelen te nemen (b.v. andere keuze van gewassen of rassen) of door op specifieke delen van een bedrijf veel meer ruimte te bieden aan de natuur (b.v. beheergrasland met extensief kruidenrijk grasland).

Waar intensieve veehouderij natuur niet per definitie uitsluit, staat extensivering ook niet per definitie gelijk aan verbetering van de biodiversiteit. Verschraling van gronden zorgt voor een ruiger landschap dat mogelijkheden biedt voor andere dier- en plantensoorten, maar gaat vaak wel ten koste van bodemvruchtbaarheid en ondergrondse biodiversiteit. Een intensieve begrazing heeft een dichte zode tot gevolg met een bodem rijk aan bodemleven.

Dit hoofdstuk besteedt aandacht aan de volgende thema's:
1. Lokale bronnen
2. Kringlopen optimaliseren
3. Weidegang en landgebruik
4. Een passende koe
5. Stalsysteem en erfinrichting

Kippenuitloop

Als het gaat om natuurlijk gedrag, dan is in de intensieve veehouderij de uitloop voor kippen (en varkens) een thema. Scharrelgedrag is voor kippen bevredigend als er af en toe een worm, een slak of een kever te vinden is. Meer buiten scharrelen betekent meer ruimte en dus minder frustratie in het koppel en daardoor minder verenpikken. Van oorsprong is de kip een bosvogel en daarom is enige beschutting in de uitloop gewenst. Zo zijn er natuurelementen in de uitloop te verwerken, zoals struiken en bomen. De goede match tussen kippen en beplanting kan ook vanuit de omgekeerde richting ontstaan. In een bestaande boomgaard met appel-, peren- of notenbomen past een koppel kippen. Bomen in de uitloop verkleinen ook de kans op watervogels in de uitloop en daarmee verspreiding van vogelgriep, wat in open uitlopen een risico is. In het algemeen geldt voor een uitloop dat dioxine en PFAS als risico voor de volksgezondheid worden gezien.

Leghennen in een fruitboomgaard.

5.2 Lokale bronnen

Regionale kringlopen kan verliezen verminderen

Deze maatregel draagt bij aan:
biodiversiteit, vermindering uitspoeling, sluiten van kringlopen.

Kringlooplandbouw is relevant en vormt de basis voor de toekomstige landbouw. Het niet sluiten van kringlopen levert meer druk op het milieu en dit speelt de natuur uiteindelijk parten. Het zoveel mogelijk sluiten van kringlopen is mede daarom een belangrijk onderdeel van natuurinclusieve landbouw. Gebruikmaken van regionale grondstoffen en regionale circulariteit kan hierbij helpen.

Met de import van veevoer haalt de veehouderij nutriënten van elders die deels in het dier worden benut, maar ook voor een groot deel in de mest terechtkomen. Hierbij moet worden opgemerkt dat veel geïmporteerde grondstoffen voor de humane voeding restproducten opleveren die als veevoer dienen. Dit geldt voor een aanzienlijk aandeel van de grondstoffen voor veevoer. Of je dan spreekt van geïmporteerd voer of juist het sluiten van een kringloop met regionaal ontstane restproducten, daar kun je over discussiëren (figuur 5.2).

Kunstmest vormt ook een aanvoer van extra nutriënten. Het zelf telen van ruwvoer of voedergewassen of dit organiseren in samenwerking met akkerbouwbedrijven heeft duidelijk voordelen voor het sluiten van de kringlopen en het beperken van mestoverschotten en nuttig aanwenden van mest ten opzichte van geïmporteerde voergrondstoffen.

De meeste melkveebedrijven in Nederland zijn behoorlijk zelfvoorzienend voor het ruwvoer, dus voor dat onderdeel zijn regionale kringlopen al tamelijk goed gesloten. Die kringlopen zijn nog beter te sluiten als er minder krachtvoer en kunstmest wordt aangevoerd, als meer voedergewassen worden verbouwd en gebruik wordt gemaakt van klavers in het grasland.

Met vormen van samenwerking tussen melkveehouders en akkerbouwers zijn de kringlopen meer gesloten te maken. Hierbij kan mest worden geruild voor krachtvoervervangers als tarwe, veldbonen, korrelmais, luzerne, en dergelijke. Maar via het krachtvoer kunnen residuen van bestrijdingsmiddelen en pesticiden mee naar het bedrijf komen. Deze kunnen via de

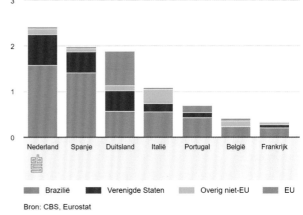

Import sojabonen EU-landen naar herkomst, eerste helft 2020

Bron: CBS, Eurostat

Figuur 5.2. Nederland is de grootste importeur van sojabonen in de EU. Een kwart wordt direct weer geëxporteerd en een deel ook verwerkt voor verdere export als product (zoals soja-olie). Voor veevoer wordt vooral het sojaschroot gebruikt (Bron: CBS).

koe vervolgens in de mest en op de bodem terechtkomen. Dat is schadelijk voor het bodemleven, insecten en weidevogels. Zelf krachtvoer verbouwen als veehouder kan natuurlijk ook op bijvoorbeeld percelen waar nu mais wordt geteeld (voor eiwitgewassen, zie ook hoofdstuk 4: gewas).

Kosten en baten

Regionaal krachtvoer telen, samenwerkingsverbanden organiseren en voeren van uitsluitend reststromen is meestal duurder dan standaard beschikbaar krachtvoer kopen. De extra kosten die ermee gemoeid zijn, worden zelden via productprijzen terugverdiend. Wel zijn er kansen om met het opnemen van eiwitgewassen in het bouwplan een hogere hectarepremie vanuit het Gemeenschappelijk Landbouwbeleid te verdienen, omdat het een hogere waardering (brons, zilver of goud) oplevert. Bij alle aandacht voor natuurinclusiever boeren blijft het een aandachtspunt dat het niet eenvoudig is hier een 'verdienmodel' van te maken. Het beleid hiervoor is echter wel sterk in beweging.

Luzerne voor veevoer is een goede eiwitbron van eigen bodem.

Reststromen

De veehouderij is een belangrijke schakel voor het benutten van reststromen zoals bierbostel, perspulp en aardappelvezels uit de voedingsindustrie. Deze restproducten worden in de veehouderij meestal bijproducten genoemd. Wanneer eigen teelt van krachtvoervervangers (al dan niet in een samenwerkingsverband) niet mogelijk is, dan is het voeren van uitsluitend reststromen een goede stap naar meer gesloten kringlopen.

Overigens is het belangrijk te vermelden dat Nederland al eeuwen een handelsland is. Hierdoor heeft ook de levensmiddelenindustrie een belangrijk aandeel. Door import van grondstoffen voor levensmiddelen en de verwerking hiervan ontstonden veel meer reststromen. Deze reststromen kunnen in sommige regio's vaak goedkoper zijn dan het voer dat op het eigen bedrijf wordt verbouwd. Door het economisch succes van de intensieve(re) veehouderij zijn 'reststromen' soms zo waardevol geworden (bv. sojaschroot) dat je ook kunt beargumenteren dat het feitelijk 'hoofdproducten' zijn.

Inpassen van natuurgrasland, natuurakkers

De natuur een kans geven in de vorm van natuurakkers en natuurgrasland past uitstekend in natuurinclusieve landbouw. En de opbrengst is een mooie aanvulling op het rantsoen. Natuurgrasland levert ruwvoer van lagere kwaliteit op en past minder goed in een rantsoen voor hoogproductieve dieren. De twee opties zijn dan: de kwaliteit van het voer verhogen of de behoefte van het vee verlagen.

Het gebruik van reststromen is een belangrijke manier om kringlopen te sluiten en nutriënten die niet geschikt zijn voor humane consumptie te benutten.

JORIS BUIJS TEELT AL 22 JAAR VELDBONEN IN MENGTEELT MET TARWE VOOR VEEVOER

'Door de teelt van veldbonen hoef ik weinig kunstmest aan te kopen'

Joris Buijs heeft een bedrijf met 125 melkkoeien in Etten-Leur en teelt zijn eigen krachtvoer. 'We zijn hier altijd al voorloper in geweest. Dat was best een moeilijk proces. We zijn gestart met maiskolvensilage (MKS), dat is de makkelijkste stap. Maar dan moet je nog steeds eiwit aanvullen', aldus Joris. 'We hebben gekeken hoe we meer gras in de koeien konden krijgen, maar dat is ook moeilijk. Samen met een adviseur hebben we allerlei proeven aangelegd met luzerne, grasklaver, erwten, tarwe, enzovoort.' Veldbonen is hiervan overgebleven, in mengteelt met tarwe. 'Dat verbouwen we inmiddels al 22 jaar en daar hebben we nu 14 hectare mee staan.' Ook heeft hij nog veel grasklaverpercelen op in totaal 110 hectare. Hiervan is ook een deel natuurterrein van Staatsbosbeheer.

Anita en Joris Buijs.

'De steeds veranderende regelgeving zorgde er wel voor dat je steeds opnieuw moet afwegen wat de beste oplossing is. Onze krachtvoeraankoop ligt nu op 418 kg per koe, waar dit op veel bedrijven 2.300 tot 2.400 kg is. Hierbij moet ik wel aanmerken dat we hiernaast ook natte bijproducten voeren, zoals bierbostel en tarwegistconcentraat als restproduct van bio-ethanol.' De melkproductie ligt met ruim 9.300 kg per koe per jaar iets boven het landelijk gemiddelde. Door de teelt van veldbonen hoeft Joris weinig kunstmest aan te kopen en het is goed voor de bodemstructuur. De velbonen worden samen met de tarwe geoogste met een combine, als één product. 'De opbrengst is in kg per hectare niet heel hoog, maar met alle andere voordelen erbij kan het heel goed uit en blijven we het wel doen.'

Meer informatie
- Reststromen: kringlooplandbouw.wur.nl/kringlooplandbouw/reststromen-veehouderij
- Restproduct of hoofdproduct? nieuwscheckers.nl/soja-voor-veevoer-is-geen-restproduct

5.3 Weidegang en landgebruik

Een koe wil grazen

Deze maatregel draagt bij aan:
dierenwelzijn, natuurlijk gedrag, biodiversiteit, lage emissies en het sluiten van kringlopen.

Koeien zijn echte grazers en leven het liefst in een stabiele kudde waar rust en regelmaat heerst. Tijdens weidegang kunnen de koeien zich natuurlijk gedragen. Naast gedrag zijn er nog tal van redenen waardoor weidegang een belangrijk onderdeel is voor natuurinclusieve landbouw. Denk hierbij aan een lagere infectiedruk met minder mastitis en klauwproblemen tot gevolg, waardoor minder antibiotica hoeft te worden gebruikt.

Weidegang en biodiversiteit

Als de koeien zelf vers gras ophalen in de wei is dat voor de benutting van dat gras het meest efficiënt. Het wordt dan immers rechtstreeks in de koe benut en hoeft niet eerst te worden ingekuild, waarbij een deel van de voederwaarde verloren gaat door de conservering. Daarbij is beweiden goed voor de biodiversiteit in weilanden. De heterogeniteit van de grasmat neemt toe, omdat er mestflatten vallen waar omheen grasbossen ontstaan. Onder mestflatten zitten grote aantallen jonge regenwormen, larven en kevers, die in het voorjaar een belangrijke voedselbron zijn voor weidevogels. Zo ontstaat een biodivers beeld boven én onder het maaiveld als gevolg van beweiding.

Beweiding zorgt ook voor diversiteit van de grasmat en het landschap. Op maaipercelen wil je graag een egaal perceel, omdat je anders grond in de kuil krijgt. Egaliseren en draineren zijn dan vaak het antwoord. Maar op beweidingspercelen speelt dit minder een rol. Mestbossen, greppels, klauwsporen, etc. zorgen juist voor woon- en schuilgelegenheid voor diverse planten en dieren, zoals salamanders, kevers, maar ook grotere dieren zoals hazen. Daarnaast zorgt meer variatie binnen een perceel ook voor drogere en nattere stukken land, wat kansen biedt voor de biodiversiteit. Een in veel ogen 'rommelig' perceel is binnen de termen van natuurinclusieve landbouw dus uitstekend. Aan natte percelen, bijvoorbeeld met plasdras, zijn risico's verbonden, zoals infectie met leverbot.

Toepassing van grasklaver of kruidenrijk grasland helpen de natuur nog een handje extra. Klavers binden stikstof uit de lucht, waardoor minder of geen kunstmest nodig is. Kruiden en klavers wortelen dieper en maken het grasland minder gevoelig voor droogte. Verder bevatten deze planten andere micronutriënten en sporenelementen dan gras, wat ondersteunend is voor diergezondheid (zie ook § 4.9).

Weidegang heeft veel voordelen voor de biodiversiteit.

Koeienvlaaien dragen bij aan het leven in en op de bodem.

Weidegang en ammoniakemissie

Naast alle positieve aspecten van weidegang voor het dier, efficiëntie en biodiversiteit, speelt het beperken van emissies ook een belangrijke rol. Wanneer mest en urine samenkomen in een mestopslag wordt ammoniak gevormd. Een vrij eenvoudige manier om de ammoniakuitstoot bij melkvee te verlagen is het maximaal toepassen van weidegang. In de wei vallen mest en urine gescheiden op de grond, waardoor de ammoniakuitstoot lager is. Om met weidegang een plusje te verdienen op de melkprijs moeten de koeien minstens 720 uur per jaar weiden. Dit is de minimumeis van de Stichting Weidegang. Biologische melkveehouders weiden hun koeien vaker dag en nacht en ook over langere tijd. Zij halen vaak wel 1.500 tot 3.000 uur weidegang per koe per jaar. Dit is voor extensievere melkveebedrijven ook haalbaar.

Mozaïekbeheer

Dat koeien in de wei lopen om daar een groot deel van hun rantsoen zelf op te halen is tamelijk vanzelfsprekend bij natuurinclusieve landbouw. Beweiding biedt kansen voor weidevogelbeheer en is een belangrijke component van mozaïekbeheer. Mozaïekbeheer houdt in dat je weidepercelen afwisselt met maaipercelen, niet hele blokken in 1 keer maait maar om-en-om op twee tijdstippen, of sloot- of greppelranden laat staan op de maaipercelen en pas bij de volgende snede meeneemt. Deze maatregelen zijn niet erg ingrijpend bieden ruimte voor weidevogels.

Beweidingssystemen

Melkkoeien weiden is minder simpel dan het lijkt. Het vergt een georganiseerde aanpak omdat het voor een goede melkproductie van belang is dat de koeien dagelijks een portie gras van goede kwaliteit kunnen vreten. Kies voor een beweidingssysteem dat goed past bij het bedrijf, de koeien en de boer (tabel 5.1). De hectares grasland die de koeien kunnen bereiken vanuit de stal noemen we de 'beweidbare oppervlakte' en meestal valt dat samen met wat ook wel de huiskavel wordt genoemd. Op een grote huiskavel met een veebezetting tot zo'n 5 melkkoeien per hectare is beweiding goed rond te zetten. Met een ruim grasaanbod zijn hoge grasopnames te realiseren. Bij een hogere bezetting is dag en nacht weiden slechts gedurende een deel van het seizoen mogelijk.

Maaien

Ook als je kiest voor weidegang is er ten behoeve van het stalrantsoen voederwinning noodzakelijk. Dit kan door percelen tussen de snedes weidegras te maaien of door enkele percelen uitsluitend te maaien. Dit gebeurt vaak op percelen die minder goed te bereiken zijn voor beweiding. In het kader van natuurinclusieve landbouw is het relevant om een aantal zaken aan te stippen.

Graslandpercelen met een beheerpakket hebben in veel gevallen een uitgestelde maaidatum in het voorjaar om te zorgen dat weidevogels de gelegenheid hebben om te broeden en dat planten tot bloei kunnen komen en zaad zetten. Dit heeft wel tot gevolg dat er meer ruwe celstof en relatief minder voedingsstoffen in het gras zit. Houd hier rekening mee bij de rantsoensamenstelling.

Veel maaimachines (met maaischijven of -trommels) hebben een geïntegreerde kneuzer. Kneuzen is bedoeld om het droogproces van het gemaaide gras te versnellen richting een optimaal inkuilproces. Maar het kneuzen is funest voor insecten die zich in het gewas bevinden. De ouderwetse vingerbalkmaaier is voor het insectenleven een veel betere keuze. Recent zijn nieuwe (dubbele) vingerbalkmaaiers ontwikkeld met een behoorlijke capaciteit en behoud van dit voordeel voor insecten. Overigens is beweiden veel insectvriendelijker dan maaien.

De frequentie van maaien heeft ook invloed op de biodiversiteit en met name het insectenleven. Als vaker wordt gemaaid, is de verstoring en schade groter en heeft de biodiversiteit minder kans om zich te herstellen of te ontwikkelen. Daarom liever enkele maaisnedes dan 5 of 6.

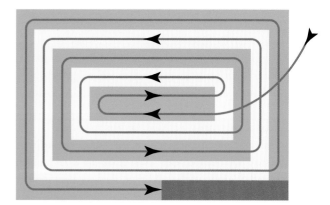

Naast mozaïekbeheer kun je ook bij volvelds maaien rekening houden met dieren in het perceel. Door niet van buiten naar binnen, maar van binnen naar buiten te maaien raken dieren in het perceel niet 'opgesloten'. Dieren hebben de gelegenheid naar buiten toe te vluchten. Verder kun je werken met een 'wildredder' die dieren verjaagt.

Tabel 5.1. Beweidingssystemen in context van natuurinclusieve veehouderij.

Stripgrazen	Koeien krijgen een afgepaste strip met een voor- en achterdraad. Dat kan een voorraad gras zijn voor een dag, waar ze overdag en 's nachts in weiden en de volgende dag een nieuwe strip krijgen. Of een strip voor overdag en een verse strip voor de nacht. Zelfs vier of vijf keer verplaatsen komt voor. Stripgrazen is een efficiënte manier van beweiden waarbij de koeien in korte tijd veel vers gras opnemen. Omdat de hoeveelheid is afgepast blijft er ook relatief weinig restgras over en is de hergroei van het gras hoog. Het past goed bij een sterk gras-gebaseerd rantsoen en het streven naar een hoge grasproductie.
Omweiden	In de klassieke vorm van omweiden krijgen de koeien elke drie à vier dagen een nieuw perceel. Grasopname en graskwaliteit verschillen sterk tussen dag 1 (hoog) en dag 4 (veel lager). Dit leidt tot een wisselende melkproductie. De wisselvalligheid is in de praktijk vaak nog groter als niet alle percelen even groot zijn: het aantal dagen per perceel gaat dan variëren van twee tot soms wel acht dagen. Bij modern omweiden krijgen de koeien kleinere porties voor één of twee dagen. Dit gaat al wat meer richting stripgrazen. Bij 20-25 percelen komen de koeien na drie weken weer terug op het perceel. Het aantal percelen kan worden uitgebreid naar behoefte, draagkracht, en grasopname. Mestflatten met bossen dragen bij aan en zijn indicatief voor graslandbiodiversiteit. Dat zijn er in de zomer meer dan in het vroege voorjaar en als gewerkt wordt met een heel ruim grasaanbod zijn er ook relatief meer dan bij een krapper grasaanbod.
Standweiden	Bij klassiek standweiden krijgen de koeien een groot blok van meerdere percelen. De oppervlakte van het 'blok' is zo groot dat er (gemiddeld) evenveel gras bijgroeit als de koeien opeten. Standweiden vergt weinig arbeid en past ook bij een hoge veebezetting, maar geeft de laagste grasopbrengst. Nieuw Nederlands weiden combineert standweiden met een vorm van omweiden. De koeien krijgen elke dag een nieuw perceel en gaan op dag zes weer naar perceel één en zo 'roteren' ze over het blok van percelen. Deze vorm zorgt voor een hogere grasproductie en grasopname en vergt iets meer arbeid dan klassiek standweiden. De graslandbiodiversiteit is relatief laag door weinig weideresten.
Pure Graze	Het systeem Pure Graze is een intensieve manier van stripgrazen (meerdere keren per dag een nieuwe stuk vers gras). Koeien die volgens dit principe weiden, vreten alleen een mix van grassen, klavers en kruiden en geen krachtvoer meer. Het bedrijf dat Pure Graze heeft ontwikkeld levert eigen mengsels voor kruidenrijk gras en begeleiding voor weidegang en het beheren van kruidenrijk gras. Geen krachtvoer zal in principe resulteren in lagere melkgift. Maar als je het strakke beweidings-management goed uitvoert (en de omstandigheden meezitten), kan melkgift in weideseizoen best hoog zijn. Pure Graze wordt vooral toegepast in biolandbouw, met een wat lagere bezettingsdichtheid, maar past ook bij grondgebon-den melkveehouderij en weinig tot geen krachtvoer. De graashoogte is 12-15 cm: er blijft dus veel gras staan. Er komt relatief veel afstervend oud grasmateriaal in de bodem en dat is positief voor de opbouw van organische stof in de bodem. Er is wel een risico op meer kale plekken (een 'hollere graszode').
Regeneratief grazen	Dit systeem probeert de biodiversiteit te vergroten en natuur te herstellen. Het wordt in Nederland beperkt toegepast. Regeneratief grazen (mob grazing) bestaat uit stripgrazen met een korte intensieve begrazing met een hoog grasaanbod en het achterlaten van veel weiderest. Gras en bodem krijgen daarna een lange rustperiode om te herstellen en de mest om te zetten tot voedingstoffen. Dit resulteert in een gezonde bodem en een natuurlijkere leefomgeving, wat uiteindelijk weer dieren en klein bodemleven aantrekt. Het is een nabootsing van de natuur: grote kuddes grazen intensief op relatief kleine stukken grond. Ze eten de planten, vertrappen wat blijft staan, mesten hierop en laten hiermee een mooie 'mulch'-laag over op de bodem. Lange hergroeiperiodes hebben wel gevolgen voor: • graskwaliteit. Door de relatief lange rustperiode neemt de verteerbaarheid en het eiwitgehalte van de zode af. • opbrengst. Totale drogestofopbrengst zal op jaarbasis afnemen: Een deel van het gras sterft af tijdens de hergroei (maar dat is juist ook weer de bijdrage aan bodemorganische stof). • zodenkwaliteit. Het kan op termijn leiden tot een 'hollere zode' (met minder draagkracht) en hiermee minder geschikt op natte/minder draagkrachtige bodems.

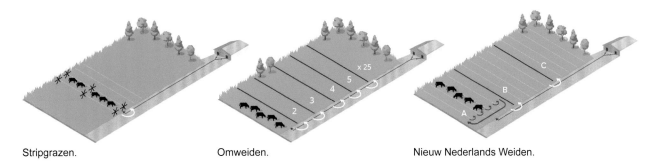

Stripgrazen.   Omweiden.   Nieuw Nederlands Weiden.

Tabel 5.2. Grasbenutting bij beweidings- en oogstmethoden (2012).

Beweidingsmethode	Efficiëntie*	Oogstmethode	Efficiëntie*
Standweiden	30-40%	Hooi	30-70%
Modern standweiden	50-60%	Silage	60-80%
Meerdaags omweiden	60-70%	Zomerstalvoedering	70-95%
Eendaags omweiden, stripgrazen	70-80%		

* efficiëntie is de hoeveelheid door het dier opgenomen gras t.o.v. de geproduceerde hoeveelheid gewas.
Bron: Lawton Steward Jr. et al., 2012

Inpassing in de bedrijfsvoering

Aanpassingen in het rantsoen, veel meer beweiding en eiwitgewassen van eigen land, zijn toepasbaar in de bedrijfsvoering, maar er komt wel het nodige bij kijken. Om succesvol koeien veel te weiden is een goede 'huiskavel' nodig met goed bereikbare percelen. Het vergt een passend beweidingssysteem en goede planning en feeling zijn nodig. De bijvoeding op stal moet op de (gewenste) grasopname worden afgestemd. Daarbij is het belangrijk te weten dat de samenstelling van het gras varieert door het seizoen.

Het zelf telen van voedergewassen, al dan niet in samenwerking met akkerbouwers, vergt tijd en organisatie. Dit speelt op veel bedrijven in de melkveehouderij en er is bij adviseurs en onderzoekers al veel kennis te vinden.

Kosten en baten

Economisch gezien is het voordelig om de koeien zoveel mogelijk vers gras rechtstreeks om te laten zetten in melk. Daarmee bespaart de melkveehouder op kosten voor voederwinning en mest uitrijden. Bij inkuilen gaat bovendien een deel van de voederwaarde verloren door inkuilverliezen.

Veel uren weidegang en hoge grasopnames zijn met verschillende beweidingssystemen mogelijk en al helemaal als het seizoen van april tot november zo lang mogelijk wordt benut. Daarbij zijn strip-grazen of eendaags omweiden de systemen met de hoogste grasbenutting en grasopbrengst per jaar.

Aan de kostenkant van weidegang staat vooral de hoeveelheid arbeid die gemoeid is met het afzetten van (delen van) percelen voor begrazing, het halen en brengen van koeien en het verplaatsen van drinkbakken. Bij overgang van niet of weinig weidegang naar veel weiden zijn ook investeringen en onderhoud nodig in de 'infrastructuur van beweiding'. Dit betreft bijvoorbeeld de verharding van de looproutes naar percelen (kavelpaden), dammen en bruggen, afrasteringen en watervoorziening.

Tenslotte, bij een natuurinclusieve, extensieve bedrijfsvoering past de keuze voor relatief veel dagen en uren weidegang. Dat komt het dierenwelzijn ten goede en geeft een lagere ammoniakemissie. Een zo hoog mogelijke grasproductie en benutting van het eigen gras resulteert doorgaans in minder aangekocht (kracht)voer en een hoger percentage 'eiwit van eigen land'.

Koeien en bomen

Koeien kunnen in de zomer in de wei last krijgen van de warmte en bij het ontbreken van schaduw geeft een temperatuur boven circa 23°C al snel hittestress. Dat gaat ten koste van melkproductie en vruchtbaarheid. Door klimaatverandering komen warme dagen en hittegolven vaker voor en is het bieden van schaduw van groot belang. Dat kan met kunstmatige bomen, zoals een koeparasol, maar 'echte' bomen planten is het meest toepasbaar en wenselijk. Bomen passen goed in een zogenoemd coulissenlandschap dat in meerdere delen van het land een bekend beeld is. Als

Koeparasol als kunstmatige schaduwboom.

voldoende bomen niet mogelijk of wenselijk zijn, zoals in de typische veenweidelandschappen met veel weidevogels, is 's nachts weiden en overdag opstallen een goede mogelijkheid om hittestress te vermijden. Overigens dragen bomen ook nog bij aan de biodiversiteit en kunnen stikstof binden (elzen) en vruchten of andere oogstbare producten geven.

Aan de andere kant hebben bomen of andere schaduwplekken ook nadelen, omdat die plekken vervuilen met mest en voor vieze koeien zorgen. Kiemen uit mest en modder vergroten de kans op uierontsteking. Daarbij kan de schaduw van bomen ook zorgen voor lagere grasopbrengst en is het moeilijk om voldoende schaduw te genereren voor grotere koppels koeien.

De laatste tijd is er veel aandacht voor agroforestry. Dit is het integreren van bomen in bedrijfssystemen (zie § 4.10). Van oudsher zijn er in veel gebieden al houtwallen en het wordt onderkend dat het knabbelen (browsing) van deze bomen voor koeien een positief effect heeft. Ze nemen structuurrijk voer op, rijk aan mineralen en aan sommige bomen wordt een medicinale werking toegedicht. Een minimale vorm van agroforestry is al eenvoudig te bereiken door langs looppaden wat bomen te planten.

Koeien die de schaduw opzoeken van bomen in/rond de weide.

Meer informatie

- Weidegang: www.stichtingweidegang.nl
- Weidewinst: weidewinst.nl

5.4 Passende koe

Bij natuurinclusieve landbouw past een robuuste koe

Deze maatregel draagt bij aan:
dierenwelzijn, genetische diversiteit en lager krachtvoer- en antibioticagebruik

Honderd jaar geleden kwamen in Nederland veel verschillende koeienrassen voor. Zo'n ras paste vaak bij de omstandigheden in een specifieke regio. Denk daarbij aan het grasaanbod, de mogelijkheden voor weidegang en de teelt van voedergewassen als mais, granen en voederbieten die verschillen op zand-, veen- en kleigronden. Door de toenemende mogelijkheden om met verschillen in bodemsoorten om te gaan en focus op 'efficiëntie' (lees: hogere productie) is uniformiteit in productiesysteem en melkkoeien ontstaan.

Tegenwoordig voert één ras de boventoon: de Holstein Friesian. Een koe met een hoge melkproductie en met een hoge behoefte qua input van voer, huisvesting en verzorging. Het vermogen om veel melk te produceren brengt met zich mee dat de omstandigheden optimaal moeten zijn bij deze koeien.

Ga je het systeem veranderen, bijvoorbeeld naar meer natuurinclusiviteit, dan kunnen ook de koeien veranderen. Een koe die bij een natuurinclusief bedrijf past is vaak een robuust

Het bekende beeld van 'Us Mem' herinnert aan het oude Friese ras, dat inmiddels grotendeels vervangen is door de Holstein Friesian.

dier met een lagere melkproductie dat met een andere kwaliteit ruwvoer om kan gaan. Belangrijkste is dat de koe past bij de beschikbare ruwvoerkwaliteit, productiedoelen, management en huisvesting. Omgekeerd geldt: pas je de koe aan, dan zal je de huisvesting en het diermanagement hierop moeten laten aansluiten. Dit kan aanpassingen vereisen op punten waar je dat in eerste instantie wellicht niet had verwacht (b.v. het formaat van de ligboxen of voerhek). Aanpassing van de stal kan vervolgens ook weer effect hebben op de samenstelling van de mest (zie § 5.5).

Terug in de tijd is niet mogelijk en ook geen doel, want de wereld is ook veranderd. Wel is het mogelijk om inspiratie op te doen uit het verleden en goede elementen benutten.

Koe die past bij omgeving en systeem

Een passende koe is een koe die past bij de productiedoeleinden van een boer en de mogelijkheden en beperkingen van de omgeving voor de bedrijfsvoering. Enkele voorbeelden:

- De blaarkop is een dubbeldoelkoe die in Groningen goed paste, toen er veel klaverzaad werd geproduceerd. Het eiwitrijke restproduct na de teelt kon aan blaarkoppen worden gevoerd, zonder het risico op trommelzucht door te veel eiwit.
- In Zuid-Holland was het hoge melkeiwitgehalte in blaarkopmelk reden om ze in te zetten voor de kaasproductie. En met spoeling van de jeneverstokerijen in Schiedam konden blaarkoppen, die ook aanleg hadden voor vleesproductie, goed worden afgemest.
- De robuuste MRIJ-koeien kwamen oorspronkelijk voor langs de rivieren Maas, Rijn en IJssel op de zware kleigronden die enkel geschikt waren als grasland. Later zijn zij naar de zandgronden 'verhuisd'. Ze zorgden in de zandgebieden in Oost en Zuid-Nederland voor een mooie omzet en aanwas als aanvulling op melkgeld, omdat de MRIJ-koe goed melk en vlees produceert.
- De Fries-Hollandse koe kwam oorspronkelijk alleen in Friesland en Holland voor op de typische veenweidegronden waar niets anders groeide dan gras. Het ras is wat handzamer van formaat en sterker dan de Holstein-Friesian, met een goede bouw en melkproductie.

Sommige van deze rassen worden nu vooral hobbymatig gehouden. Zo zie je meer lakenvelders in het landschap verschijnen en ook andere eerder genoemde rassen krijgen meer aandacht. Nieuwe rassen deden de afgelopen eeuw ook hun intrede. Zo is de Jerseykoe een efficiënte koe die met hoge vet- en eiwitgehalten in de melk past in een wat extensiever productiesysteem.

Raszuiverheid is geen doel op zich en veel melkveehouders maken gebruik van kruisingen met bijvoorbeeld Fleckvieh, Montbeliarde en andere buitenlandse rassen. Door inkruisen wordt het beeld ook veel gevarieerder, zelfs binnen een kudde. Veel buitenlandse rassen, of beter gezegd eigenschappen van buitenlandse rassen, bieden door hun robuustheid voordelen in een natuurinclusief bedrijfssysteem. Bij het inkruisen treedt ook heterosis op waardoor 'de som der delen beter is dan de delen'. Daardoor zijn kruislingen vaak vitaler, vruchtbaarder en gezonder dan rasdieren.

Dubbeldoelrassen

Typische melkproductierassen doen het vaak minder goed in een bedrijfsvoering met natuurinclusieve maatregelen en hierdoor wisselende en suboptimale omstandigheden voor een maximale productie. Melk is dan ook vaak niet het enige product meer. Vlees, natuurbeheereigenschappen en mest zijn ook van waarde. Of bepaalde kenmerken die een genetische component hebben, zoals sterker beenwerk en robuuster in termen van diergezondheid. Rassen die ook op andere aspecten dan melkproductie aanleg hebben noemen we dubbeldoelrassen.

Inpassing in de bedrijfsvoering

Op bedrijven die natuurinclusief werken is vaak meer grasland met lage bemesting of uitgestelde maaidatum en zijn natuurgraslanden in gebruik of worden zelfs grote oppervlaktes natuur beheerd. Daarvoor is een robuuster ras dat veel ruwvoer van mindere kwaliteit kan verwerken beter geschikt. Deze koeien zijn soms ook goed inzetbaar voor begrazing van nattere bodemtypen. Het feit dat robuuste rassen minder arbeid vragen omdat ze minder ondersteunende zorg nodig hebben is ook een overweging. Werken met een robuust ras kan de behoefte aan bijvoorbeeld krachtvoer, kunstmest en diergeneesmiddelen verminderen. Aanpassingen zoals kalveren bij de koe en hoorns hebben een enorme invloed op de bedrijfsvoering en zullen niet voor iedereen geschikt zijn om door te voeren.

Afname landbouwhuisdierrassen

Volgens de FAO loopt 17% van de productierassen in de wereld het gevaar uit te sterven. Tussen 2000 en 2014 zijn bijna 100 rassen uitgestorven. De melkveehouderij heeft sinds de jaren 60 wereldwijd een verschuiving laten zien van gebruik van inheemse en lokale rassen naar rassen die internationaal worden ingezet. Door de selectie op hoge productie neemt de genetische variatie af en ontstaat het risico op inteelt. Naast productie staat een ras voor veel meer. Zo kan een ras vooral om ecologische eigenschappen van belang zijn, maar ook culturele en sociaaleconomische waarden spelen een rol.

Fries-Hollandse koe.

Door de producten van speciale rassen ook speciaal te houden, kan hier een meerwaarde uit worden gehaald.

De blaarkop is een dubbeldoelras die naast melk een goede restwaarde heeft voor vlees.

Kosten en baten

Het werken met een robuust ras, waarbij de dieren zichzelf makkelijk kunnen redden, spaart kosten uit voor bijvoorbeeld de dierenarts en klauwbekapper. Door de extensievere bedrijfsvoering zijn meer dieren nodig voor dezelfde melkproductie hetgeen meer arbeid vergt. Een extensiever systeem wordt vaak gecombineerd met natuurbeheer en de vergoedingen daarvoor kunnen een lagere melkproductie compenseren.

De keuze voor een ras en een systeem met meerwaarde in de markt, houdt wel in dat er aan ketenontwikkeling en vermarkting moet worden gewerkt om daadwerkelijk een betere prijs te realiseren. Zelf vermarkten vraagt ondernemerschap en vergt tijd en inspanning.

Koeien met hoorns

Veel koeienrassen hebben van nature hoorns. Als je denkt aan natuurinclusiviteit, dan zou ook het behouden van hoorns een overweging kunnen zijn. Vanuit een natuurlijk beeld dat je nastreeft, of vanuit belang dat je hecht aan de lichamelijke integriteit van het dier. De hoorns heeft het dier niet enkel voor de sier, ze zijn tevens verdedigingsmiddel en hebben een fysiologische functie. En hoorns spelen een rol in de bepaling van de rangorde in de kudde.

De samenstelling van een hoorn is complex en de hoorngroei hangt sterk af van de stofwisselingsactiviteit van de koe. Zo zijn de geboortes van kalveren af te lezen aan de 'jaarringen' in de hoorns van de moederkoe. De hoorns lijken een soort voorraadruimte voor mineralen. Rond de geboorte van een kalf worden nutriënten uit de hoorn benut voor bepaalde stofwisselingsmechanismen. Wanneer er geen hoorns aanwezig zijn, zal het dier deze nutriënten uit bijvoorbeeld hoeven en botten moeten halen met mogelijk risico op klauwproblemen.

Kalveren bij de koe

In de melkveehouderij is het gebruikelijk het kalf kort na de geboorte te scheiden van de koe. Direct of na een paar dagen. Het snel scheiden van het kalf geeft minder stress bij zowel moeder als kalf dan het scheiden na een langere tijd. Daar staat tegenover de waarde van de zorg van moederkoe voor het kalf in de eerste dagen en weken na geboorte. De vraag is wat zwaarder weegt: de natuurlijker zorg voor het kalf of de stress van het scheiden.

De moederzorg (maternale zorg) is belangrijk. Het drooglikken na geboorte brengt de moeder-kindband tot stand. Fysiek heeft het likken de functie van het drogen van de vacht, het stimuleren van de bloedsomloop en het activeren van ademhaling en ontlasting.

Het zogen zorgt voor de afgifte van oxytocine (bij koe én kalf) wat biestopname door het kalf stimuleert, maar ook de melkproductie en het afkomen van de nageboorte. Niet voldoende kunnen zuigen leidt soms tot tongspelen of het zuigen aan stalgenoten. Kalveren die bij de koe zijn gebleven hebben meer interactie met andere koeien en zijn vaak minder angstig.

Het houden van kalveren bij de koe kost extra en levert minder verkoopbare melk op, maar door een meerprijs op het product is het voor sommige melkveehouders een goede optie.

Kalveren bij de koe houden, past goed in een natuurinclusieve melkveehouderij, maar is zeker niet voor iedereen weggelegd. Het hele houderijsysteem moet hierop zijn aangepast. Daarbij is er een opbrengstdaling door de lagere melkproductie voor de verkoop. Maatschappelijk is er wel een beweging die deze vorm van houderij op prijs stelt en ook bereid is meer te betalen, getuige initiatieven als het zuivelmerk 'Kalverliefde'. Door de meerprijs op dit product is het voor sommige melkveehouders een goede optie.

Kudde waarbij kalfjes bij de koe worden gehouden. Dit kan dus ook prima in een ligboxenstal.

Meer informatie
- Rassenlijst huisdierrassen: www.wur.nl/nl/onderzoek-resultaten/wettelijke-onderzoekstaken/centrum-voor-genetische-bronnen-nederland-1/dier/rassenlijst.htm
- Stichting zeldzame huisdierrassen: szh.nl/levenderfgoed
- Familiekuddes: www.familiekuddes.nl
- Kalveren bij de koe: kalfjesbijdekoe.nl

5.5 Erf en stal

Natuurlijk gedrag stimuleren en emissies verminderen

Deze maatregel draag bij aan:
dierenwelzijn, betere mestkwaliteit en vermindering van emissies.

Een groot deel van de bedrijfsactiviteiten van een melkvee-bedrijf vindt plaats in de stal en op het erf. Ook hier kun je natuurinclusiviteit een goede plaats geven. In andere hoofdstukken komt de aandacht voor erfbewoners al aan de orde (zie § 7.2). Door beplanting rondom erf en stal, en het erf bewust wat minder strak te organiseren krijgen deze dieren een kans. Het plaatsen van nestkasten is ook een goede stap. Daarnaast kan ook het aanbieden van klei op het erf, zwaluwen helpen om hun nest te kunnen bouwen.

Natuurlijk gedrag van productiedieren is een aspect dat je onder natuurinclusiviteit kunt scharen. Bijvoorbeeld of de dieren hun natuurlijke gedrag nog kunnen vertonen. Een stabiele kudde heeft een gevestigde rangorde waarbinnen koeien minder stress ervaren. Bewegingsruimte speelt hierbij ook een rol: rang-lagere dieren moeten veilig kunnen uitwijken om een conflict te vermijden en dit kan beter in de wei dan in een stal. Grazen is onderdeel van het basisgedrag van een koe en daarom is weidegang van belang. Maar bij het melken met een automatisch melksysteem (robot) is weidegang moeilijker in te passen.

De keuze voor een huisvestingssysteem is een bepalende factor voor het type mest dat het bedrijf produceert. En mest kan een waardevolle grondstof voor een natuurinclusieve bedrijfsvoering zijn. Drijfmest is niet per se minder goed dan vaste mest, maar over het algemeen wordt vaste mest gezien als goede mogelijkheid om het organische-stofgehalte van de bodem te verhogen.

Zonnepanelen

Ook zonnepanelen hebben een relatie met natuurinclusiviteit. In de strijd om kostbare grond wordt landbouwgrond gebruikt voor zonneparken. Landschappelijk kun je hier je vraagtekens bij zetten en diezelfde ruimte zou ook beschikbaar kunnen zijn voor natuurontwikkeling. Dit heeft ook een prijsopdrijvend effect op landbouwgrond (stimulans voor intensivering). Een vermindering van externe energie-input (diesel, elektriciteit) is wel gewenst. Bestaande staldaken zijn uitermate geschikt om zonnepanelen op te nemen, zonder dat natuur- of landbouwgrond hoeft te worden opgeofferd.

Tegenwoordig zijn ook verticale zonnepanelen beschikbaar. Deze zijn te combineren met landbouwactiviteiten zonder dat ze grote oppervlakten in beslag nemen. De grond wordt zo dubbel gebruikt: naast het opwekken van stroom kan het groeien van gewassen en grazen van koeien gewoon kan doorgaan. In een project in Culemborg is een perceel met verticale zonnepanelen speciaal ingericht met kruiden en graangewassen, zodat de patrijzen hier een optimaal leefgebied hebben.

Melkveehouder Gijs de Raad: 'Ik kan mijn land blijven gebruiken voor mijn koeien. Daarnaast blijft het bodemleven intact door de lichtinval en binden we CO_2 en stikstof. En met de zonnepanelen verhogen we de biodiversiteit, omdat veel dieren, zoals de patrijs, zich veilig voelen in de beschermde en beveiligde omgeving.'

Gijs de Raad met zijn koeien bij de verticale zonnepanelen.

Tabel 5.3. Stalsystemen in natuurinclusieve veehouderij.

Systeem	Omschrijving	Natuurinclusiviteit
Grupstal 	Tot in de jaren 70 was de grupstal, ook wel aanbindstal of Hollandse/Friese stal genoemd, gebruikelijk. Hierbij staan de koeien aan een ketting, naast elkaar op een vaste plek. De koeien liggen op stro en de mest en urine vallen achter de koeien in een grup. In de bodem van de grup zit een rooster dat de urine doorlaat. De mest met vervuild stro wordt uit de grup geschoven op de mestvaalt.	+ Mest en urine kunnen worden gescheiden + Mest mengt zich met strooisel + Koeien met hoorns mogelijk + Van voor- tot najaar dag en nacht weidegang - Geen natuurlijk gedrag op stal kunnen tonen
Ligboxenstal 	Meest voorkomende stalsysteem. De koeien hebben hierin vrije keuze tussen vreten aan het voerhek, rondlopen over de roostervloer of liggen in een ligbox. Een nadeel vormt de drijfmest: door het mengen van mest en urine ontstaat daarin ammoniak die emitteert naar de buitenlucht. Mogelijke maatregelen zijn stalsystemen met een lagere ammoniakemissie.	+ Op stal natuurlijk gedrag goed uit te voeren - Vooral drijfmest met veel ammoniakemissie - Veelal onthoornde koeien - Vaak beperkte weidegang
Moderne potstal 	Koeien lopen los in een ruimte die elke dag van vers stro wordt voorzien. Het stro met mest en urine hopen zich op en daarom wordt deze stal verdiept aangelegd ('pot'). De moderne variant biedt minimaal 10 m² ruimte per dier. Achter het voerhek is vaak een dichte vloer met schuif, of roosters, waar een deel van de mest en urine wordt opgevangen. Daardoor blijft de pot droger en is minder strooisel nodig. De vaste mest uit een potstal heeft goede eigenschappen voor de bodem (koolstof/stikstof-verhouding). Als ook nog stro of maaisel wordt ingezet van eigen (natuur)land draagt het bij aan het sluiten van kringlopen.	+ Vaste mest, gemengd met strooisel en deels verteerd + Goede bewegingsmogelijkheden voor koeien + Inzet maaisel van eigen land als strooisel - Hoge emissie van methaan en ammoniak
Vrijloopvarianten 	In vrijloopstallen is het strobed vervangen door een alternatieve bedding van compost, houtsnippers of zand. De varianten met compost en houtsnippers worden tweemaal daags belucht en of losgetrokken. Het doel is om zuurstof in het potmateriaal te krijgen, waardoor het composteert, samen met urine en mest. Vaak wordt de pot dan eenmaal per jaar leeggehaald en opnieuw gevuld. Stallen met zand zijn voorzien van drainage voor afvoer van de urine en het zand wordt dagelijks gezeefd om de mest te verwijderen. In deze stallen is veel ruimte voor vrij bewegen en natuurlijk gedrag.	+ Goede kwaliteit mest + Natuurlijk gedrag + Scheiding van mest en urine bij zandstallen - Emissie van methaan en ammoniak bij compost of houtsnippers

'Koeientuin'

In het concept 'koeientuin' krijgen de koeien veel ruimte op een natuurlijk beloopbare vloer en de leefomgeving ook nog is verrijkt met bomen en struiken. In plaats van met strooisel kan ook worden gewerkt met een verende vloer met als bovenlaag een heel sterk en doorlatend doek. Urine zakt er snel doorheen en gaat middels drainage onder de vloer naar de mestopslag. Een machine rijdt door de stal om de mest die op het doek blijft liggen af te schrapen en naar een stortput te brengen. Het werkingsmechanisme van deze stal lijkt op de met zand ingestrooide potstal.

Meer informatie

- Huisvesting van melkvee: www.nzo.nl/sites/default/files/page/attachment/factsheet_huisvesting.pdf
- Weidegang en dierenwelzijn: wiki.groenkennisnet.nl/space/BB/11862248/4.2.+Weidegang%2C+uitloop%2C+huisvesting+en+dierenwelzijn

SJAAK SPRANGERS LAAT ZIJN STAL OPGAAN IN DE OMGEVING

'Door mestscheiding heb ik mooie vaste mest samen met een vloeibare stikstofbron'

Sjaak Sprangers houdt in Kaatsheuvel zo'n 62 Jerseykoeien. Wat in het oog springt is de zogenoemde kwatrijnstal. Of eigenlijk juist niet. Doordat er niet één groot zadeldak op zit, maar vier in hoogte variërende daken gaat het mooi op in het landschap. De stal is ook helemaal open. 'Ik wil ook dat het zo transparant mogelijk is en mensen kunnen zien wat er in de stal gebeurt.'

Op de dichte vloer vermengt tarwestro zich met de mest van de koeien tot een min of meer vaste mest. De stroverdeler kan goed uit de voeten met tarwestro en verdeelt 3 kg stro per koe per dag. Zeker omdat hij in de buurt van natuurgebieden zit is het verminderen van de ammoniakuitstoot belangrijk. De urine wordt daarom direct afgevoerd via kleine gaatjes in de vloer en gescheiden opgevangen. Feitelijk is dat al natuurlijker, want een koe schijt en piest ook niet op hetzelfde moment. Zo heeft Sjaak vaste mest die hij al vroeg in het voorjaar kan uitrijden op het land. 'De gier zie ik als een vloeibare stikstofbron die ik juist heel gericht in het groeiseizoen kan inzetten', aldus Sjaak. 'Door de goede benutting blijf ik ruim onder de nitraatnorm.

De melkveehouder is op veel vlakken natuurinclusief bezig. Zo gebruikt hij 70 hectare grond van Natuurmonumenten met extensief kruidenrijk grasland. Op zijn andere percelen heeft hij ook wel kruidenrijk grasland, maar daar is het lastiger de kruiden erin te houden. 'Ik doe veel aan weidegang en dat vrij extensief. Dan krijg je natuurlijke schijtbossen waar de koeien vanaf blijven en planten vanzelf kunnen doorschieten en in bloei komen.' Maaien past ook minder in zijn systeem, omdat de rijke bodem ook mollen aantrekt. 'Als je dan gaat maaien neem je te veel grond mee.'

Naast een groot huiskavel heeft hij 35 hectare grasland dat een flink stuk verder ligt. 'De koeien moeten er even een half uurtje voor lopen, maar dat gaat prima. Ze hebben hierdoor sterk beenwerk'. Het afvoeren van de urine in de stal zorgt ook voor minder klauwproblemen, omdat de vloer relatief droog is. 'Daarnaast heb je ook goede ventilatie door de open stal. Jerseys hebben van nature sowieso al veel minder last van klauwproblemen.'

De stal heeft echter nog geen formele Rav-erkenning als innovatief stalsysteem met minder ammoniakuitstoot. Dit komt doordat er discussie is over de meetmethode, juist doordat de stal zo open is. De uitgevoerde metingen bieden evenwel perspectief omdat de hoogste meting 4,5 kg ammoniak (NH_3) per dierplaats per jaar uitkomt (ruim 60% lager dan een standaard stal).

5.6 Middelengebruik zo laag mogelijk

Verbetering van worm- en plaagbestrijding

Deze maatregel draag bij aan:
biodiversiteit, waterkwaliteit, bodemkwaliteit

In de veehouderij worden diergeneesmiddelen gebruikt en verschillende middelen tegen vliegen en knaagdieren. Het is belangrijk om zorgvuldig met deze middelen om te gaan, om resistentie en effecten op het milieu zoveel mogelijk te beperken.

Diergeneesmiddelen

Bij zieke dieren kan behandeling nodig zijn in de vorm van diergeneesmiddelen zoals antibiotica en ontwormingsmiddelen.

Met een heel bewuste aanpak kan het gebruik hiervan tot een minimum worden beperkt. Dit is belangrijk, omdat middelen niet alleen de schadelijke organismen doden, maar ook de nuttige soorten die je in natuurinclusieve landbouw juist wilt behouden: organismen in mest, bodem en water en bijvoorbeeld ook voor wormen en kevers in de mest. Bovendien kan middelengebruik leiden tot resistentie, waardoor steeds meer of zwaardere middelen nodig zijn voor het gewenste effect. Ten slotte kan middelengebruik leiden tot residuen in oppervlaktewater en producten.

Uit onderzoek in het project KennisImpuls Waterkwaliteit bleek dat ontwormingsmiddelen uitspoelen naar de bodem (akker) en naar het grond- en oppervlaktewater. De middelen kunnen toxisch zijn voor vissen, ongewervelden in het water, sedimentbewoners, algen, bodemorganismen en mestfauna.

De kleine steekvlieg (*Haematobia irritans*).

Beperking van middelen komt ook ten goede aan biodiversiteit en het vermogen van de grond om de mest goed af te laten breken door organismen waardoor planten de nutriënten kunnen benutten.

Een lager gebruik van middelen als antibiotica en ontwormingsmiddelen is te bereiken door 'aan de voorkant' zoveel mogelijk de insleep van infecties in te dammen door weerbare, robuuste dieren, goede bedrijfshygiëne, goed systeem van omweiden en alleen ontwormen als het echt nodig is.

Gebruik van insecticiden

Vliegen brengen hinder, vervuiling en infectiekansen met zich mee. Het onder de duim houden van plagen kan vaak ook zonder chemische bestrijdingsmiddelen.

Van de vroege zomer tot in het najaar zitten er vliegen op de koeien. Ze vormen een risico op minder hygiënische winning van melk, maar ook op het overbrengen van ziekten als wrang en mastitis. Vaak is overduidelijk aan de koeien te zien dat ze overlast ervaren van de vliegen. Ze steken en of zuigen bloed. Bekende soorten zijn de herfstvlieg, de stalvlieg en dazen. Bijzonder vervelend is ook de kleine steekvlieg, met de toepasselijke Latijnse naam *Haematobia irritans*.

Gangbare én biologische rundveehouders mogen chemische antivliegenmiddelen gebruiken. Vanwege de giftige werkende stoffen is dat echter schadelijk voor de natuur. Vergiftigde insecten kunnen worden gegeten door (weide)vogels, muizen, egels, amfibieën en andere insecten. Dat heet doorvergiftiging; het gif komt terecht in soorten die hoger in de voedselketen staan. Een deel van de werkzame stoffen komt ook in bodem en water terecht.

Natuurlijke bestrijders

In de koeienstal kunnen natuurlijke bestrijders van vliegen worden ingezet. Hoewel natuurlijk in de zin van de werkwijze zijn het wel speciaal gekweekte (uitheemse) soorten. Zo zijn sluipwespen (*Muscidifurax* sp.) en roofvliegen (*Ophyra aenescens*) te koop. Poppen van de sluipwesp kun je verspreiden in de vaste mest, roofvlieg(poppen) in de mestkelder. Laat na het strooien van de roofvliegen de mest met rust. De sluipwespen moeten om de maand worden uitgezet. Roofvliegen en sluipwespen zijn niet bestand tegen ontwormingsmiddelen en ook residuen van gewasbeschermingsmiddelen hebben een negatief effect op deze soorten. De inzet van roofvliegen en sluipwespen is iets duurder dan de chemische aanpak, grofweg € 10 per koe per jaar.

Mechanische vliegenval

In Australië is een mechanische vliegenval voor koeien ontwikkeld. De koeien lopen door een sluis met aan twee of drie kanten borstels. Door de borstels vliegen de insecten van het lichaam af en omhoog naar het licht. Via kleine spleetjes/gaatjes worden ze afgevangen. Door de warmte bovenin de vliegval gaan ze dood en vallen via de zijkant van de val naar beneden. Deze vliegenval wordt ook gebruikt door melkveehouders Gert-Jan en Arjen Kool in Hei- en Boeicop (kosten: ca. € 2.500). Een analyse van het resultaat in juli 2021 was: 4.575 gevangen insecten. In 60% van de gevallen ging het om de kleine steekvlieg (*Haematobia irritans*) en in 30% van de gevallen om de stalvlieg (*Stomoxys*). Slechts 3% betrof insecten die niet in de categorie 'vliegen' vallen. Minder dan 1% betrof nuttige soorten als zweefvliegen, (nacht)vlinders, etc. De ongewenste bijvangst lijkt dus gering. Overigens hebben koeien wel tijd nodig om te wennen aan het doorlopen van een sluis met vliegenvallen.

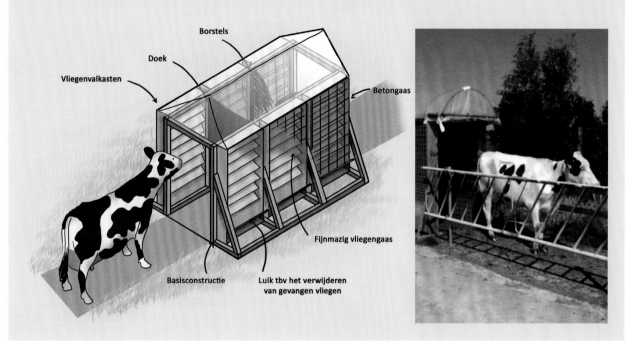

Vliegenlampen

Een ander alternatief voor de bestrijding van vliegen zijn vliegenlampen. Er bestaan verschillende typen lampen. Het eerste type is een lamp met uv-licht die vliegen aantrekt. De vlieg komt vervolgens tegen een rooster en wordt geëlektrocuteerd. Een tweede type uv-lamp heeft een kleefplaat, al dan niet met een sekslokstof. Het derde type bestaat uit een lamp met blauw licht, waarbij de aangetrokken vliegen worden opgezogen. Gebruik bij voorkeur geen kleefpapier die aan het plafond hangt, want ook vleermuizen kunnen hieraan vastkleven.

Een lamp is gemakkelijk op te hangen in de stal en gaat langer mee dan natuurlijke bestrijders of chemische middelen. De capaciteit wordt onder meer bepaald door de lichtopbrengst van de uv-lamp. Vliegenlampen kosten tot enkele honderden euro's. Een lamp kan duizenden vliegen per dag wegvangen. Uiteraard doet een lamp niets aan of tegen in de mest aanwezige maden waaruit nieuwe vliegen voortkomen.

Uv-vliegenlamp die vliegen electrocuteert (boven) en een uv-lamp in combinatie met een kleefplaat (onder).

Rodenticiden

Biociden zijn chemische middelen ter bestrijding van plaagdieren. Een specifieke categorie zijn de rodenticiden welke
worden gebruikt om ratten (bruine en zwarte rat) en muizen
te bestrijden. De meeste rodenticiden zijn zogenaamde anti-
coagulantia. Dit zijn stoffen die de bloedstolling verstoren,
waardoor dieren na inname sterven door interne bloedingen.
Bij rodenticiden kan er net als bij anti-vliegenmiddelen sprake
zijn van doorvergiftiging naar niet-doelsoorten en ontwikkeling van resistentie onder de plaagdieren. Door de doorvergiftiging kunnen deze middelen ook andere dieren doden
die belangrijk zijn in het kader van natuurinclusiviteit zoals
roofvogels, vossen of egels. Daarnaast vraagt de bestrijding van
ongedierte (ratten, muizen) extra aandacht: sinds een aantal
jaar mag geen of (bij uitzondering) zeer beperkt gif worden
gebruikt tegen knaagdieren.

Het voorkomen van plaagdieren begint bij preventie. Denk
aan het voorkomen van losliggend voer en het schoonhouden
van de stal en het erf om de omgeving minder aantrekkelijk te
maken voor ratten en muizen. Donkere plekken en verstop-
plekken zijn een aandachtspunt. Daarnaast zijn er alternatieve
niet-chemische vallen ontwikkeld. Deze vallen zijn niet volledig soortspecifiek; het is dus mogelijk dat er bijvangst is van
andere soorten (tabel 5.4).

Het schoonhouden en opgeruimd houden van het erf is een
laagdrempelige maatregel, maar kost tijd en is, wanneer er op
het erf veel activiteiten plaatsvinden, soms makkelijker gezegd
dan gedaan. Alternatieve vallen hoeven niet duur te zijn. Klap-
vallen zijn al vanaf enkele euro's te verkrijgen. De vallen waarin
meerdere ratten kunnen worden gevangen zijn wel een stuk
duurder.

Meer informatie
- Minimaliseren antibioticagebruik:
  edepot.wur.nl/321285
- Routes van antiparasitica:
  www.stowa.nl/deltafacts/waterkwaliteit/kennisim-
  puls-waterkwaliteit/antiparasitica-emissies-gedrag-en
- Wormenwijzer schapen:
  www.wur.nl/nl/show/Wormenwijzer-1.htm
- Parasietenwijzer: parasietenwijzer.nl

Tabel 5.4. Alternatieve niet-chemische vallen ter bestrijding van ratten en muizen.

	Effectief	Praktisch	Aanschaf-kosten	Arbeids-kosten	Toelichting
Schoonhouden erf	+	+ / -	n.v.t.	+ / -	Dit verlaagt de kans op het voorkomen van soorten als bruine rat, zwarte rat en huismuis. Een 'rommelig erf' biedt namelijk een geschik-te habitat voor deze soorten. Het schoonhouden van het erf is soms beperkt praktisch uitvoerbaar, aangezien het erf een plek is waar veel activiteiten plaatsvinden. Het vergt ook enige tijdsinspanning.
Klapvallen	+	+	+	+ / -	Het plaatsen van deze effectieve mechanische vallen is voor iedereen goed uitvoerbaar. Het plaatsen/controleren van de vallen kost enige tijdsinvestering, Kans op doorvergiftiging is uitgesloten. Ze zijn vanaf enkele euro's per val beschikbaar.
EKO1000	+	+	-	+ / -	Een effectieve val waarin meerdere ratten kunnen worden gevangen, zonder dat de val opnieuw moet worden geprepareerd. De val is voor-zien van een teller. De ratten/muizen worden bedwelmd en geconser-veerd in de vloeistof onder in de val. Het plaatsen en controleren van de val is voor iedereen uitvoerbaar en kost enige tijdsinvestering. De kosten per val bedragen ongeveer € 700.
Goodnature A24	+	+ / -	-	+ / -	Een effectieve mechanische en automatische koolzuurval voor de bestrijding van ratten en muizen. Er is geen sprake van gif en de val is geschikt voor langdurig buitengebruik. Per CO_2-patroon kunnen max. 24 dieren worden gedood. Het plaatsen en controleren vergt enige kennis en voorbereiding en is dus niet voor iedereen praktisch uitvoer-baar. En het kost enige tijdsinvestering, De kosten per val bedragen rond de € 200.
Elektrocutievallen	+	+ / -	+ / -	+ / -	Effectieve vallen die de ratten of muizen doden op basis van een elektrische schok. De baterijen gaan slechts enkele individuen mee en de val kan enkel binnen worden gebruikt. Dit maakt de praktische toepasbaarheid iets minder groot. Het plaatsen/contoleren van de val kost enige tijdsinvestering, De kosten liggen rond de €50,- per val.

5.6 En dan...

De natuur is niet louter positief

Natuurinclusieve landbouw zijn bedrijven met veel natuur. Maar niet alle natuurlijke soorten zijn alleen maar positief. Er zijn ook soorten die spanning geven, omdat deze voor schade aan gewassen en vee zorgen of bijvoorbeeld dierziekten overbrengen. Het stimuleren van natuur brengt onvermijdelijk ook natuur met zich mee waar we wellicht niet op zitten te wachten. Het is vooral de vraag hoe hiermee om te gaan. Voor de veehouderij spelen een aantal soorten in deze context een rol.

Knut

Met het veranderen van het klimaat neemt ook de aanwezigheid van de knut en met name de overleving van ziekteverwekkers in de knut een rol. De knut zelf is niet heel schadelijk, maar deze kleine mug speelt een belangrijke rol in de overdracht van virussen zoals het blauwtongvirus (koorts, zwellingen, lusteloosheid bij schapen en herkauwers) en het Schmallenbergvirus (misvormingen en doodgeboorten bij herkauwers) naar vee.

Wolf

De wolf heeft haar intrede gedaan in het Nederlandse cultuurlandschap en is ontegenzeggelijk onderdeel van de natuur. De wolf draag bij aan het ecosysteem door de regulering van prooidierenpopulaties. Wolven spelen ook een sleutelrol in natuurlijke selectie, waardoor gezondere prooidieren overleven. Aan de andere kant zijn er verliezen door predatie op landbouwhuisdieren. Er zijn ook zorgen over de veiligheid van mensen en hun huisdieren in gebieden waar wolven voorkomen. Een evenwichtige aanpak die zowel de wolf behoudt als de negatieve impact op menselijke activiteiten minimaliseert, is essentieel voor een succesvol samenleven van mens en wolf.

Ganzen

Doordat Nederland veel grasland heeft (foerageren), steeds meer natuurgronden (rustgebied), de gans veel minder bejaagd mag worden en door klimaatverandering steeds meer ganzen in Nederland overwinteren, is de ganzenpopulatie enorm toegenomen. Ganzenschade vormt een toenemend probleem voor landbouwgewassen en natuurgebieden. Maatregelen tegen ganzen hebben veelal ook effecten op andere, meer welkome, soorten. Denk dan aan knalapparaten, roofvogelmodellen en lasers. Daarnaast worden gebieden soms bewust minder aantrekkelijk gemaakt voor ganzen door bijvoorbeeld het aanpassen van het grondwaterpeil. Een meer controversiële aanpak is het bejagen of het eieren schudden om broedresultaten te verlagen. Het is zoeken naar een geïntegreerde aanpak voor het beheersen van ganzenschade en het handhaven van een evenwicht tussen landbouw en natuurbehoud.

Bronnenlijst Hoofdstuk 5: Dier

5.1 Inleiding

CBS (2023). opendata.cbs.nl/statline/#/CBS/nl/, geraadpleegd op 6-12-2023.

Bestman, M.W.P., Loefs, R.B., Vries, H. de & G.J.H.M. van der Burgt (2009). Kippenuitloop gezond en groen: inspiratie en ideeën voor ontwerp en uitvoering. Louis Bolk Instituut, Driebergen.

Bestman, M.W.P. (2015). Bomen voor buitenkippen. Louis Bolk Instituut, Driebergen.

5.2 Lokale bronnen

Thomassen, M., Boer, I. de, Smits, M., Iepema, G., ... & L. 's-Gravendijk (2007). Krachtvoer heeft grote invloed op milieubelasting melkveehouderij. V-focus februari 2007: 20-22. AgriMedia B.V., Wageningen.

5.3 Weidegang en landgebruik

Hoekstra, N., Eekeren, N. van, Houwelingen, K. van, Lenssinck, F., ... & G. Holshof (2017). Kurzrasen versus stripgrazen, beweiding in het Veenweidegebied. V-focus april 2017: 30-32.

Hoekstra N. & A. P. Jansma (2021). Beweiding en weidevogelbeheer – bevindingen en aanbevelingen vanuit project Vogels en Voorspoed Frieslân. Louis Bolk Instituut, Bunnik.

Hoekstra, N., Bruinenberg M., Houwelingen, K. & G. Holshof (2022). Adaptief weiden in het veenweidegebied - kurzrasen en roterend standweiden - Systeemproef naar effect van beweidingssysteem en intensiteit op gras- en melkproductie, draagkracht en biodiversiteit. Louis Bolk Instituut, Bunnik.

Philipsen, B. & A. van den Pol-Dasselaar (2018). Beweidingssystemen. Wageningen UR.

Schils R., Dixhoorn, I. van, Eekeren, N. van, Hoekstra, N., ... & R. Zom (2019). Bouwstenen beweiding.

Timmerman, M., Reenen, K., Holster, H. & A. Evers (2018). Verkennende studie naar hittestress bij melkvee tijdens weidegang in gematigde klimaatstreken, Rapport 1117. Wageningen Livestock Research.

Van Laer, E., Moons, C. P. H., Ampe, B., Sonck, B., ... & F. A. M. Tuyttens (2015). Effect of summer conditions and shade on behavioural indicators of thermal discomfort in Holstein dairy and Belgian Blue beef cattle on pasture. Animal 9 (9): 1536-1546.

Vermeulen, E., Well, E, van & J. Penninkhof (2022). Bomen op het melkveebedrijf: voor koeien, bodem en klimaat. CLM onderzoek en advies, Culemborg.

5.4 Passende koe

FAO (2015). Second Report on the State of the World's animal genetic resources for food and agriculture, edited by B.D. Scherf & D. Pilling. FAO commision on genetic recources for food and agriculture, Rome.

Kalverliefde (2023). kalver-liefde.nl , geraadpleegd op 6-12-2023.

Stichting BWM (2010). Variatie in Vee, cahier 3. Stichting BWM, Den Haag.

Veeteelt (2022). Blaarkopgenen kunnen runderoogziekten wereldwijd helpen voorkomen. veeteelt.nl/fokkerij/blaarkopgenen-kunnen-runderoogziekten-wereldwijd-helpen-voorkomen, geraadpleegd op 6-12-2023.

Veeteelt (2023). Natuurinclusieve landbouw vraagt om een ander type koe. veeteelt.nl/fokkerij/natuurinclusieve-landbouw-vraag-tom-ander-type-koe, geraadpleegd op 6-12-2023.

Veeteelt (2023). Hoorns helpen koeien koelen. veeteelt.nl/gezondheid/hoorns-helpen-koeien-koelen, geraadpleegd op 6-12-2023.

Vellinga T. (2018). Geen melk zonder vlees, en beide niet zonder broeikasgasemmissie. Livestock Stories blog. weblog.wur.nl/livestockstories/geen-melk-zonder-vlees-en-zonder-broeikasgasemissie, geraadpleegd op 6-12-2023.

5.5 Erf en stal

Pijlman J., Monteny, G.-J. & J. de Wit (2018). Strooiselstalsystemen: ammoniak en andere emissies, dierwelzijn en mestkwaliteit – Een verkenning van strooiselstalsystemen bij de verschillende landbouwhuisdieren. Louis Bolk Instituut, Bunnik.

Zevenbergen, G. (2007). Nieuw stalsysteem moet koeien de ruimte geven. V-focus december 2007: 20-21.

5.6 Middelengebruik zo laag mogelijk

Bloemberg- van der Hulst, M. (2022). Deze veehouders werken met roofvliegen en sluipwespen. Nieuwe Oogst 7 juni 2022.

Bruinenberg, M., Pijlman, J., Agtmaal, M., Sleiderink, J. & N.J.M. van Eekeren (2021). Verspreidingsroutes van residuen van gewasbeschermingsmiddelen in krachtvoer op melkveebedrijven en de mogelijke effecten hiervan op het voedselaanbod voor weidevogels. Louis Bolk Instituut, Bunnik.

CLM (2022). MaatregelenMatrix Rodenticiden: voorkomen doorvergiftiging en versleping. CLM, Culemborg.

Guldemond, A., Lommen, J., Rijks, J., Boudewijn, T., ... & P. Leendertse (2020). Kans op vergiftiging met rodenticiden van niet-doelsoorten in Nederland CLM Onderzoek en Advies, Culemborg.

Loomen J. & M. Mul (2021). Emissiebeperking van ontwormingsmiddelen bij rundvee op natuurgronden. CLM, Culemborg.

Seton, R. (2021). Australische vliegenval wordt verbeterd in Utrecht. Nieuwe Oogst 29 september 2021.

Smolders, A.A. (2006). Antibioticavrij : het kan als alles goed voor elkaar is. Veeteelt : magazine van het Koninklijk Nederlands Rundvee Syndicaat NRS, 23 (21): 83.

Stefan Kools S., Hoondert R., Pronk T., Faber, M., ... & T. Laak (2022). Eindrapportage diergeneesmiddelen. KIWK 2022-29. Kennisimpuls waterkwaliteit.

6. Landschap

6.1 Inleiding

Boeren geven het landschap (mede) vorm

Boeren produceren niet alleen voedsel, ze geven daarbij ook het landschap (mede) vorm. Aangezien de helft van ons land in gebruik is voor landbouw, drukken boeren een groot stempel op het 'aanzien van Nederland'. Boeren hebben van oudsher het landschap gevormd door het in cultuur te brengen. Hoe het eruit ziet, is mede afhankelijk van de bodem en hydrologische omstandigheden. Het moedermateriaal van de bodem en de waterbeschikbaarheid bepalen sterk welke bomen, struiken en planten er groeien en welke vormen van landbouw zich daar ontwikkelen: fruitteelt, akkerbouw, (melk)veehouderij of juist mengvormen.

Iedereen heeft wel een beeld bij de verschillen tussen een bosrijk deel van Drenthe en de gebieden met grote graanakkers ten oosten van de stad Groningen. En de uitgestrekte rechtlijnigheid in de Flevopolders, de uiterwaarden van het IJssellandschap of het kleinschalige coulissenlandschap in de omgeving van Winterswijk.

De wisselwerking tussen de mens en het landschap is bezongen en beschreven in literatuur en in gedichten, want in een landschap kun je wonen en je meer of minder thuis voelen. Veranderingen in dat landschap liggen dan ook gevoelig. Denk aan de zorgen over nog meer asfalt, of over de 'verdozing' van het landschap langs snelwegen met de grote gebouwen van distributiecentra. En er was in Friesland veel te doen over 'landschapspijn' omdat weidegebieden eenvormiger worden met eenzijdig (raai)grasland waar weinig kruiden en weidevogels meer in voorkomen. De grote ruilverkavelingen in de jaren 70, 80 en 90 hebben voor betere landbouwomstandigheden gezorgd, maar daarbij is ook veel natuurlijke variatie verloren gegaan.

Wat een landschap is valt te omschrijven in een definitie met drie onderdelen: '(1) een gebied zoals dat door mensen wordt waargenomen en (2) waarvan het karakter bepaald wordt door natuurlijke en/of menselijke factoren en (3) de interactie daartussen'. Boeren hebben een rol in het vormgeven van het landschap en in het in stand houden en het herstellen daarvan. Als het landschap op orde is, dan zullen veel boerenlandsoorten daarvan profiteren en kan de biodiversiteit herstellen.

Landschapstypes

In Nederland kennen we verschillende landschapstypes waarvan het ontstaan terug te voeren is naar de laatste paar ijstijden. De heuvels van de Veluwe zijn ontstaan in de voorlaatste ijstijd en de Achterhoek is in de laatste ijstijd met dekzand bedekt geraakt. Het smeltwater in de tussenijstijden was weer belangrijk voor de vorming van de rivieren die de delta Nederland kenmerkt.

Op de overgangen van de hoge, droge gebieden en de lage, natte gebieden vestigden zich de eerste bewoners die het landschap vorm gaven met landbouwpraktijken. De oudste cultuurlandschappen van Nederland vinden we op die overgangen van nat naar droog. Dit zijn bijvoorbeeld het kampenlandschap, het essenlandschap en het oeverwallenlandschap.

Pas later werden ook de lagere delen van ons land ontgonnen. Dit gebeurde door de aanleg van dijken, door inpolderingen en door veenontginningen (turfwinning). Ook de hoge, droge 'woeste gronden' werden pas later omgevormd tot landbouwgrond, zoals de heideontginningen.

Kenmerkende eigenschappen

De landschapstypes hebben allemaal hun eigen kenmerken en karakteristieke landschapselementen (tabel 6.1). Een grove indeling van landschapstypes valt te maken op basis van openheid en geslotenheid (figuur 6.1). Ook de verkavelingsstructuur en de infrastructuur verschilt per landschapstype. Zo kenmerken de veengebieden zich door smalle, lange percelen. De inpolderingen en ontginningen hebben gebieden opgeleverd met grote blokverkavelingen met rechte wegen. In de oude cultuurlandschappen op de hogere zandgrond zie je veel kleine afgeronde percelen, doorkruist met slingerende weggetjes. Op historische kaarten zijn deze kenmerken vaak duidelijk terug te zien. In de afgelopen eeuw zijn de meeste landschappen door menselijk ingrijpen sterk veranderd.

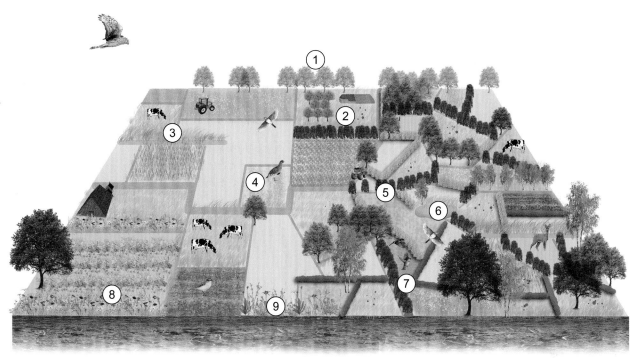

Open landschap   Gesloten landschap

① Bomenrij   ④ Wintervoedselakkers   ⑦ Heggen en hagen

② Hoogstamboomgaard   ⑤ Houtwallen en houtsingels   ⑧ Kruidenrijke akkerrand

③ Slootkant en natuurvriendelijke   ⑥ Poelen   ⑨ Botanische weide- of hooilandrand
   oevers

Figuur 6.1. Schematische weergave van landschapselementen die passen in open landschappen (links) en meer gesloten landschappen (rechts).

Een vierkant verkavelde inpoldering (links) naast afgeronde percelen met landschapselementen van een oud cultuurlandschap (rechts).

Gesloten landschappen

In gesloten landschappen is veel opgaande beplanting te vinden, zoals bosschages, bomenrijen, hagen, houtsingels en houtwallen. In de dorpen, op de boerenerven, maar ook in het landschap en langs wegen zijn veel van deze half-natuurlijke elementen te vinden. Gesloten landschappen herbergen veel soorten van het kleinschalige landschap zoals vlinders, patrijs, geelgors, kneu, putter, groenling, ringmus, salamanders, egel, vleermuizen, wilde bijen. De dieren vinden voedsel en/of nest- en schuilgelegenheid in de opgaande beplanting of profiteren van de kleine schaal.

Boeren met een bedrijf in een gesloten landschap kunnen dus het beste deze opgaande elementen op hun erf en bij percelen onderhouden en aanvullen. Andere elementen die niet de hoogte in gaan maar bijvoorbeeld meer bloeiende kruiden opleveren in een gebied, zijn daar aanvullend op.

Open landschappen

In open landschappen ontbreken elementen die hoger zijn dan ooghoogte. De open landschappen vinden we vooral in de zeekleigebieden, de Flevo- en Noordoostpolder, het veenweidegebied en de Veenkoloniën. Opgaande begroeiing concentreert zich rond de dorpen en de boerenerven. In open landschappen kunnen boeren het landschap versterken met bijvoorbeeld kruidenrijke akkers of akkerranden, kruidenrijk grasland, rietkragen, natuurvriendelijke oevers, laagblijvende struiken en heggen (tabel 6.1). Weidevogels en ook sommige akkervogels, zoals veldleeuwerik, gele kwikstaart en kiekendief, voelen zich thuis in open landschappen.

Een gesloten landschap kenmerkt zich door opgaande beplanting.

Een open landschap heeft weinig tot geen elementen die hoger zijn dan ooghoogte.

Samenhang tussen vlak-, lijn- en puntelementen

Voor landschapselementen die bijdragen aan biodiversiteit kunnen we onderscheid maken in zogenoemde vlakvormige, lijnvormige en puntvormige elementen.

- **Vlakvormige elementen** worden in blokvorm aangelegd en beheerd, bijvoorbeeld op een heel perceel. Denk hierbij aan een flora-akkers, extensief kruidenrijk grasland, plasdras, een bosschage op een overhoek, een hoogstamboomgaard of een biodivers onderhouden erf. Dit zijn de groene stapstenen in het cultuurlandschap.
- **Lijnvormige elementen** zijn smaller en langer. Ze liggen vaak langs de randen van percelen, langs sloten en wegen. Denk aan akkerranden, kruidenstroken, ecologisch beheerde slootkanten, natuurvriendelijke oevers, hagen, rietkragen of keverbanken. Deze lijnvormige elementen vallen niet zo op, maar helpen bij het creëren van overgangen en verbindingen in een gebied. Ze vormen ook de verbindingsroutes waarlangs veel soorten zich bewegen. Ze zijn belangrijk om de groene stapstenen met elkaar te verbinden. Ze worden ook wel de groenblauwe dooradering van het cultuurlandschap genoemd.
- **Puntelementen** zijn kleine landschapselementen, maar niet minder belangrijk. Denk aan een poel of een solitaire boom of struik. Voor veel dieren zijn dit bakens in het landschap. Ze kunnen zich ermee oriënteren in een gebied. Ook vormen deze puntelementen bijvoorbeeld een plek om te baltsen of elkaar te ontmoeten.

Voor boeren is het de uitdaging om landschapselementen te realiseren die passen in het landschapstype en dat er samenhang is tussen de elementen. In de volgende paragrafen wordt ingegaan op verschillende landschapselementen die passen bij natuurinclusieve landbouw.

Lijnvormig element. Rivieren, sloten en de oevers vormen de blauwe dooradering van het cultuurlandschap.

Lijnvormig element. Rij van oude knotwilgen is onderdeel van de groene dooradering.

Vlakvormig element. Bosschages worden gezien als groene stapstenen in het cultuurlandschap.

Puntelement. Een solitaire boom is als een baken in het landschap.

Tabel 6.1. Historische landschapstypes met kenmerken en voorbeelden van karakteristieke elementen.

Landschapstype	Open of gesloten	Kenmerken	Karakteristieke elementen
Essenlandschap (of eng)	Open op de es, gesloten rondom de es.	De es is een bolvormig akkercomplex, met daaromheen bebouwing, slingerende wegen en hoogteverschillen.	Flora-akker op de es, houtwallen, hagen en struwelen rondom de es, hakhoutbosjes, solitaire bomen.
Kampenlandschap	Gesloten	Relatief kleine, om- zoomde percelen met slingerende wegen, hoogteverschillen.	Houtwallen, hagen, struwelen, stijlranden.
Hooilandenlandschap	Half-open	Open percelen die nat of droog zijn, omzoomd door opgaande land- schapselementen.	Knotbomen, beken, extensief kruidenrijk grasland, natuurvrien- delijke oevers, solitaire bomen.
Heideontginningenlandschap	Open	Grote blokverkavelingen en rechte wegen, ver- spreide bebouwing.	Bomenrijen, knip- scheerheg, struiken.

	Open of gesloten	Kenmerken	Karakteristieke elementen
Veenontginningenlandschap	Open	Langwerpige smalle ver-kaveling, rechte wegen, lintdorpen.	Slootkanten, natuur-vriendelijke oevers, akkerranden.
Rivierkleilandschap	Gesloten op de oeverwallen, open in de lager gelegen komgronden.	Stroomruggen met (lint)bebouwing en komgron-den met eendenkooien, hooilanden en uiterwaar-den.	Op de oeverwallen hagen en heggen, knotbomen, hoog-stamboomgaarden. Op de komgronden kruidenrijk grasland, knotbomenrijen, wilgen-struweel, elzensingels.
Droogmakerijen	Open	Verspreide bebouwing, grote blokvormige kavels gescheiden door wijken en sloten.	Akkerranden, bomen-rijen langs wegen, slaperdijken, natuur-vriendelijke oevers.

Voorbeelden van landschapselementen

Brede kruidenrijke bufferstrook langs een watergang.

Slaperdijken hebben geen waterkerende functie meer, maar zijn historisch en ecologisch gezien waardevolle lijnelementen in het cultuur-landschap.

Meer informatie
- Histland: web.archive.org/web/20161105221243/landschapinnederland.nl/over-landschap/agrarisch-landschap
- Agrarische landschappenkaart: web.archive.org/web/20190104021706/landschapinnederland.nl/agrarische-land-schappenkaart
- Landschapselementen register: landschapselementenregister.nl
- Landschapsobservatorium: www.landschapsobservatorium.nl/Meetnet-Agrarisch-Cultuurlandschap

6.2 Bedrijfsnatuurplan opstellen

Stap voor stap naar meer natuur

Vroeger dienden meidoornhagen als veekering, gebruikte men hakhoutbos voor de energievoorziening en waren er grienden voor wilgentenen om manden mee te vlechten. Riet werd geoogst voor stro of dakbedekking en geriefhout leverde hout voor het maken van gereedschappen. Dergelijke landschapselementen waren er gewoon, ze werden 'gebruikt' en daarmee ook in stand gehouden. Toevallig waren al die elementen een wezenlijk onderdeel van een ecosysteem met min of meer gesloten kringlopen, maar daar stond men niet zo bij stil.

Veel van dit soort elementen zijn uit het landschap verdwenen, maar wie er goed naar zoekt zal toch nog delen van die landschapselementen van weleer herkennen. Elzensingels, broekhoutbossen, hagen en ook poelen zijn het waard om te bewaren, te herstellen en uit te breiden. De waardevolle elementen kunnen boeren nu onderhouden tegen een beheervergoeding uit het ANLb. Die vergoeding dekt de gemaakte kosten. Ook zijn er boeren die dit uit zichzelf doen, omdat ze van oudsher vinden dat het erbij hoort. Weer anderen willen er best een rol in spelen, maar hebben er geen ervaring mee en weten niet waar ze moeten beginnen. Een bedrijfsnatuurplan brengt het allemaal overzichtelijk in beeld en voorziet in een plan van aanpak voor verbetering en onderhoud. Zo'n plan is met wat voorstudie zelf te maken, maar je kunt er ook een adviseur voor inhuren.

Stap 1: Historie van het landschap

Als basis onder het plan is het goed om eerst te kijken welke landschapstypen er in de omgeving te vinden zijn en hoe dat zich in de loop van de tijd heeft ontwikkeld.

- Op de website www.topotijdreis.nl zijn historische kaarten te vinden van de omgeving. Aan de hand van de verkaveling, de periode van ontginning en de grondsoort wordt duidelijk om welk landschapstype het gaat. Ook de websites van provinciale landschapsorganisaties geven hier vaak veel informatie over.
- Bekijk met deze informatiebronnen hoe het landschap is veranderd door de tijd en kijk of er nog landschapselementen zijn die de tand des tijds hebben overleefd. Deze elementen zijn belangrijk om te behouden. Ze vertellen iets over de cultuurhistorie van een gebied en zijn vaak ook belangrijk voor de biodiversiteit.

Omgeving Markelo door de jaren heen

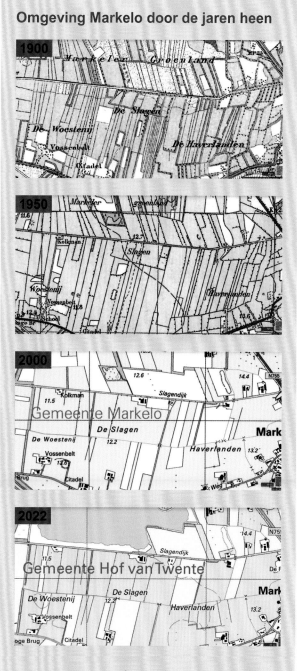

In 1900 is er nog sprake van wat 'woeste gronden' die nog niet ontgonnen waren. Kavels waren omrand met bomenrijen en struwelen. Rond 1950 was het land verdeeld in relatief kleine landbouwkavels en zijn veel bomenrijen verdwenen. In 2000 zijn veel kavels samengevoegd tot grotere percelen en in 2020 is een deel van het land omgezet naar water.

Stap 2: Natuur en landschap op/om het bedrijf

De tweede stap is onderzoek op het bedrijf en in de omgeving naar wat er al aan natuur en landschap aanwezig is. Een goede kaart met het erf en de percelen kan daar heel behulpzaam bij zijn.

- Markeer de bij stap 1 gevonden oude cultuurhistorische elementen op een kaart.
- Gebruik de website Waarneming.nl om een beeld te krijgen welke soorten in de omgeving veel voorkomen.
- Zoek op de website van de provincie welke natuurdoeltypen in de omliggende natuurgebieden aanwezig zijn.

Dit geeft bij elkaar al veel informatie over de samenhang tussen beschermwaardige soorten en de aanwezige landschapselementen in de omgeving, op en om de percelen en op het erf.

Stap 3: Wat mist er in het gebied?

De derde stap is om te onderzoeken wat er mist om een goede samenhang van landschapselementen in het gebied te realiseren.

- Zijn de afstanden tussen natuurlijke elementen wellicht te groot voor soorten om die te overbruggen? Met andere woorden: missen er verbindingen tussen de afzonderlijke landschapselementen?
- Zijn er vlakvormige, lijnvormige en punt-elementen aanwezig?
- Denk vanuit de soorten die in de omgeving voorkomen welke landschapselementen die nodig hebben en of daar in wordt voorzien. Denk hierbij aan de vier V's: voortplanting, voedsel, veiligheid en variatie (hoofdstuk 7).

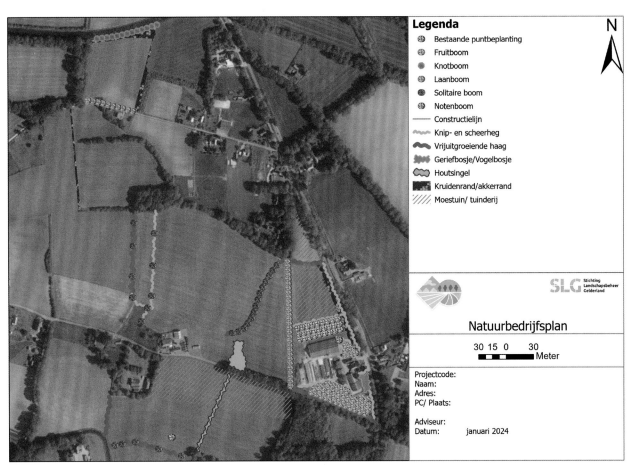

Landschapsorganisaties kunnen helpen een bedrijfsnatuurplan op te stellen, waardoor de groenblauwe dooradering van het landschap verbetert.

Stap 4: Financiering

Helaas krijgen boeren normaal gesproken nog geen hogere prijs voor de producten, als zij extra inspanningen plegen voor landschapsbeheer. Daarom zijn er verschillende vormen van subsidie die landschapsbeheer toch mogelijk maken. Het gaat om het subsidiestelsel voor Agrarisch Natuur en Landschapsbeheer (ANLb), het Subsidiestelsel Natuur en Landschap (SNL) en Subsidies Kwaliteitsimpuls Natuur en Landschap (SKNL).

- Je kunt bij de provinciale of lokale landschapsorganisatie navragen of voor het maken van een ontwerp en de aanleg van elementen vergoedingen mogelijk zijn. Tal van gemeenten en de meeste provincies hebben regelingen om landschapsherstel te stimuleren. Ga daarbij ook na of er een vergunning nodig is.
- Vraag bij het agrarische collectief in de buurt of er mogelijkheden zijn om het beheer van de elementen vergoed te krijgen.

- Los van subsidies bestaat er in zowel de akkerbouw als in de melkveehouderij de Biodiversiteitsmonitor, met beloningen op basis van KPI's (kritische prestatie indicatoren). Ook landschapselementen zijn onderdeel hiervan. Op termijn is het mogelijk dat boeren voor behaalde prestaties voor landschap punten verzamelen en daar een beloning voor te krijgen. Een aantal provincies hanteert al een dergelijk beloningssysteem. Ook is het mogelijk dat ketenpartijen, zoals zuivelverwerkers er voor kiezen hun toeleveranciers met veel punten op KPI's, belonen voor meer biodiversiteit in hun productiesysteem. Het is nog steeds een grote uitdaging voor boeren om landschapsherstel te integreren in de bedrijfsvoering als onderdeel van het verdienmodel. Soms richten boeren een eigen coöperatie op om hun inspanningen voor het landschap inzichtelijk te maken en te verwaarden, zoals bijvoorbeeld de Landschapsboeren, de Herenboeren en Burgerboerderij de Patrijs.

Meer informatie
- Topotijdreis: www.topotijdreis.nl
- Waarnemingen soorten: www.waarneming.nl
- Provinciale landschappen: www.landschappen.nl/samenwerkingsverband
- Agrarische collectieven: www.boerennatuur.nl/collectieven
- Biodiversiteitsmonitor melkveehouderij: www.biodiversiteitsmonitor.nl
- Landschapsboeren: www.delandschapsboeren.nl
- Herenboeren: herenboeren.nl
- Burgerboerderij de Patrijs: depatrijs.eco

OTTO VLOEDGRAVEN ZIET EEN GROTE BEREIDWILLIGHEID
ONDER AGRARIËRS

'Betrokkenheid bij natuur en landschap is de basis'

Otto Vloedgraven adviseert vanuit het collectief Veluwe boeren over landschapselementen zoals houtsingels, struweelranden en knotwilgen. Door bedrijfsnatuurplannen te maken gaan boeren gericht aan de slag om die elementen weer aan te vullen en revitaliseren. Dit is belangrijk voor het realiseren van goede verbindingszones voor het in stand houden van soorten.

Vloedgraven gaat eerst met de boer door het land en brengt de landschapselementen in kaart. Daarbij zijn oude kaarten behulpzaam. Dan maakt hij een plan met alle mogelijkheden om alles weer in een goede staat te brengen: 'een ideaalplaatje'. Later komt er een plan van aanpak bij, met maatregelen in fasen. 'Het moet realistisch en inpasbaar zijn op het bedrijf en passen bij wat de ondernemer wil'.

Boeren zien steeds meer het nut en de noodzaak van dit soort maatregelen, maar er spelen ook economische redenen mee, zoals een hogere GLB-vergoeding, of een plus op de melkprijs. 'Maar ze voelen zich ook betrokken bij natuur en landschap en dat is de basis, dat je er aardigheid in hebt'. Een bedrijfsnatuurplan kost in uitgebreide versie zo'n 1.500 euro. Voor het maken van een plan en voor aanplant hebben veel provincies en gemeenten subsidieregelingen.

6.3 Lijnelementen in open landschappen

Randenbeheer voor bloei en insecten

Voorbeelden van lijnelementen zijn akkerranden, ecologisch beheerde slootkanten, natuurvriendelijke oevers, hagen, rietkragen of keverbanken. Een perceel kruidenrijk grasland noemen we in landschapstermen een 'vlakvormig element'. Staat hetzelfde kruidenrijke gras in een weiderand, dan is dat in het landschap een 'lijnelement'. Lijnelementen in een open landschap zijn dus smal en lang en komen niet hoger dan ooghoogte. Ze hebben een belangrijke ecologische functie als overgangen en verbindingen in een gebied. In deze paragraaf richten we ons op twee varianten: weide- of hooilandranden en akkerranden. Het verschil tussen beide zit voornamelijk in de aanwezige plantensoorten en de locatie van inpassing: akkerland versus grasland. De waterelementen komen in 6.6 terug.

Botanische weide- of hooilandrand

Onder een botanische weiderand verstaan we een minstens twee meter brede strook langs een weiland, die is ingezaaid met een mengsel van inheemse kruiden. De plantsamenstelling van deze randen is diverser dan het naastgelegen weiland. Bloeiende kruiden leveren in het voorjaar en zomer nectar

voor insecten en voedsel voor insecten- en zaadetende vogels. Het beheer is vrij extensief en gericht op zoveel mogelijk biodiversiteit. Zo wordt er in principe niet bemest op de rand en wordt er alleen gemaaid om verruiging te voorkomen. Meestal is dat een keer in de zomer, nadat alles heeft kunnen bloeien en een keer in het najaar. Het maaisel wordt (uiteraard) afgevoerd. Maaien kan ook nog in fasen of (als de randen breed genoeg zijn) met een vorm van sinusmaaien, dus in willekeurige vormen, waarbij delen blijven staan als 'vluchthaven' voor insecten. De lengte van een deel met randenbeheer is minimaal 100 meter. Ligt de botanische rand op een droog en schraal perceel, dan spreken we meestal van een hooilandrand. Het beheer is gelijk, maar de plantensoorten verschillen.

Planten- en insectensoorten

In weideranden komen vooral de 'gewone' inheemse kruiden voor, zoals paardenbloem, scherpe boterbloem, pinksterbloem, smalle weegbree en veldzuring. Aangezien hooilandranden op wat schralere gronden liggen, zijn daar ook soorten als margriet, knoopkruid, hoornbloemsoorten, duizendblad, leeuwentand en rolklaver te vinden. In randen op nattere per-

Figuur 6.2. Botanische rand.

Sinusbeheer is een vorm van gefaseerd maaien, waarbij steeds stukken blijven staan om ruimte te bieden aan dieren en planten tot bloei te laten komen en zaad te laten verspreiden.

celen kun je ook gewone brunel, kale jonker, veldbies en andere biezensoorten aantreffen.

Waar planten bloeien is nectar en stuifmeel te vinden voor vlinders, hommels en bijen. Hoe meer verschillende planten en hoe breder de bloeiboog (zie § 7.4) van alle kruiden samen, des te meer verschillende insecten daarvan profiteren. Met een uitgestelde maaidatum, minder frequent en in fasen maaien, blijft er voor insecten voortdurend ruimte om te schuilen en zich voort te planten.

Weide- en hooiranden met veel bloemen en een open vegetatiestructuur zijn een plek voor allerlei kleine zangvogels om te forageren en te schuilen en ook patrijzen zitten graag in die randen. Daarvoor is wel van belang dat ze voldoende breed zijn: anders biedt de rand met hogere begroeiing nog te weinig beschutting tegen predatoren.

In een weiderand staan algemene graslandsoorten zoals witte en rode klaver, smalle weegbree en rolklaver.

Kruidenrijke akkerrand

Randen langs akkerpercelen kunnen eenjarig of meerjarig worden toegepast en dit is vaak mede afhankelijk van de rotatie in het bouwplan. Ook bij meerjarige zaadmengsels is het soms nodig om ze na een aantal jaren opnieuw in te zaaien omdat ze anders te veel vergrassen. De meerjarige variant heeft meer positief effect op de biodiversiteit omdat deze ook in de winter schuilgelegenheid en voedsel biedt. Natuurlijke vijanden die in meerjarige randen overwinteren en voortplanten kunnen al vroeg in het seizoen een plaagonderdrukkend effect hebben in het gewas, terwijl eenjarige akkerranden uitbundiger bloeien (zie § 4.6). Het combineren van eenjarige en meerjarige akkerranden is daarom ook goed mogelijk.

De breedte van akkerranden kan variëren van drie tot achttien meter, afhankelijk van het doel. Behalve voor plaagbestrijding en biodiversiteit zijn randen ook functioneel om uitspoeling van nutriënten en bestrijdingsmiddelen naar het oppervlaktewater tegen te gaan.

Eenjarige randen blijven staan tot na de oogst van het gewas en worden niet gemaaid. Eenjarige randen kunnen het best in het najaar gezaaid worden, om onkruidkiemers, die vooral in het voorjaar kiemen, vóór te zijn. Meerjarige randen gaan er één keer per jaar af en dan in augustus of september, waarbij het maaisel wordt afgevoerd. Beweiding en bemesting blijven in deze akkerranden achterwege. Voor inzaai en vernieuwing van een meerjarige rand is de periode tussen 15 augustus en 15 oktober het meest geschikt. Ten slotte is chemische onkruidbestrijding in het kader van ANLb uitsluitend toegestaan conform het 'Protocol gebruik herbiciden open akkerland'. In dit protocol staan ook 'best-practices' om onkruidgroei te beperken. Daarbij valt te denken aan passende voorbereidende grondbewerkingen, mengsel, zaaitijdstip, maaibeheer, etc. Immers, hoe beter het zaaizaad aanslaat, hoe beter het concurreert met onkruid.

Een botanische hooilandrand bestaat uit grassen en kruiden en heeft een open structuur.

Figuur 6.3. Kruidenrijke akkerranden.

Effecten voor biodiversiteit en water

Randen langs akkers bieden ruimte aan inheemse akkerflora, waar ook tal van insecten van profiteren, omdat ze er volop voedsel en schuilplekken vinden. In meerjarige randen hebben insecten en dan vooral vlinders, grotere kans om zich voort te planten dan in eenjarige akkerranden. Diverse soorten (akker) vogels, waaronder de patrijs, vinden voedsel en schuilgelegenheid in met name de meerjarige randen en zoogdieren als hazen vinden er schuilgelegenheid.

Randen trekken tevens bestuivers en natuurlijke vijanden van plaaginsecten aan. Deze functionele agrobiodiversiteit komt de teelt op naastgelegen akkers ten goede.

Een rand langs een akker of een weiland heeft ook voordelen voor de waterkwaliteit. Zowel de afstand als de vegetatie zelf zorgen ervoor dat bestrijdingsmiddelen en meststoffen minder verwaaien en uitspoelen naar het oppervlaktewater (zie § 4.6).

Meerjarige akkerranden langs sloten zijn gunstig voor de overwintering van insecten, bieden schuilgelegenheid voor wild en voorkómen afspoeling van meststoffen of drift van gewasbescherming richting de sloot.

Kosten en baten

De grootste kosten van een weide- of akkerrand zitten in de opbrengstvermindering, omdat dit deel aan de gewasproductie wordt onttrokken. Hierbij komen nog de kosten van het zaaizaad en de arbeidsuren voor aanleg en onderhoud. Om deze kosten te dekken zijn er subsidies beschikbaar vanuit het ANLb of telt randenbeheer mee voor de ecoregeling. Gemeenten of recreatieondernemers in de buurt zijn soms bereid bij te dragen in zaaizaadkosten, omdat akkerranden bijdragen aan een aantrekkelijk landschap. Maar de winst voor de boer zit hem vooral in het integreren van randen in de bedrijfsvoering. Bijvoorbeeld door het maaisel van de randen te benutten als voer of voor compostering. Of door minder inzet van bestrijdingsmiddelen in de gewassen. Dat levert niet alleen een kostenbesparing op, maar ook milieuwinst.

Eenjarige bloeiende akkerrand langs een bietenveld is niet alleen mooi, maar levert ook nectar en stuifmeel voor insecten die helpen bij de plaagbeheersing.

Indicatieve vergoedingen (ANLb):
- Botanische weide- of hooilandrand: € 1.475,- per ha per jaar
- Kruidenrijke akkerrand: € 2.150,- per ha per jaar

BEREND JANSEMA HEEFT LANGS AL ZIJN SLOTEN MEERJARIGE AKKERRANDEN

'Door studiebijeenkomsten over akkerrandenbeheer en plaagbeheersing heb ik geleerd dat er ook nuttige insecten zijn'

Het Veenkoloniale akkerbouwbedrijf van Berend Jansema is in beweging. Zijn traditionele bouwplan van 180 hectare met overwegend zetmeelaardappelen, bieten, zaaiuien en granen wordt steeds natuurinclusiever.

Berend heeft langs de sloten op zijn bedrijf meerjarige akkerranden aangelegd van drie meter breed. 'Daar ben ik in 2018 mee begonnen via een project van de Agrarische Natuurvereniging Oost-Groningen (ANOG). Door de studiebijeenkomsten over akkerrandenbeheer en plaagbeheersing heb ik geleerd dat er ook nuttige insecten zijn of insecten die helemaal geen kwaad doen. Daar heb ik dusdanig veel van opgestoken, dat als ik nu 's avonds ga wandelen, ik ook in de gewassen ga zitten kijken. Dan ga ik tellen en dan sta je er versteld van wat er allemaal in je gewas kan zitten. 80% van wat je ziet zijn nuttige insecten of die doen helemaal geen kwaad. En de schade is ook niet meteen groot als er plagen zijn. Soms is de schadedrempel helemaal niet in zicht, dus is het ook niet nodig om in te grijpen.'

'Eerder reed ik door de aardappels en zag ik allerlei beestjes vliegen, maar dan dacht ik: dat hoort daar niet. Want ik had nooit geleerd dat er ook nuttige insecten zijn die de gewassen juist beschermen. Dan hoorde je dat er bepaalde luizen waren gesignaleerd, en dan ging je bij voorbaat insecticiden doormengen. Maar dat is er nu vanaf. De laatste 5-6 jaar heb ik vrijwel geen insecticiden gebruikt. Alleen tegen coloradokever was het soms nodig. '

Sinds kort is het bedrijf uitgebreid met opfok van jongvee, waardoor het een gemengd bedrijf is geworden. De teelt van tagetes tegen schadelijke aaltjes was al onderdeel van de vruchtwisseling, maar nieuw is de mengteelt van zomergerst met erwten. Dat gaat naar het jongvee. 'Ik heb de keuze gemaakt om rustiger te werken. Daarom ga ik meer maaigewassen telen en minder aardappelen. Waarschijnlijk wordt het vezelhennep, grasklaver of productief kruidenrijk grasland, maar daar ben ik nog niet helemaal uit.'

'Tegenwoordig zijn de meeste randen op mijn bedrijf onderdeel van de ecoregelingen van het GLB en een klein deel wordt vergoed vanuit het ANLb. Ik ben nog zoekende hoe ik de randen het beste kan beheren. Het liefst zou ik het maaisel benutten op het bedrijf. Ideaal zou zijn om het maaisel te composteren met de vaste mest van de koeien. Maar ik heb niet de juiste machines waarmee ik op die drie meter te werk kan gaan. In de randen ontstaat wel wat meer veronkruiding, zoals distels en bijvoet. Ik heb nu een mulchfrees aangeschaft waarmee ik deze beter kan bestrijden. Soms is het nodig om een rand opnieuw te zaaien of door te zaaien. Dan kun je weer meer bloei krijgen, omdat ze soms vergrassen.'

Meer informatie
- Subsidiestelsel voor landschapselementen: www.bij12.nl/onderwerpen/natuur-en-landschap/index-natuur-en-landschap
- Sinusbeheer grasland(randen): www.vlinderstichting.nl/sinusbeheer

6.4 Lijnelementen in gesloten landschappen

Heggen, hagen, bomenrijen, houtsingels en houtwallen

Een landschap waarin bomenrijen, hagen en houtsingels en houtwallen ervoor zorgen dat je minder ver kunt kijken, noemen we een gesloten landschap. Zo'n landschap met veel verschillende landschapselementen van opgaand hout doet kleinschaliger aan.

De bomenrijen, heggen en hagen zijn lijnelementen die verschillen in lengte en breedte en vaak hoger zijn dan ooghoogte. Houtopstanden in een gesloten landschap zijn ecologisch van groot belang omdat ze met alle schuilgelegenheid en voedsel een habitat vormen voor grote hoeveelheden insecten, vogels en zoogdieren. Daarnaast legt houtig materiaal veel koolstof vast en kan snoeimateriaal gebruikt worden in de kringloop van het bedrijf of als lokale energiebron. In deze paragraaf richten we ons op twee typen elementen: heggen en hagen en bomenrij, houtsingels en houtwallen.

Figuur 6.4. Heggen en hagen.

Heggen en hagen

Heggen en hagen dienden vroeger in drogere delen van Nederland als veekering en eigendoms- of perceelscheiding. Ze zijn sinds eeuwen te vinden in het Nederlandse cultuurlandschap en dan vooral rondom dorpen en boerderijen en op landgoederen. Door de komst van prikkeldraad en door schaalvergroting en ruilverkaveling verloren ze hun nut als veekering en zijn ze op veel plekken verdwenen. In Zuid-Limburg is de knip- en scheerheg nog een karakteristiek landschapselement. Andere gebieden met heggen en hagen zijn te vinden langs de grote rivieren Maas en IJssel, in Zuid-Beveland en op Walcheren. Een heg is iets anders dan een haag: een heg heeft aaneengesloten begroeiing en is smaller dan een haag. Een haag heeft een lossere begroeiing en kan tot enkele meters breed worden. In beide gevallen zijn ze meestal langer dan 25 meter.

Een vlechtheg van meidoorn in het voorjaar met op de achtergrond een vrij uitgroeiende haag.

Beheer

Hoe het onderhoud eruitziet, hangt af van het type en de functie van de heg of haag. Een heg wordt in elk geval jaarlijks geknipt of geschoren. Een haag eens in de vijf tot zeven jaar. Er zijn ook beheervarianten waarin de haag eens in de 12 tot 25 jaar geheel wordt afgezet (= 10-20 cm boven de grond afzagen). Of heggen die worden 'gevlochten' en zo een stevige veekering vormen.

Om de ondergroei niet in de weg te zitten moet het snoeiafval grotendeels worden afgevoerd. Tevens zijn maatregelen nodig om te zorgen dat de haag niet te veel wordt beschadigd door vee. Want koeien, geiten en schapen knabbelen ook graag aan takken en twijgen. Heggen en hagen kunnen dus ook dienen als 'voederhaag'. De kunst is dan om het knabbelen

Een meidoornhaag in de herfst.

door het vee goed af te stemmen met de hergroei (zie § 4.10). Uiteraard wordt het onderhoudswerk buiten het broedseizoen uitgevoerd, waarbij de periode van 15 maart tot 15 juli als minimaal aan te houden rustperiode geldt.

Effecten op biodiversiteit

Sommige heggen bestaan alleen uit meidoorns, andere zijn gemengde heggen met verschillende soorten bomen en struiken. Hagen bestaan vaak uit soorten als meidoorn, sleedoorn, vlier, Spaanse aak, Gelderse roos en inheemse rozensoorten. Onder hagen groeit vaak een gevarieerde kruidlaag.

Heggen en hagen zijn van grote waarde als leefgebied voor tal van insecten en vogels. Struweelvogels als winterkoning, braamsluiper en kneu vinden er broed- en schuilgelegenheid. Vanwege het formaat, komen in hagen grotere vogels voor als fazant en patrijs.

Insecten en besdragende bomen en struiken zijn een belangrijke voedselbron. Meidoorns zijn bijvoorbeeld een drachtplant voor diverse soorten hommels en wilde bijen en een waardplant voor vlinders. Gemengde heggen hebben een grotere bloeiboog (zie § 7.4) en voorzien meer soorten insecten van nectar. Heggen kunnen voor vlinders ook een route zijn om zich langs te verplaatsen. Kleine zoogdieren vinden schuilgelegenheid en voedsel in en onder heggen en iets grotere zoogdieren ook in hagen. Voor vleermuizen kan een heg of haag van belang zijn om langs te jagen en als trekroute.

Kosten en baten

De kosten bij het neerzetten van een heg of haag bestaan uit de kosten voor aanplant en het plantgoed. Daarna zijn er jaarlijks, of eens in de zoveel jaar, kosten voor het snoeien en de afvoer/verwerking van het snoeiafval. Heggen zijn arbeidsintensiever dan hagen, maar nemen minder ruimte in. Om de kosten te dekken zijn er subsidies en vergoedingen voor beheer van wandelpaden. Voor boeren is pas winst uit landschapselementen te halen, wanneer deze echt onderdeel zijn van het bedrijf. Denk aan het voeren van takken aan het vee of snoeisel dat verwerkt wordt tot houtsnippers. Deze zijn toe te passen als strooisel in de stal, voor energieopwekking of voor compostering. Daarnaast zorgen heggen voor een goed leefgebied voor bestuivers en andere nuttige insecten dat ten goede komt aan de teelt van gewassen.

Indicatieve vergoedingen (ANLb):
Knip- of scheerheg € 2,- per meter
Struweelhaag:

- Instandhouding (jaarlijks): € 0,15 per meter
- Periodiek (na groot onderhoud): € 6,- per meter

Een gevarieerde haag zorgt voor een aantrekkelijk landschap voor wandelaar en biedt allerlei dieren voedsel en schuilgelegenheid.

Bomenrij, houtsingels en houtwallen

Net als heggen en hagen vormen bomenrijen, houtsingels en houtwallen lijnvormige elementen in een landschap. Denk hierbij aan bomenlanen, maar ook aan rijen knotwilgen. Bomen op een aarden wal vormen een houtwal. Knotwilgen dienden vroeger als leverancier van hout voor afrasteringen en voor brandhout. Maar ook elzen, essen, eiken, linden, spaanse aken, populieren, haagbeuken en paardenkastanjes kunnen als knotboom worden gebruikt. Houtwallen en houtsingels worden als hakhout beheerd.

Figuur 6.5. Houtwallen, singels en bomenrijen.

Beheer

Hoe de houtige opstanden worden beheerd is niet alleen afhankelijk van soorten en functie, maar ook van de voorschriften bij de financiering, waarover verderop meer. Voor bomenrijen geldt dat jaarlijks 5 tot 40 procent van de bomen wordt gesnoeid. De houtwal of houtsingel dient voor tenminste 75% van de oppervlakte als hakhout en wordt periodiek afgezet. Snoeiwerk moet dan uiteraard buiten de broedperiode plaatsvinden, waarbij 15 maart tot 15 juli als aan te houden rustperiode geldt.

Snoeiafval kan bij bomenrijen en houtsingels op stapels of rillen worden gelegd. Voor bomen, houtwallen en houtsingels geldt ook de regel dat er geen vee in komt en dat afzonderlijke bomen niet mogen worden aangevreten.

Knotwilgen dienden vroeger als leverancier van hout voor afrasteringen en voor o.a. brandhout.

Een singel langs een smalle sloot.

Wilgentenen gebruikt als afrastering.

Effecten op biodiversiteit

Bij aanleg van houtsingels en bomenrijen kan het best voor streekeigen inheemse soorten worden gekozen. De schaduwkant van bijvoorbeeld een houtwal kan een ideale omgeving zijn voor varens en mossen.

Diverse soorten hommels en wilde bijen profiteren van bloeiende bomen en struiken, zoals wilgen. Ook vlinders foerageren op de wilgenkatjes. Maar andere boomsoorten als linde, vuilboom, esdoorn en bes-dragende bomen zijn evengoed van belang voor tal van insecten. Zowel voor vogels als voor diverse zoogdieren zijn bomen een bron van voedsel en schuilmogelijkheden. En vleermuizen gebruiken boomholtes om te schuilen of om broedkolonies te vormen waar ze jongen groot brengen. Bomenrijen zijn voor vleermuizen ook ideaal om langs te jagen en langs te migreren.

Hakhoutbeheer in een houtsingel.

Kosten en baten

De kosten bij het inrichten van het element zitten hem met name in de aankoop en aanplant van de bomen. Met betrekking tot het beheer zitten de kosten vooral in de snoeiwerkzaamheden en de afvoer/verwerking van het snoeiafval. Het snoeihout kan daarbij wel worden gebruikt voor verschillende doeleinden (houtsnippers, strooisel, energieopwekking, compostering). Vanuit SNL en SKNL en vanuit ANLb zijn er subsidies voor de aanleg en het beheer van een aantal bomenrijen, waaronder laan- en knotboom en houtwallen en houtsingels. Indicatieve vergoedingen (ANLb):

Houtwal en houtsingel:
- Instandhoudingsvergoeding (jaarlijks): € 500,- per ha per jaar
- Onderhoudsvergoeding (periodiek): € 14.000,- per ha na melden.
- Knotbomenrij (tarief per jaar/stuk):
- Knotboom stamdiameter <20 cm € 5,-
- Knotboom stamdiameter 20–60 cm € 13,-
- Knotboom stamdiameter >60 cm € 20,-

Een oude houtwal die door de ophoping van hout wat hoger komt te liggen.

Meer informatie
- Beheertips opgaande elementen: www.natuurkennis. nl/Uploaded_files/Publicaties/obn-droge-doorade-ring-def2.pdf

6.5 Kleurrijke en biodiverse percelen

Hoogstamboomgaarden en wintervoedselakkers

Behalve de lange lijnen in een landschap van lijnvormige elementen als houtwallen en hagen, zijn er ook de zogenoemde vlakelementen die sterk bepalen hoe het landschap eruit ziet. Denk daarbij maar aan hoogstamboomgaarden, kruidenrijk grasland, erfbeplantingen, extensief kruidenrijk grasland (zie § 4.4) en wintervoedselakkers (zie § 7.1).

Hoogstamboomgaard

Vanaf de jaren 50 werden hoogstamboomgaarden steeds vaker vervangen door efficiëntere halfstammen en daarna laagstambomen. De hoogstamboomgaarden zijn al bekend sinds de middeleeuwen bij kloosters en kastelen en boerderijen. Sommige nog bewaarde locaties kunnen heel oud zijn.

Voor hoogstamboomgaarden is in het kader van ANLb op veel plaatsen een beheervergoeding mogelijk. Onder een hoogstamboomgaard verstaat het ANLb een perceel met een verzameling fruitbomen met een stam van minimaal 1,5 meter hoog, waarvan de ondergroei bestaat uit een vegetatie met grassen. Om van een hoogstamboomgaard te spreken moeten er minimaal 10 fruitbomen op het perceel staan en het aantal bomen per hectare minimaal 50 en maximaal 150 bomen bedragen. In veel boomgaarden komen ook walnotenbomen voor, waarvan het aandeel liefst niet meer dan 10% is. Een hoogstamboomgaard is vaak in een cluster geplant en duidelijk afgescheiden van de omgeving.

Figuur 6.6. Hoogstamboomgaard.

Hoogstamboomgaard in bloei.

Beheer

Beheer van boomgaarden bestaat uit diverse werkzaamheden voor het vitaal in stand houden van de bomen. Appel- en perenbomen worden ten minste eens in de twee jaar gesnoeid en het snoeien is niet gebonden aan een periode. Andere soorten worden alleen gesnoeid als het nodig is om de boom in een goede vorm te leiden. Het gras in een boomgaard wordt meestal regelmatig gemaaid, maar minimaal één keer per jaar waarbij het gras wordt afgevoerd. Het is ook mogelijk om het gras te beweiden. Snoeihout mag niet in de buurt verbrand worden en versnipperd hout niet verwerkt in de boomgaard.

Gewasbescherming is ongewenst, behalve voor stobbenbehandeling ter bestrijding opslag van Amerikaanse vogelkers en Amerikaanse eik, robinia en ratelpopulier. Daarnaast is pleksgewijze bestrijding van akkerdistel, ridderzuring en brandnetel wel mogelijk. Bij begrazing met vee is het zaak om jonge bomen te voorzien van een boomkorf. Boomgaarden worden soms bemest en bekalkt, waarbij voorkomen moet worden dat de bomen zelf en de wortels worden beschadigd.

Hoogstamboomgaarden bestaan vaak uit oude fruitrassen.

Effecten op biodiversiteit

De bloesem in combinatie met een schrale, kruidenrijke en begraasde grasvegetatie trekt tal van insecten aan. Insectenetende vogels profiteren van die insecten. Op de grond gevallen fruit is een bron van voedsel voor vlinders in het najaar en wintergasten zoals kramsvogels. Oude bomen en hoge vegetatie bieden een schuilplek voor insecten, vogels en kleine zoogdieren. Vleermuizen gebruiken holtes in oude fruitbomen om in te verblijven. Ook steenuilen nestelen er vaak.

Steenuilenkast in een hoogstamboomgaard.

Kosten en baten

Hoogstamboomgaarden zijn meestal oud en bewaard cultuurgoed, maar nieuwe aanplant met gekweekte bomen is nog steeds mogelijk. Voor de aankoop en aanplant zijn de kosten dan vrij hoog en het duurt een jaar of zeven voor de bomen vrucht dragen. De jaarlijkse kosten voor beheer zitten vooral in het arbeidsintensieve snoeiwerk. Vanuit SNL, SKNL en ANLb zijn subsidies mogelijk voor aanleg en onderhoud die de kosten in principe dekken. Ook de pluk van hoogstamfruit is een klus. De arbeidskosten wegen meestal niet op tegen de opbrengst van het fruit. Er zijn boeren die op originele wijze een kleine winst weten te genereren met hoogstamboomgaarden. Bijvoorbeeld door acties als 'adopteer een boom', het organiseren van plukdagen, of door de verkoop van sap of cider die zij maken van het fruit.

Indicatieve vergoeding (ANLb):
Hoogstamboomgaard: € 1.320,- per ha per jaar.

Het plukken en snoeien van hoogstamboomgaarden is een hele klus. Vrijwilligers kunnen helpen bij deze werkzaamheden.

Wintervoedselakkers

Met een mengsel van 90% verschillende granen en daarnaast kruiden kan een wintervoedselakker een geweldige bijdrage leveren aan de biodiversiteit in open landschappen. De voornaamste functie is voedsel en schuilplekken bieden aan overwinterende vogels die dat goed kunnen gebruiken, zoals kneu en groenling. De wintervoedselakkers worden net als andere gewassen in het voorjaar ingezaaid, maar in de zomer niet geoogst. De zaden van de granen en bladrammenas, boekweit of vlas en kruiden als klaproos, korenbloem en gele ganzenbloem blijven dus in de winter op het veld aanwezig. Behalve veel vogels, trekt dat ook insecten aan en muizen en daar profiteren ook roofvogels weer van.

Figuur 6.7. Wintervoedselakkers.

Beheer

Inzaai van een wintervoedselakker kan het best plaatsvinden tussen 16 maart en 30 april, met een normale grondbewerking om het perceel zaaiklaar te maken. Een groenbemester kan mechanisch ondergewerkt worden en ook het gebruik van een vals zaaibed om snel kiemend onkruid kwijt te raken is sterk aan te raden. Wintervoedselakkers kunnen zowel als vast element, als in de gewasrotatie kunnen worden opgenomen. Als vast element is verdisteling een risico. Na opkomst bestaat het beheer van een wintervoedselakker uit 'niets doen'. Het perceel krijgt een rustperiode van 15 mei tot 1 maart van het volgende jaar. Bewerken, maar ook beweiden of bemesten is allemaal niet de bedoeling en ook mag het perceel niet als wendakker worden gebruikt. Bij de inpassing van wintervoedselvelden is de veronkruiding die achterblijft vaak een probleem. Door na de wintervoedselakker grasklaver te telen kan de verruiging worden teruggezet. Want onkruidbestrijding met chemische middelen kan alleen bij uitzondering en dan volgens het Protocol Chemische Bestrijding bij agrarisch natuurbeheer.

Een wintervoedselakker bestaat uit een mengsel van bijvoorbeeld granen, vlas, klavers en luzerne. De gewassen worden niet geoogst, maar dienen als voedsel voor vogels en zoogdieren.

Effecten op biodiversiteit

Vooral akkerflora profiteert van de ruime rustperiode op een voedselakker waarbij het goed tot ontwikkeling kan komen en uitzaaien. Insecten foerageren op de gevarieerde flora en vinden er schuilplaatsen en krijgen kansen om zich voort te planten. Voor schuilen en voortplanting is het voor insecten een groot voordeel dat het gewas in de winter blijft staan.

Vooral zaadetende vogels vinden op een voedselakker in de winter nog volop voeding. Ringmus, geelgors en patrijs profiteren hiervan. Ook tijdens het voorjaar en de zomer profiteren soorten als de veldleeuwerik van deze percelen. Ze kunnen er schuilen en nestelen en vinden er veel voedsel om jongen groot te brengen. Verder blijken ook hazen en reeën te foerageren op voedselakkers.

De zaden van de gewassen op de wintervoedselakker bieden in de winter voedsel en schuilgelegenheid voor vogels, kleine dieren en insecten.

Kosten en baten

De kosten zitten hem in het inzaaien van het perceel en de kosten van het mengsel. Maar de grootste kostenpost is het missen van een gewas, omdat een voedselakker geen commerciële oogst oplevert. Ook veronkruiding kan na het wintervoedselveld voor extra arbeid zorgen. Daartegenover zijn er vanuit het ANLb-subsidies voor de aanleg van dergelijke wintervoedselakkers.

Indicatieve vergoeding (ANLb):
Wintervoedselakker: € 1.932 per ha per jaar.

Meer informatie
- Video's over hoogstamboomgaarden: slgelderland. nl/kennisbank/hoogstamfruit-fruitbomen
- Wintervoedselveld: www.vogelbescherming.nl/ docs/f32c4e98-f3a4-448c-ab86-e5baafe557ab.pdf

6.6 Waterelementen

Natuurvriendelijke oever, poel en rietland

Waterelementen zorgen voor een mooi en afwisselend landschap. Maar ze zijn ook van grote waarde voor de biodiversiteit, het leveren van water voor de landbouw en de natuur in de zomer en het bergen en afvoeren in de winter. Deze paragraaf behandelt de natuurvriendelijke oever en het ecologisch beheer van sloten, poelen en rietland.

Natuurvriendelijke oever en ecologisch sloot(kant)beheer

Met een natuurvriendelijke oever gaan water en land geleidelijk in elkaar over. Voor het aflopen van het talud is meestal de verhouding één meter verticaal op drie meter horizontaal, maar soms wordt een nog flauwer talud gekozen. Voor grotere watergangen is de ideale breedte drie meter onder water en drie meter boven water, dus zes meter in totaal.

Figuur 6.8. Waterelementen.

Beheer

Beheer is nodig en vaak verplicht om de doorstroming en afvoer van water te bevorderen. Er zijn drie verschillende maatregelen die beter zijn voor biodiversiteit dan gangbaar beheer: baggeren met een baggerpomp, ecologisch slootschonen en maaien van de oever.

Baggeren van opgehoopt slib is niet vaker dan eens in de drie jaar nodig. Daarbij wordt per keer de helft van het bodemoppervlak tot in het midden van de sloot gebaggerd. Om het onderwaterleven te sparen is het zaak om mét de stroom mee en nooit naar een doodlopend einde te werken. Het werk kan plaatsvinden tussen 15 juni en 1 december en de bagger kan op het aangrenzende perceel worden gespoten en verspreid. Andere eisen voor een ecologisch gebruik van de baggerpomp zijn dat de watergang minimaal vier meter breed is, er niet binnen één meter vanaf de waterlijn wordt gezogen en dat de zuigkop bij opvolgende bewerkingen door dezelfde voor wordt getrokken. De sloot mag ook niet droogvallen door het pompen van bagger en water.

Een natuurvriendelijke oever heeft een flauw aflopend talud richting de sloot, waardoor er een zachte overgang ontstaat van droog naar nat, met bloeiende kruiden en open plekjes. De oever onder water is dan vaak even breed als de over boven water.

Ecologisch slootschonen betekent vooral dat er minder uitgebreid en grondig te werk wordt gegaan. Minimaal een kwart van de slootbegroeiing blijft staan en de maaikorf wordt op 50 centimeter voor de oever uit het water gehaald (figuur 6.9). Ook dit werk kan plaatsvinden tussen 15 juni en 1 december.

Ecologisch maaien van de oevers houdt in dat ook een deel van de oevervegetatie blijft staan. Slechts 25 tot 50 procent van het leefgebied wordt per maaibeurt verwijderd. Meestal zo'n twee keer per jaar, maar minimaal eens per twee jaar. Maaien vindt plaats buiten het broedseizoen, en het maaisel moet worden afgevoerd. In een natuurvriendelijke oever is beweiden en bemesten niet toegestaan.

Effecten op biodiversiteit

Op natuurvriendelijke oevers vormen zich brede zones met slootbegroeiing en oeverbeplanting. Tussen de waterplanten bezinken slibdeeltjes en watervlooien eten er algen. Daarmee zorgen ze ervoor dat het water in de oever helder blijft, de waterkwaliteit op pijl blijft en zo een goed leefgebied ontstaat voor andere waterplanten en voor waterdieren. Het vrijhouden van de slootkant van bagger en het afvoeren van maaisel voorkomt verruiging.

Veel natuurvriendelijke oevers hebben een hogere begroeiing met riet. Die rietkragen zijn een eldorado voor rietvogels die er broed- en schuilgelegenheid vinden en foerageren. Ook voor jonge weidevogels zijn goed begroeide waterkanten een bron van voedsel en veiligheid.

Kleinere watergangen en poelen zijn voor amfibieën van belang als habitat voor voortplanting en veiligheid. In grotere watergangen met meer en grotere vissen is de predatiedruk hoger. Als er broeihopen en winterverblijven op korte afstand aanwezig zijn, zijn ecologische oevers een kans voor ringslangen. Kleinere zoogdieren als waterspitsmuis, maar ook de bever en de otter, zijn gebaat bij schoon water en goed begroeide oevers. Hermelijnen en wezels gebruiken de oevers als schuilplaats en als migratieroute.

Ecologisch aangelegde en beheerde waterelementen kunnen een bijdrage leveren aan doelen als waterberging en -kwaliteit. Een gevarieerde oevervegetatie werkt als helofytenfilter en levert zo een bijdrage aan schoner water.

Kosten en baten

De kosten m.b.t. de inrichting zitten hem met name in graafwerkzaamheden (verflauwen van het talud). Daarbij wordt de oever ook breder, hetgeen ten koste gaat van een stuk van het perceel. De beheerkosten zitten met name in het maaien en schonen van de natuurvriendelijke oever. Wanneer bagger op het aangrenzende perceel wordt gespoten dient dit als natuurlijke meststof. Hierdoor kan de mestgift op een zeker moment lager zijn en worden er wat kosten bespaard. Het maaisel kan worden gebruikt als strooisel of hooi voor vee. Daarnaast zijn er vanuit het ANLb subsidiemogelijkheden.

Indicatieve vergoedingen (ANLb):
Natuurvriendelijke oever: € 2.000,- per ha per jaar
Ecologisch sloot(kant)beheer:
* Baggeren € 0,15 per strekkende meter jaar
* Ecologisch slootschonen € 0,10 per strekkende meter per jaar.

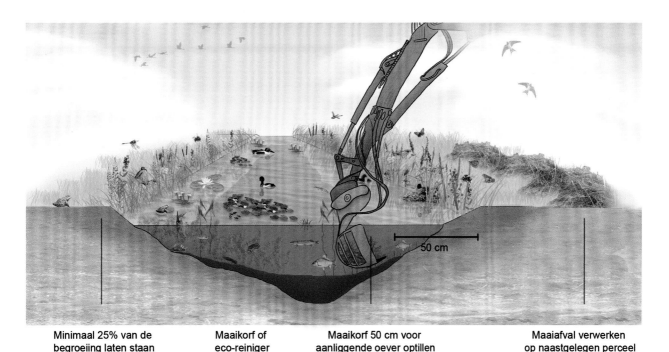

| Minimaal 25% van de begroeiing laten staan | Maaikorf of eco-reiniger | Maaikorf 50 cm voor aanliggende oever optillen | Maaiafval verwerken op naastgelegen perceel |

Figuur 6.9. Bij ecologisch slootschonen wordt gefaseerd geschoond met een maaikorf die 50 cm vóór de oever wordt opgetild.

Poelen

Veel poelen die dienden als watervoorziening voor het vee zijn verdwenen. Poelen zijn wel van grote waarde voor amfibieën en reptielen en hebben een waardevolle oevervegetatie. Ze zijn vooral belangrijk voor kikkers, padden en salamanders. Deze dieren vinden in een poel hun voedsel, veiligheid en kansen om zich voort te planten. Verder zijn de leefomstandigheden in poelen geschikt voor libellen en juffers om zich voort te planten. In de hogere en niet gemaaide delen van de oevervegetatie vinden insecten een overwinteringsplek. Plantensoorten van oevervegetaties doen het goed bij poelen en in de poel kunnen drijvende waterplanten groeien.

Een poel van minder dan 175 m² wordt beschouwd als een kleine poel, daarboven als een grote. In het kader van ANLb zijn vergoedingen mogelijk voor het in stand houden van poelen. Deze regeling schrijft geen diepte voor, maar het advies van RAVON is om de bodem van de poel niet dieper te maken dan 1 meter onder de laagste grondwaterstand.

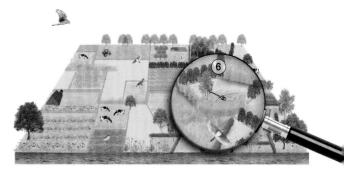

Figuur 6.10. Poelen.

Beheer

Het beheer van een poel bestaat uit een jaarlijkse schoningsbeurt tussen 1 september en 15 oktober, waarbij de helft tot hooguit een kwart blijft staan. Eens in de vijf tot tien jaar is een gehele opschoning aan te raden. Verder kan de droge oever van een poel verruigen en dichtgroeien met bomen en struiken als het niet regelmatig wordt gemaaid. Minimaal eens per drie jaar moeten de oevers een keer geheel worden gemaaid en boomopslag weggehaald.

Kosten en baten

De eigenaar maakt vooral kosten voor het inrichten en onderhoud van de poel. Het inrichten bestaat vooral uit graafwerkzaamheden. Het aanleggen van een poel betekent ook dat de gebruikte oppervlakte geen bijdrage levert aan gras of gewasproductie, dus er zijn kosten voor gemiste opbrengsten. De poel kan echter dienen als drinkplaats voor vee en er zijn subsidiemogelijkheden voor zowel de inrichting als het beheer vanuit SKNL en SNL.

Indicatieve vergoedingen (ANLb):
- Regulier onderhoud: € 125,- per poel per jaar
- Periodiek schonen: € 1.250,- per poel na melden

Bloeiende kruiden langs sloten en poelen zijn een bron van nectar en stuifmeel voor insecten.

Rietland

In lage randen langs sloten en watergangen bij agrarische percelen kunnen rietzomen ontstaan. Een ander woord is 'rietkraag'. Als lange rietzomen aan elkaar grenzen vormen die samen een lang lint door het landschap. Vijf meter is ongeveer de grens tussen wat we verstaan onder een smalle of een brede rietzoom. Om voor beheervergoeding in aanmerking te komen is een rietzoom minimaal 25 meter lang.

Beheer

Het beheer van rietzomen en rietland bestaat vooral uit maaien en afvoeren. Een smalle rietzoom mag jaarlijks in zijn geheel worden gemaaid, een brede rietzoom of rietperceel bij voorkeur in fasen. Dat bevordert variatie tussen jong en overjarig riet en schept betere voorwaarden voor soorten en soortgroepen.

Maaien en afvoeren zorgt voor verschraling. Dat kan een meer bloemrijk rietland opleveren, met planten die beter gedijen in een minder voedselrijk milieu en voorkomt brandnetel, braam en ruigtekruiden. Verwijderen van boomopslag van wilg en els is nodig om verbossing van de rietzoom tegen te gaan. De aangewezen periode voor maaien van riet is tussen 1 oktober en 1 maart.

Effecten op biodiversiteit

Veel riet- en moerasvogels hebben een voorkeur voor stevig overjarig riet om hun nesten in te maken. Voor zaadeters levert jong riet meer zaden op. Verdroging heeft als neveneffect dat de moerasvogels meer concurrentie krijgen van algemenere vogelsoorten die zich nu ook in rietpercelen weten te handhaven. De variatie in interessante plantensoorten neemt toe naarmate de rietzoom verder is verschraald. Riet is voor heel veel soorten vlinders en libellen een goede leef- en foerageerplek. In rietlanden kunnen poelkikkers en ringslangen voorkomen. Ook vinden waterspitsmuis en Noordse woelmuis het riet een fijne leefomgeving.

Kosten en baten

De kosten voor rietzomen zijn vooral de maaiwerkzaamheden waarbij het riet ook moet worden afgevoerd. Rietzomen vangen golven goed op en verstevigen de oever, waardoor ze afkalving van oevers tegengaan. Gemaaid riet kan worden gebruikt als strooisel en bij een goede kwaliteit en hoeveelheid is het ook bruikbaar als dakbedekking. Daarnaast zijn er vanuit het ANLb subsidiemogelijkheden.

Indicatieve vergoedingen (ANLb):

- Smalle rietzoom € 0,43 per meter
- Brede rietzoom en klein rietperceel € 640,67 per ha

Meer informatie

- Biodiversiteit in en rondom de sloot: www.livinglab-fryslan.frl/biodiversiteit-in-en-rondom-de-sloot
- Poelen: poelen.nu
- Ecologisch slootschonen: www.boerennatuur.nl/actueel/ecologisch-slootbeheer-hoe-pak-je-dat-aan-en-wat-levert-het-op
- Gebruik van natuurstrooisel: edepot.wur.nl/115779

Rietland.

Bronnenlijst Hoofdstuk 6: Landschap

6.1 Inleiding

BIJ12 (2023a), www.bij12.nl/onderwerpen/natuur-en-landschap/ subsidiestelsel-natuur-en-landschap/agrarisch-natuurbeheer-anlb, geraadpleegd op 1-10-2023.

Bij12 (2023b), www.bij12.nl/onderwerpen/natuur-en-landschap/ subsidiestelsel-natuur-en-landschap, geraadpleegd op 3-10-2023.

Jongmans, A. G., van den Berg, M. W., Sonneveld, M. P. W., Peek, G. J. W. C., & van den Berg van Saparoea, R. M. (Eds.) (2013). Landschappen van Nederland, geologie, bodem en landgebruik. Wageningen Academic Publishers.

LandschappenNL (2023). www.landschapsobservatorium.nl/kijk-op-landschap, geraadpleegd op 3-10-2023.

RVO (2023), www.rvo.nl/subsidies-financiering/kwaliteitsimpuls-natuur-en-landschap-sknl, geraadpleegd op 3-10-2023.

Schroevers, P.J. (1982). Landschapstaal: een stelsel van basisbegrippen voor de landschapsecologie, uitg. Pudoc, Wageningen; geciteerd door Lenders e.a. 1997, p. 147.

Vereniging Nederlands Cultuurlandschap (2007). Nederland weer mooi (2007); Deltaplan voor het landschap. VNC, Groesbeek.

6.2 Bedrijfsnatuurplan opstellen

Laarhoven, G. van, Nijboer, J., Oerlemans, N., Pieckocki, R. & J. Pluimers (2018). Biodiversiteitsmonitor – op weg naar een biodiverse melkveehouderij.

Reijers, N., Beek, A.J.C.M. van & G.K. Hopster (2005). Stappenplan voor het opstellen van bedrijfsnatuurplannen volgens de Natuur breed methodiek. Eindrapport Natuur breed deel A. Praktijkonderzoek Plant & Omgeving, Wageningen.

6.3 Lijnelementen in open landschappen

Boerennatuur (2020). Protocol gebruik herbiciden open akkerland. Boerennatuur, Utrecht.

BIJ12 (2023c). www.bij12.nl/onderwerpen/natuur-en-landschap/ index-natuur-en-landschap/agrarische-natuurtypen/a02-agrarische-floragebieden/a02-01-botanisch-waardevol-grasland, geraadpleegd op 1-10-2023.

Boerennatuur (2020). Protocol gebruik herbiciden open akkerland. Boerennatuur, Utrecht.

Bos, M.M., Musters C.J.M. & G.R. de Snoo (2014). De effectiviteit van akkerranden in het vervullen van maatschappelijke diensten-een overzicht van wetenschappelijk literatuur en praktijkervaringen. CML rapport 188, Universiteit Leiden.

Luske, B., Hospers-Brands, A.J.T.M. & L. Janmaat (2015). Aanleg en onderhoud van akkerranden: Onkruid de baas blijven. Louis Bolk Instituut, Driebergen.

Peet, N. & A. Stip (2018). Sinusbeheer – meanderend maaien voor meer biodiversiteit. Vlinderstichting, Wageningen.

Stichting Deltaplan Biodiversiteitsherstel (2022). Aanvalsplan Landschap – realisatie van 10% groenblauwe dooradering.

Stichting Deltaplan Biodiversiteitsherstel (2023). Aanvalsplan landschaap - Groenblauwe dooradering nader gedefinieerd.

VALA (2022). Beheerpakketten agrarisch Collectief VALA 2023-2028 - concept ANLb. Vala, Zelhem.

6.4 Lijnelementen in gesloten landschappen

BIJ12 (2023d), www.bij12.nl/onderwerpen/natuur-en-landschap/ index-natuur-en-landschap/landschapselementtypen/l01-groen-blauwe-landschapselementen/l01-05-knip-scheerheg, geraadpleegd op 27-10-2023.

BIJ12 (2023e), www.bij12.nl/onderwerpen/natuur-en-landschap/ index-natuur-en-landschap/landschapselementtypen/l01-groen-blauwe-landschapselementen/l01-06-struweelhaag, geraadpleegd op 27-10-2023.

BIJ12 (2023f), www.bij12.nl/onderwerpen/natuur-en-landschap/ index-natuur-en-landschap/landschapselementtypen/l01-groen-blauwe-landschapselementen/l01-08-knotboom, geraadpleegd op 27-10-2023.

BIJ12 (2023g), www.bij12.nl/onderwerpen/natuur-en-landschap/ index-natuur-en-landschap/landschapselementtypen/l01-groen-blauwe-landschapselementen/l01-07-laan, geraadpleegd op 27-10-2023.

BIJ12 (2023h), www.bij12.nl/onderwerpen/natuur-en-landschap/ index-natuur-en-landschap/landschapselementtypen/l01-groen-blauwe-landschapselementen/l01-02-houtwal-en-houtsingel, geraadpleegd op 27-10-2023.

Dekker, A, Lageschaar, L. & R. Gommer (2022). Beoordelingskader Groenblauwe dooradering. CLM, Culemborg.

Haarsma, A.-J., Kuil, van der R., Vliet van J., Vliet, F. van der, ... & G. Achterkamp (2003). Vleermuizen, bomen en bos. Stichting Vleermuis Bureau / Vereniging voor Zoogdierkunde en Zoogdierbescherming.

Landschap Overijssel (2023). landschapoverijssel.nl/erfgoed/hout-wallen-1, geraadpleegd op 27-10-2023.

Natuurrijk Limburg (2023). www.natuurrijklimburg.nl/wp-content/ uploads/Knip-of-Scheerheg-1.pdf, geraadpleegd op 27-10-2023.

6.5 Kleurrijke en biodiverse percelen

Agrarisch natuur- en landschapsbeheer Brabant (2015). Leefgebied Open graslandlandschap, beheerpakketten en beheervergoedingen, versie december 2015. 15a wintervoedselakker. Boerennatuur Brabant.

BIJ12 (2023i). www.bij12.nl/onderwerpen/natuur-en-landschap/index-natuur-en-landschap/landschapselementtypen/l01-groen-blauwe-landschapselementen/l01-09-hoogstamboomgaard/, geraadpleegd op 28-10-2023.

BIJ12 (2022j). www.bij12.nl/wp-content/uploads/2022/08/Subsidietarieven-SNL-beheerjaar-2023-inclusief-toeslagen.pdf, geraadpleegd op 28-10-2023.

Collectief Midden Overijssel (2023). Z15 Wintervoedselakker 15-mei – 15 maart. CMO, Markelo.

Vlinderstichting (2023). www.vlinderstichting.nl/actueel/nieuws/nieuwsbericht/fruit-voor-vlinders-in-het-najaar, geraadpleegd op 28-10-2023.

6.6 Waterelementen

BIJ12 (2023j). www.bij12.nl/onderwerpen/natuur-en-landschap/index-natuur-en-landschap/landschapselementtypen/l01-groen-blauwe-landschapselementen/l01-15-natuurvriendelijke-oever, geraadpleegd op 1-11-2023.

BIJ12 (2023k). www.bij12.nl/onderwerpen/natuur-en-landschap/index-natuur-en-landschap/landschapselementtypen/l01-groen-blauwe-landschapselementen/l01-01-poel-en-klein-historisch-water, geraadpleegd op 1-11-2023.

BIJ12 (2023l). www.bij12.nl/onderwerpen/natuur-en-landschap/index-natuur-en-landschap/landschapselementtypen/l01-groen-blauwe-landschapselementen/l01-14-rietzoom-en-klein-rietperceel, geraadpleegd op 1-11-2023.

Natuurrijk Limburg (2012). ANLb Factsheets - Factsheet de Poel. Natuurrijk Limburg, Roermond.

Stichting Toegepast Onderzoek Waterbeheer (2009). Handreiking Natuurvriendelijke oevers. Rapport 37. Stowa, Utrecht.

Water, Land en Dijken (2022). Overzicht agrarische Waterpakketten – Agrarisch Natuur en Landschapsbeheer, beheerjaar 2022. WL&D, Purmerend.

7. Specifieke soorten of soortgroepen

7.1 Inleiding

Specifieke soorten of soortgroepen

De biodiversiteit op boerenland is in een eeuw tijd sterk veranderd door andere productiemethoden en grote veranderingen in het landschap. Waar in de jaren 60 vrijwel al het grasland een kruidenrijke samenstelling had, is dat nu nog een paar procent. Veel heggen en hagen zijn verdwenen. Hetzelfde geldt voor poelen en veel kleine bosjes en singels. De grootste verandering van akkers vond plaats na 1950. De schaalgrootte nam toe en de diversiteit aan gewassen daalde sterk; gewassen als rogge, haver, vlas en peulvruchten maakten plaats voor bieten, aardappels, uien en mais.

Heel veel soorten vlinders, bijen, sprinkhanen, libellen, vogels, vleermuizen en planten zijn afhankelijk van het boerenland en hebben het door al die veranderingen moeilijk. Sinds 1990 zijn sommige soortgroepen van het boerenland zoals vlinders en vogels met 40 tot 50% afgenomen (figuur 7.1 en 7.2).

Voor veel van deze soorten geldt dat het boerenland in hun voordeel kan veranderen als meer boeren aan de slag gaan met agrarisch natuurbeheer en met natuurinclusieve maatregelen.

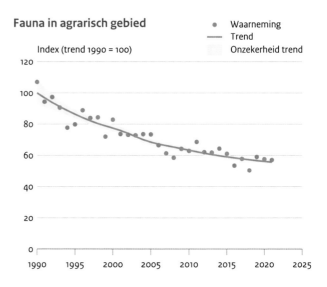

Figuur 7.1. De populatieomvang van diersoorten die kenmerkend zijn voor het agrarisch landschap en die in de Living Planet Index zijn opgenomen is sinds 1990 gemiddeld bijna gehalveerd (Bron: Living Planet Index/Compendium voor de Leefomgeving, 2023).

Leefgebieden herstellen

Om boerenlandsoorten te ondersteunen is het nodig om de leefgebieden van deze soorten te herstellen. Voor vlinders is het bijvoorbeeld belangrijk dat er bloeiende kruiden staan zodat ze voldoende nectar kunnen vinden. Weidevogels hebben vochtig en kruidenrijk grasland nodig met insecten voor de opgroeiende kuikens. Voor overwinterende vogels (wintergasten), zoals geelgors of keep, moeten er voldoende zaden te vinden zijn. Weide- en akkervogels zijn typische grondbroeders. Voldoende rust gedurende het broedseizoen is daarom ook een voorwaarde.

Voor veel kwetsbare soorten geldt dat ze wettelijk worden beschermd, vanwege de Vogel- en Habitatrichtlijn van de Europese Unie. EU-landen moeten in het wild levende vogelsoorten zodanig beschermen, dat populaties niet verder afnemen en kunnen herstellen. Vanwege deze richtlijnen zijn er gebieden aangewezen in Nederland waar de leefgebieden van vogels en andere soorten worden beschermd. Dit zijn de Natura 2000-gebieden.

De soorten van het boerenland leven juist buiten de natuurgebieden. Daarnaast geldt voor tal van vogels dat ze akkers en weilanden om allerlei redenen afwisselen met natuurgebieden en landschapselementen. Dus ook in de landbouwgebieden is het nodig om deze soorten te beschermen.

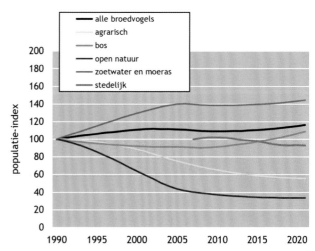

Figuur 7.2. Aantalsontwikkeling van karakteristieke broedvogels van open natuurgebieden (duin en heide), agrarisch gebied, moeras, stad en bos sinds 1990, afgezet tegen de gemiddelde aantalsontwikkeling van alle broedvogels in Nederland (Bron: Sovon, 2023).

Inheemse soorten

Bij een aantal maatregelen die als doel hebben om leefgebieden te herstellen, is het soms nodig om te zaaien of plantmateriaal te introduceren. Bijvoorbeeld bij herstel van houtwallen, aanleggen van akkerranden of wintervoedselveldjes. Daarbij is het belangrijk om gebiedseigen zaden en plantmateriaal te gebruiken. Dit is nodig voor een goede 'match' met insecten en met andere soortgroepen die afhankelijk zijn van de planten. Met deze match wordt de grootte en vorm van de bloemen, en ook het tijdstip van bloei bedoeld. Uitheemse kruiden/planten (exoten) of doorgekweekte planten (cultivars) zien er vaak mooi uit, maar produceren soms nauwelijks nectar of stuifmeel, of bloeien niet op het juiste moment, waardoor insecten er niet op kunnen foerageren.

Agrarisch natuurbeheer

Veel maatregelen die de leefgebieden van boerenlandsoorten verbeteren, gaan ten koste van gewas- en grasopbrengst en kosten tijd. Om boeren te ondersteunen die deze maatregelen nemen, zijn er diverse subsidieregelingen. Het Agrarisch Natuur- en Landschapsbeheer (ANLb) is een landelijke subsidiestelsel waar ruim 10.000 boeren gebruik van maken.

Ook het ANLb heeft de internationaal beschermde soorten op het oog die in de Vogel- en Habitatrichtlijn staan. Het gaat om amfibieën, insecten, vlinders, vogels, zoogdieren en vleermuizen. Er zijn in totaal 68 soorten benoemd, waaronder: gele kwikstaart, kievit, grutto, blauwe kiekendief, houtduif, torenvalk, boomkikker, kamsalamander, tureluur, hazelmuis, bunzing, steenuil. Voor deze soorten wordt het leefgebied hersteld of in stand gehouden binnen het ANLb.

De torenvalk is een van de beschermde soorten binnen het ANLb.

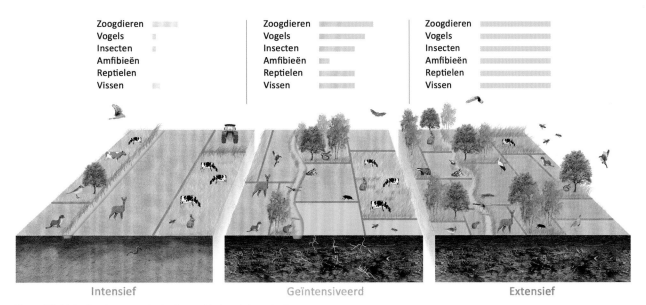

Figuur 7.3. Met extensiever grondgebruik neemt het aantal soorten toe.

Gebiedsplan en beheerpakketten

Een kenmerk van het ANLb is de grote rol van agrarische collectieven. Nederland telt 40 agrarische collectieven (figuur 7.4), die samenwerken onder de koepel BoerenNatuur. De werkgebieden van de collectieven dekken samen het hele landelijke gebied van Nederland. Zij maken een gebiedsplan voor leefgebieden die passen binnen de provinciale natuurbeheerplannen. Boeren met percelen binnen de begrensde gebieden, kunnen zich melden voor maatregelen via 'beheerpakketten'. Het agrarisch collectief stemt die aanvragen op elkaar af zodat maatregelen die de ene boer neemt, versterkend en aanvullend passen bij die van andere bedrijven in het landschap. Op die manier ontstaat er een mozaïek van beheermaatregelen, waardoor de doelsoorten een grotere kans maken om te overleven.

In een beheerpakket is omschreven welk beheer moet worden uitgevoerd en wat wel en niet mag. Denk aan hoe en wanneer nestbescherming moet worden toegepast, periodes waarin niet gemaaid mag worden om nesten te ontzien of wanneer akkerranden ingezaaid moeten zijn en hoe deze beheerd moeten worden.

Ook organiseren de agrarische collectieven kennisbijeenkomsten en evaluaties met de deelnemende boeren in het gebied. Om zeker te weten dat de maatregelen volgens de beheerpakketten worden uitgevoerd, voert het collectief een schouw uit. Dat houdt in dat zij in het veld controleren of de deelnemers zich aan de afspraken houden.

1. ANLV De Lieuw Texel
2. ANV Waddenvogels
3. Agrarisch Collectief Waadrâne
4. Agrarisch Natuur en Landschapscollectief Midden Groningen
5. Westergo, Agrarische Natuur Coöperatie
6. Gebiedscoöperatie It Lege Midden U.A.
7. Vereniging Noardlike Fryske Wâlden
8. Collectief Groningen West
9. Agrarische Natuurvereniging Oost Groningen
10. Cooperatieve Vereniging Sudwestkust U.A.
11. ELAN Zuidoost-Friesland
12. Agrarische Natuur Drenthe, U.A.
13. ANV Hollands Noorden
14. Coöperatie BoerenNatuur Flevoland U.A.
15. Coöperatieve Agrarische Natuur Collectief Noordwest Overijssel U.A.
16. Coöperatieve Agrarisch Natuur Collectief Midden Overijssel U.A.
17. Water, Land & Dijken
18. Gebiedscollectief Noordoost Twente
19. Noord-Holland Zuid
20. Collectief Eemland
21. BoerenNatuur Veluwe
22. De Vereniging Agrarisch Landschap Achterhoek (VALA)
23. Coöperatie De Groene Klaver U.A.
24. Collectief De Hollandse Venen
25. Vereniging Agrarisch Natuur- en Landschapsbeheer Rijn & Gouwe Wiericke
26. Gebiedscoöperatie Rijn Vecht en Venen U.A.
27. Collectief Lopikerwaard
28. BoerenNatuur Utrecht Oost
29. Coöperatie Agrarisch collectief Midden-Delfland U.A
30. Coöperatief Agrarisch Collectief Krimpenerwaard U.A.
31. Collectief Alblasserwaard/Vijfheerenlanden
32. Collectief Rivierenland
33. Coöp. Agrarisch Collectief de Zuid-Hollandse Eilanden U.A.
34. Coöperatie Collectief Hoeksche Waard UA
35. Coöperatief Collectief Agrarisch Natuurbeheer West-Brabant u.a.
36. Collectief Midden Brabant
37. ANB Oost Brabant
38. Cooperatieve vereniging Deltaplan Landschap U.A.
39. Coöperatie Natuurrijk Limburg U.A.
40. Poldernatuur Zeeland

Figuur 7.4. De agrarische collectieven in 2023 (Bron: www.boerennatuur.nl).

Leefgebieden en doelsoorten

Binnen het ANLb zijn vier leefgebieden gedefinieerd. Dat zijn open grasland, open akkerland, natte dooradering en droge dooradering (figuur 7.5). Daarnaast wordt er beheer uitgevoerd binnen de categorieën klimaat en water dat zich richt op verbetering van de waterhuishouding, waterkwaliteit en op klimaatdoelen. De leefgebieden zijn gekoppeld aan doelsoorten en daarvoor passende beheerpakketten. Zo is open grasland het leefgebied van onder andere graspieper en grutto, open akkerland het leefgebied van geelgors en gele kwikstaart en natte dooradering het leefgebied van kamsalamander (figuur 7.6). In tabel 7.1 zijn per leefgebied de kenmerken en typerende beheerpakketten en voorbeelden van doelsoorten weergegeven. Je kunt alleen een beheerpakket afsluiten voor ANLb, als je bedrijf in zo'n leefgebied ligt. Als je bedrijf erbuiten ligt, kun je géén vergoeding vanuit ANLb ontvangen voor natuurbeheer.

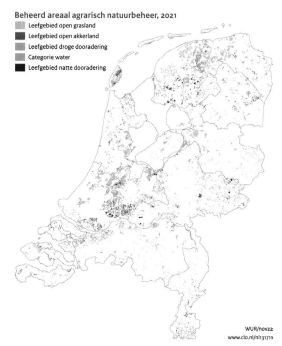

Beheerd areaal agrarisch natuurbeheer, 2021
- Leefgebied open grasland
- Leefgebied open akkerland
- Leefgebied droge dooradering
- Categorie water
- Leefgebied natte dooradering

WUR/nov22
www.clo.nl/nl131711

Figuur 7.5. Ligging van de beheerde leefgebieden via de agrarische collectieven in Nederland (Bron: RVO).

Tabel 7.1. Leefgebieden, doelsoorten en beheerpakketten.

Leefgebied	Kenmerken van het leefgebied	Typerende beheerpakketten	Voorbeelden van doelsoorten
Open grasland	Grasland vaak doorsneden met fijnmazig netwerk van sloten, weinig opgaande begroeiing	Grasland met rustperiode Plas-dras Legselbeheer Kruidenrijk grasland Ruige mest Hoog waterpeil	graspieper, grutto, kievit, kwartelkoning, tureluur, veldleeuwerik
Open akkerland	Akkergebieden doorsneden met bermen, sloten en in sommige gebieden opgaande begroeiing.	Kruidenrijke akker Kruidenrijke akkerranden Stoppelland Wintervoedselakker Vogelakker Vogelgraan	geelgors, gele kwikstaart, grauwe kiekendief, hamster, kievit, kneu, patrijs, velduil
Droge dooradering	Gebieden met lijnvormige landschapselementen, bestaande uit een scala aan landschapselementen.	Hakhoutbeheer Beheer van bomenrijen Knip-of scheerheg Struweelhaag Bomen op landbouwgrond Insectenrijke graslanden Zandwallen Hoogstamboomgaarden	boomkikker, gekraagde roodstaart, hazelmuis, kamsalamander, kerkuil, knoflookpad, vliegend hert, zomertortel
Natte dooradering	Gebieden met een netwerk van natte landschapselementen (sloten, beken, kreken, moerasjes, rietlandjes en plasdras gebiedjes)	Natuurvriendelijke oever Rietzoom Poel Duurzaam slootbeheer Kruidenrijke graslandranden	beekprik, gevlekte witsnuitlibel, grote modderkruiper, kamsalamander, poelkikker, slobeend, watersnip, zwarte stern

De leefgebieden van het ANLb, de kenmerken van deze leefgebieden, voorbeelden van beheerpakketten en doelsoorten. Alleen de typische beheerpakketten zijn weergegeven, veel van de beheerpakketten zijn in verschillende leefgebieden toepasbaar. Beheerpakketten in de categorie water en klimaat zijn niet weergegeven.

Vier keer V is goed: voedsel, voortplanting, veiligheid, verplaatsing

Voor elk leefgebied staan vier kernwaarden voorop. Als aan deze vier V's wordt voldaan hebben de doelsoorten daar een goed leefgebied:

- **Voedsel** – Denk aan de de aanwezigheid en bereikbaarheid van prooien, insecten, spinnen, zaden voor vogels en zoogdieren en nectar voor insecten. Voor planten geldt dat bodem- en wateromstandigheden aansluiten bij de behoefte van de soort.
- **Voortplanting** – Omstandigheden voor paren en jongen groot brengen zoals nestgelegenheid en materiaal. Voldoende grote populatie voor het vinden van een geschikte partner. Voor planten gelegenheid om zaad te zetten en kiemplanten te laten groeien.
- **Veiligheid** – Schuilgelegenheid voor weersomstandigheden of voor predatoren als vossen, marters en roofvogels.
- **Verplaatsing** – Ruimte en veiligheid om te verplaatsen door het landschap om te forageren en te paren. Barrières als snelwegen, waterwegen of kale, winderige akkers kunnen dieren moeilijk passeren. Voor planten kan zaadverspreiding via water of met dieren belangrijk zijn voor uitbreiding van de populatie.

Wanneer voor een doelsoort één van deze Vier V's niet op orde is, kan de populatie niet toenemen.

In de volgende paragrafen meer over een aantal soorten die afhankelijk zijn van het boerenland (en boerenerf!). Daarbij wordt duidelijk dat één maatregel nooit voldoende is om een soort te ondersteunen. Uiteindelijk is het zaak om maatregelen te nemen die de zwakste schakel in een levenscyclus versterken, zodat een soort kan herstellen.

Meer informatie
- BoerenNatuur: www.boerennatuur.nl

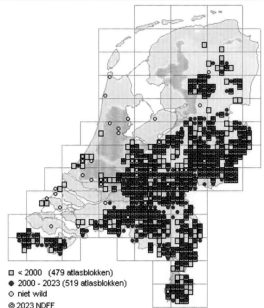

Figuur 7.6. De kamsalamander en haar verspreiding in Nederland (Bron: RAVON, 2023).

7.2 Erfbewoners

Welkome soorten op de boerderij

Een boerenerf is veel meer dan een paar gebouwen die een bedrijf huisvesten. Het is tegelijk een eldorado voor tal van dieren en planten in een complex ecosysteem. Dat valt ook af te leiden aan het feit dat boerenzwaluw, ringmus en steenuil traditioneel het meest voorkomen op boerenerven. Het betekent dat er genoeg vliegende insecten voor de boerenzwaluwen, zaden voor de ringmussen en muizen voor de steenuilen zijn. Van deze verschillende voedselbronnen zijn ook andere soorten afhankelijk, die allen 'erfbewoners' worden genoemd. Een erf heeft dan ook een veelheid aan verschillende elementen met verschillende ecologische functies: een erfsingel, hagen, een tuin, struiken en bomen en gazons, maar ook stallen, schuren, mestopslag en veeropslag. Her en der nog rommelige overhoeken en wat ruig gras met kruiden.

De hagen en kruiden en de bloemen in de tuin trekken insecten aan, waar de zwaluwen zich overdag mee voeden en de vleermuizen 's nachts. Vruchten in hagen en vruchtbomen trekken zaadetende vogels aan en gevallen fruit dient spreeuwen, lijsterachtigen, maar ook vlinders als de atalanta tot voedsel. Boerenzwaluwen nestelen in open schuren. Schuren en bomen geven vleermuizen en roofvogels schuilplekken, en broed- en nestgelegenheid.

Insecteneetende erfbewoners als de boerenzwaluw en vleermuizen (zie § 7.3) kunnen een positief effect hebben door te helpen met de natuurlijke bestrijding van vliegende plaaginsecten zoals (stal)vliegen. Roofvogels kunnen bijdragen aan de bestrijding van ongedierte in en rondom het erf.

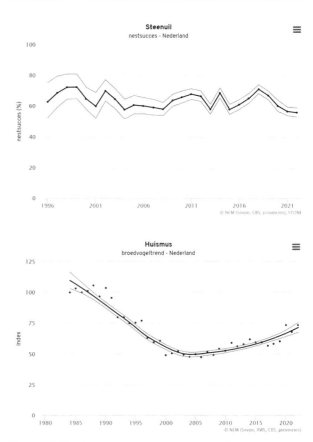

Figuur 7.7. Trend nestsucces van steenuil- en huismuspopulatie in Nederland (Bron: Sovon, 2023).

Steeds minder biodivers

Ondanks dat sommige erfbewoners, zoals de huismus, weer een voorzichtige opgaande trend laten zien (figuur 7.7), blijft het biodiverse karakter van boerenerven een aandachtspunt. Op de modernere erven komen de geschikte elementen die voedsel, rust en nestgelegenheid bieden, minder voor of ze liggen verder uit elkaar. Erven worden opgeruimder door strengere hygiëne-eisen en schuren en stallen hebben minder openingen en nestgelegenheden voor bijvoorbeeld boerenzwaluwen. Meer verharding en aangeveegde netheid leidt ook tot een minder diverse plantengemeenschap, waardoor er minder voedsel is voor insecten en minder nestgelegenheid is voor vogels.

Er zijn wel diverse, vaak eenvoudige maatregelen mogelijk om erfbewoners vooruit te helpen. Daarmee worden erven weer als vanouds de oases van biodiversiteit.

Maatregelen voor erfbewoners

Vrijwel elk boerenerf zit boordevol kansen om biodiversiteit te vergroten en behouden. Het draait dan om een combinatie van het voedselaanbod op peil brengen en het creëren van voldoende goede schuilmogelijkheden en nestplekken. Erfbewoners, behalve bijvoorbeeld verschillende vleermuissoorten, zijn in mindere mate afhankelijk van een goede connectiviteit.

Voor insecten begint het met een aanbod van plantaardige voeding als nectar, vruchten en zaden. Een met inheemse bloemen ingezaaide tuin en borders verhogen het nectaraanbod. Let op, sommige soorten zijn afhankelijk van één specifieke plant, zoals de knautiabij van de beemdkroon afhankelijk is. Erfsingels vormen een leefomgeving voor insecten en vogels. Belangrijk voor de biodiversiteit is het aanplanten van verschillende inheemse soorten die op verschillende tijden bloeien, om een gevarieerd aanbod aan voedsel te houden door het jaar heen, zoals de combinatie vuilboom, sleedoorn, meidoorn.

Naast voedsel, bieden erfsingels ook de schuilplekken voor verschillende soorten. Muizen en egels vestigen zich onder afgevallen takken en blad. Sommige insecten vinden er ook een overwinterplek. Het loont om takkenstapels te maken langs randen en ook om aan de buitenranden van het erf stukken onverhard en niet aangeharkt te laten.

Op boerenerven slingert van alles rond dat als nestmateriaal kan dienen en veel vogels vinden er ook vanzelf een nestplek. Met gerichte aanpassingen is het ook mogelijk om verschillende soorten voor langere tijd te laten vestigen. Traditionele erfvogels als de boerenzwaluw en kerkuil nestelden vaak in oude, open schuren. Maar waar die niet zijn helpen nestkasten in moderne strakke schuren hen ook aan een goed onderkomen. In Brabant pakte het aanbrengen van nestkasten positief uit voor de boerenzwaluw en bij collectief Rijn, Vecht en Venen werden modderpoelen aangelegd, om de boerenzwaluwen te helpen aan materiaal voor hun nesten.

Nestkasten voor roofvogels hoeven niet per se in of aan een gebouw, ze kunnen ook op palen worden gezet of in bomen. Grote, open bomen zoals oude knotwilgen bieden op zichzelf ook goede nestgelegenheid voor vogels als de steenuil. Insecten-hotels zijn er in allerlei kant-en-klare varianten, maar kunnen ook zelf worden gemaakt. Ze hebben een gunstige uitwerking op de algehele insectenbiodiversiteit. Vooral wilde bijen, zoals metselbijen en behangersbijen, profiteren ervan.

De knautiabij (*Andrena hattorfiana*) op de beemdkroon (*Knautia arvensis*).

Veel dieren, zoals egels, hebben baat bij een wat rommelig erf waar voldoende schuil- en nestgelegenheid is.

Kosten en uitvoerbaarheid

Omdat de maatregelen om iets voor erfbewoners te doen zo uiteenlopen is het verschil in kosten groot. De meeste maatregelen zijn echter kosteloos. Voorbeelden hiervan zijn: spontaan opkomende kruiden laten staan, overhoekjes laten verruigen en het maken van takkenhopen bij een snoeibeurt. De kosten van het inzaaien en aanplanten van inheemse soorten heesters en (vrucht)bomen op het erf is afhankelijk van de grootte van de singel en de selectie aan aangeplante soorten. Aanplantkosten variëren tussen € 430,- en € 480,- per 100 meter en liggen voor onderhoud tussen € 185,- en € 300,-. Vaak hebben provincies subsidieregelingen waarmee de vergroening van erven wordt gestimuleerd, maar de voorwaarden en looptijden verschillen per provincie.

Nestkasten en insectenhotels zet een handige doe-het-zelver zo in elkaar en zijn daarmee goedkoper dan het aanschaffen van een nestkast. Desalniettemin raadt de Vogelbescherming aan dat voor boerenzwaluw en roofvogels een speciale kast wordt aangeschaft. Deze kasten kunnen variëren in prijs van minder dan € 20 voor de boerenzwaluw tot boven de € 200 voor roofvogelkasten. Extra kosten zoals een paal om de kast op te zetten bij gebrek aan andere plaatsingsmogelijkheid kunnen hier nog bijkomen.

Kerkuilenkast.

Vleermuizenkast.

Gierzwaluwenkast.

Huiszwaluwennest.

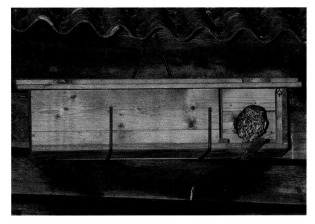

Steenuilenkast.

Meer informatie
- Erven plus: www.brabantslandschap.nl/help-mee-op-eigen-erfof-land/ervenplus

CAROLIEN KOOIMAN, COLLECTIEF RIJN, VECHT & VENEN

'Een modderpoel helpt zwaluwen bij hun bouwwerkzaamheden'

Vanuit collectief Rijn, Vecht en Venen zet Carolien Kooiman zich in voor boeren- en huiszwaluwen. 'De boerenzwaluw, de naam zegt het al, komt vooral voor op boerenerven. Ze broeden veel in stallen en/of boerenschuren, waar meestal vee gehuisvest wordt. De huiszwaluw broedt buiten, onder overstekende daken.' Elk jaar worden rondom het eerste en tweede legsel tellingen uitgevoerd, door boeren zelf of door veldmedewerkers in het gebied van Rijn, Vecht & Venen. Deze tellingen worden doorgegeven aan Sovon (vereniging die vogeltrends in kaart brengt). Naast de monitoring, stimuleert het collectief boeren om zwaluwen op hun erven aan te trekken. Caroliens eerste tip is om te zorgen dat de boerenzwaluw de schuur in kan: zet een raam of deur op een kier. Om een mooi nest te bouwen gebruikt een zwaluw graag modder en strootjes. Met name bij droogte hebben de vogels moeite met het vinden van goed nestmateriaal. Dan is een modderpoel van klei of leem hiervoor een belangrijke bron. Het collectief biedt leden een kleine vergoeding voor de aanleg van een

modderpoel. 'Afgelopen jaar hebben 25 boeren een poel aangelegd of een bestaande poel onderhouden, binnen 200 meter van een broedplaats. Bij een van de bedrijven lag al een kuiltje in de verharding van het erf. Hier werd klei in gestort en de kinderen van de boer hebben de poel zorgvuldig nat gehouden. Op het erf zijn vervolgens 11 boerenzwaluwen en wel 41 huiszwaluwen geteld!' De klei is niet alleen nuttig voor de bouw van een nieuw nest, maar ook bij 'reparatiewerkzaamheden' aan een bestaand nest. 'Haal oude nesten dus niet weg, zwaluwen komen vaak het volgende jaar weer terug'.

Meer informatie: www.rijnvechtenvenen.nl/projecten/02-boerenerfzwaluwen

7.3 Vleermuizen

Nachtelijke bestrijders van plaaginsecten

Vleermuizen zijn de 'ongeziene' zwarte fladderaars die zich overdag niet laten zien. Toch komen ze veelvuldig voor, ook op en rond boerenerven. En daar maken ze zich in de schemer en de nacht nuttig door grote hoeveelheden muggen, motten en kevers te eten, die ze feilloos met hun sonar uit de lucht plukken. Dankzij vleermuizen hebben Spaanse rijstboeren geen chemische middelen meer nodig tegen de rijstmot. En ook voor Nederlandse fruittelers is het goed nieuws dat de invasieve Suzuki-fruitvlieg op het menu staat van vleermuizen.

Onbekend en ongezien maakt onbemind en dus helpt kennis van leefwijze en behoeften al veel om rekening met ze te houden. Bijvoorbeeld door te zorgen dat het 's nachts donker is op het erf. Met openingen in spouwmuren en het ophangen van kasten krijgen ze meer en betere verblijfplaatsen.

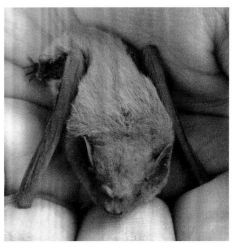

Gewone dwergvleermuis.

De vleermuis in Nederland

Er komen 18 verschillende soorten vleermuizen regelmatig in Nederland voor. Van relatief algemene soorten als de gewone dwergvleermuis, grootoorvleermuis en franjestaart tot zeldzame soorten zoals ingekorven vleermuis of vale vleermuis. Ze verschillen van klein (dwergvleermuizen) tot best groot (vale vleermuis of laatvlieger). Ongeveer de helft van deze soorten leeft in het agrarisch landschap en dan vooral rond boerenerven.

Vleermuizen maken geen nesten, maar benutten plekken zoals gaten in bomen, spouwmuren, dak- en gevelbetimmering en spleten in balken van gebouwen. De ene soort heeft voorkeur voor hout, de ander voor steen. Zolders van oude schuren en oudere boerderijen zijn geschikt, maar ook die van kerken worden veel gebruikt door vleermuizen. Voor de winterslaap zoeken vleermuizen andere plekken op zoals groeves, bomen, ijskelders, bunkers, maar ook spouwmuren. Ze worden vanaf het vroege voorjaar actief en verhuizen dan naar hun zomerverblijven. Die bevinden zich vaak ook op het boerenerf. De vrouwtjes leven dan in kraamkolonies en krijgen hun jongen. Na de zomer vallen deze vrouwtjesgroepen uit elkaar. In het najaar vindt de paring plaats. De mannetjes leven alleen. De dieren zijn zeven maanden actief en houden zo'n vijf maanden winterslaap.

Het voedsel van Nederlandse vleermuizen bestaat uit insecten. Welke ze dan bij voorkeur eten, verschilt per soort. Een dwergvleermuis eet per nacht zo'n duizend muggen, motjes en kevertjes. Een gemiddelde kolonie met 70 vleermuizen vangt in een seizoen 14,7 miljoen insecten.

Grootoorvleermuis.

Franjestaart.

Afname en toename

Tot halverwege de 20e eeuw zijn veel Nederlandse vleermuissoorten achteruitgegaan en drie soorten zijn zelfs verdwenen uit ons land. De oorzaken zijn niet precies bekend, maar verstoring en verdwijnen van verblijfplaatsen spelen mogelijk een rol, net als bestrijdingsmiddelen in de landbouw en de inzet van houtverduurzamingsmiddelen op kerkzolders. Bij onderzoek met de ingekorven vleermuis of wimpervleermuis in Limburg werden in vleermuizen en in hun mest zo'n zes verschillende pesticiden gevonden. Waarschijnlijk krijgen ze die binnen via insecten die ze eten en die in aanraking kwamen met bestrijdingsmiddelen of door behandeling van hout van kerk- en boerderijdaken. Ook zijn in de vorige eeuw veel heggen en hagen, bosjes en boomlanen en houtwallen verdwenen. Die vormen de 'snelwegen' waarlangs vleermuizen zich door het landschap bewegen en zijn een bron van insecten. Kortom, het landschap werd eentoniger en minder geschikt voor insecten en vleermuizen.

Sinds de jaren 50 vertonen een aantal soorten weer een stijgende lijn (figuur 7.8). Van elf soorten zijn sinds 1986 tellingen in winterverblijven en op kerkzolders gedaan. Over de periode 1986-2020 is de sterkste stijging te zien bij de ingekorven vleermuis en de franjestaart. Het aantal baardvleermuizen en gewone grootoorvleermuizen is matig toegenomen. Onder meer een betere waterkwaliteit, ouder wordende bossen, maar ook de aandacht voor beschermingsmaatregelen en verblijfplaatsen spelen daarin een rol. Alle in Nederland voorkomende soorten vleermuizen zijn beschermd via de Europese Habitatrichtlijn (sinds 1992) en de uitwerking daarvan in de Natuurbeschermingswet en de Flora-en Faunawet in 1998.

Maatregelen om vleermuizen te bevorderen

Nachtelijke verlichting is doorgaans nadelig voor vleermuizen. Sommige soorten jagen wel in de buurt van verlichting, omdat insecten op het licht afkomen, maar ze hebben het licht niet nodig omdat ze met sonar de insecten vinden. Het lijkt er zelfs op dat de meeste soorten last hebben van verlichting en dat een donker erf de beste plek is voor vleermuizen.

Met het ophangen van vleermuiskasten is het vrij eenvoudig en goedkoop om het aantal huisvestingsplaatsen op het platteland te vergroten. Ze kunnen het beste in verschillende windrichtingen worden gehangen, behalve in de volle zon op het zuiden vanwege de warmte. Zo kunnen de vleermuizen zelf de beste plek voor het zomerseizoen kiezen. De geschikte hoogte is zo'n vier meter, met in elk geval drie meter vliegruimte onder de kast. Kasten zijn vaak niet geschikt als kraamkolonie of overwinteringsplaats voor grote groepen, omdat ze te klein en niet vorstvrij zijn. Paalkasten zijn in opkomst, omdat ze overal eenvoudig kunnen worden geplaatst, maar deze kasten zijn erg gevoelig voor temperatuurschommelingen.

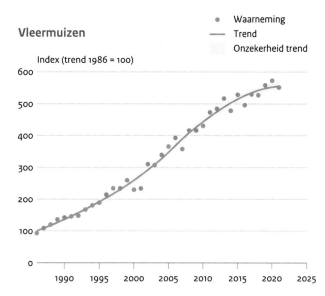

Figuur 7.8. Ontwikkeling van vleermuizen in de afgelopen dertig jaar laat een stijgende lijn zijn (Bron: NEM - Zoogdierenvereniging, CBS).

Een stootvoeg open maken kost niets. Tegenwoordig worden die juist vaak afgesloten met een rooster om vleermuizen en ongedierte te weren of ten behoeve van spouwmuurisolatie.

Ook andere eenvoudige maatregelen helpen. Zorgen dat ze toegang krijgen tot bestaande holtes zoals (spouw) muren en daken of het monteren van een plaat met een kier tegen de wand van een gebouw waarachter vleermuizen kunnen schuilen. Ook is het mogelijk om kasten in te metselen in of achter een muur te plaatsen.

Het is van belang zo min mogelijk chemische bestrijdingsmiddelen te gebruiken omdat deze anders ophopen in vleermuizen. Zo kunnen de vleermuizen zelf een rol spelen in natuurlijke plaagbestrijding naast andere biologische alternatieven (zie § 4.6 en § 5.7).

Lanen, singels en hagen

Vleermuizen gebruiken lanen van bomen en andere lintvormige beplanting graag als bescherming en om langs te jagen. Op deze plaatsen zijn immers veel insecten. Lintvormige beplanting zoals singels en hagen op en rond het erf zorgen voor goede leefomstandigheden. Met aanvullende beplanting kunnen verbindingen worden gemaakt tussen groenelementen en tussen verblijfplaats en jachtgebied (zie § 7.2).

Inpasbaarheid in de bedrijfsvoering

De maatregelen om vleermuizen aan te trekken zijn eenvoudig en goedkoop. Vleermuiskasten kosten grofweg € 40 - € 55 (ex BTW), maar de bedragen zijn afhankelijk van omvang en locatie (ophangen, inbouwen in de muur of paal in het veld plaatsen, etc.). Vleermuizen zijn nuttige dieren die veel muggen, motten, meikevers en nachtvlinders eten en zo een bijdrage leveren aan natuurlijke plaagbestrijding op het erf. Ze vormen een goede aanvulling op de natuurlijke vijanden die overdag jagen. Uit onderzoek in de Verenigde Staten blijkt dat vleermuizen een bijdrage leveren aan plaagbestrijding in de teelt van mais (maisstengelboorder) en katoen (katoenuilen). Ook andere studies laten zien dat vleermuizen de schade aan de gewassen sterk reduceren.

Meer informatie
- Zoogdiervereniging: www.zoogdiervereniging.nl/vleermuizen
- Vleermuizen: www.vleermuis.net

Vleermuizenkasten in de buurt van percelen voor een proef over de bestrijding van de koolmot door vleermuizen.

7.4 Wilde bestuivers

Gewassen kunnen niet zonder

Van hommels, wilde bijen en honingbijen leren kinderen al dat ze van bloem tot bloem vliegen om nectar en stuifmeel te verzamelen. Op school bij biologie leren ze dat insecten op die manier voor de bestuiving en dus generatieve voortplanting van bloemen en planten zorgen. Minder bekend zijn de vele wilde soorten bestuivers, zoals een hele reeks zweefvliegen. Ook minder bekend is dat al die bestuivers van groot belang zijn voor de groei en vooral de vruchten van landbouwgewassen. Denk aan fruitboomgaarden met appels, peren, kersen, aardbeien en bessen. Maar ook groenten als courgette, tomaat en tuinboon. Ook het oliegewas koolzaad is afhankelijk van bestuiving door insecten. Dat hommels specialisten zijn in bestuiving werd in 1988 ontdekt bij tomaten. Met hun 'buzz-bestuiving' brengen ze de bloem in trilling en komt er stuifmeel vrij. In de jaren 90 werd de handmatige bestuiving in kassen vervolgens in rap tempo vervangen door hommels, wat de telers veel arbeidstijd bespaarde.

Kegelbijvlieg (*Eristalis pertinax*) op een appelbloem.

Onmisbaar

Uit Nederlands onderzoek bleek dat bij het wegvallen van insectenbestuiving niet alleen het aantal appels met 40% afneemt, maar dat de appels ook 50% kleiner bleven. Voor blauwe bes werden vergelijkbare resultaten gevonden. Ongeveer de helft van 100 belangrijke voedselgewassen in de wereld zijn in belangrijke mate afhankelijk van bestuivers. De economische waarde is dan ook groot: naar schatting zo'n 153 miljard euro. Afwezigheid van bestuivers zou de landbouwproductie met 3-8% doen afnemen.

Land- en tuinbouw kunnen dus niet zonder bestuivers. In de buurt van gewassen en boomgaarden worden daarom bijenkasten met honingbijen geplaatst. Die volken hebben het de afgelopen jaren moeilijk, wat leidt tot berichten over een 'bestuivingscrisis'. Maar uit allerlei onderzoek blijkt dat wilde bijen en andere wilde bestuivers een groter deel van de bestuiving voor hun rekening nemen dan voorheen gedacht: bij aardbeien bijvoorbeeld 45% en bij peren 60%. De resultaten uit verschillende onderzoeken wijzen dan ook op de 'verzekerende waarde' van biodiversiteit voor bestuiving van landbouwgewassen.

Vijf maatregelen die werken

Om wilde bijenpopulaties in de buurt van gewassen te krijgen is de aanwezigheid van voldoende natuurlijke habitat op relatief korte afstand van groot belang. Telers kunnen daar zelf veel aan doen. De aanwezigheid van bloemenweiden, wegbermen en houtwallen in een straal van 500 meter van perenboomgaarden zorgt voor aantoonbaar meer bezoek van wilde bestuivers. Inzet van hommelkolonies of honingbijen kan aanvullend nodig zijn als die ideale omstandigheden voor de wilde soorten er niet zijn. Vanaf een bepaalde verhouding is er sprake van concurrentie tussen honingbijen en andere bestuivers. Voor de langere termijn is het beter om in te zetten op versterking van wilde bijenpopulaties. Vijf maatregelen helpen om voldoende en gevarieerde wilde bestuivers op het bedrijf te krijgen en te houden:

1. Gebruik van insecticiden zo laag mogelijk houden door te monitoren of, waar en wanneer bestrijding echt nodig is. Vooral breedwerkende en systemische middelen zijn zeer schadelijk voor bestuivers en andere nuttige insecten. Gebruik zo mogelijk minder schadelijke alternatieven: natuurlijke vijanden, virussen, 'groene' middelen (zie § 4.6).
2. Bespuiting toch nodig? Dan op een moment dat bestuivers minder actief zijn (avond) en imkers vragen bijenkasten te sluiten.

3. Zorg voor nestgelegenheid:
   - Op kale zanderige plekken kunnen zandbijen en hommels nestgangen graven;
   - In goed gemaakte en geplaatste bijenhotels (op het zuiden) kunnen allerlei wilde metselbijen voor nageslacht zorgen;
   - Zo nodig en met mate bijplaatsen van hommel- of honingbijenkolonies op strategische plaatsen.
4. Voedsel is vooral in de tweede helft van het seizoen voor veel insecten problematisch. Met ecologisch graslandbeheer en bloemenstroken kan het nectaraanbod worden vergroot. Gebruik wel zaadmengsels met inheemse soorten en let op de bloeitijd zodat de gehele bloeiboog wordt bestreken (figuur 7.9). Bestaande grasvegetaties niet klepelen, maar maaien/afvoeren en nog beter hooien leidt

tot meer bloeiende planten en minder verruiging. Beheermaatregelen om bijen te bevorderen moeten langdurig en consequent gedaan worden. Bijen komen vrij snel af op plekken met betere habitatkwaliteit.

5. Gefaseerd maaien is eenvoudig en vergroot het bloemenaanbod over een langer seizoen. In één keer wegmaaien van wegbermen en randen betekent een drastische vermindering in nectaraanbod. Twee keer per jaar maaien en het maaisel een tijdje laten liggen zorgt voor meer bloemen en meer soorten.

Meer informatie
- Bestuivers: www.bestuivers.nl

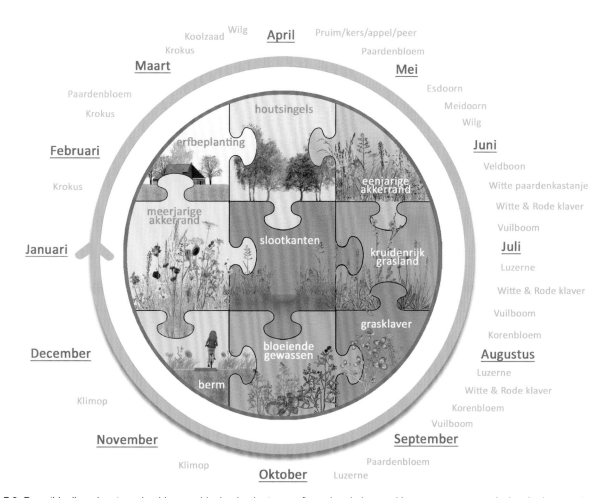

Figuur 7.9. Deze 'bloeiboog' met voorbeelden van bloeiende planten geeft aan hoe je jaarrond kan zorgen voor voedselaanbod voor nuttige insecten.

AARBEIENTELERS ARJEN EN ESMERALDA KOK, ZWAAGDIJK:

'Bijvriendelijk werken is een noodzaak én goede reclame'

Ze doen er alles aan om het de bijen naar hun zin te maken. 'De bijen zijn er voor de bestuiving en zonder bestuiving kun je geen mooie aardbeien telen' vertellen Arjen en Esmeralda Kok. Natuurlijke vijanden hebben ze er ook graag bij, zodat ze zelf niet aan chemische gewasbescherming hoeven te doen. 'De beestjes doen het werk voor ons.' Het in de buitenteelt stimuleren en vasthouden van nuttige beestjes gaat steeds beter. 'Voor ons is bijvriendelijk werken een noodzaak, maar het is zeker ook goede reclame.'

In het gesloten systeem van de kassen zijn de omstandigheden voor bestuivers en andere insecten goed te regelen. Maar in de buitenteelt vliegen de beestjes snel weg. Ze onderzoeken nu hoe ondernemers met eenjarige en vaste planten de beestjes op het bedrijf behouden. 'Wilde bijen en hommels vliegen bij lagere temperaturen dan honingbijen. Daarom zijn die soorten nuttig voor vroegbloeiende boomgaarden, zoals kersen.'

Nestblok voor metselbijen in een fruitboomgaard met extra bloemen onder de fruitbomen voor de periode vóór en na de fruitbloesem.

7.5 Akkerflora

Flora-akkers met bloemenpracht van vroeger

Met akkerflora of akkerplanten bedoelen we een groep van planten die zich thuis voelen op akkers met gewassen zoals granen, aardappelen, erwten, boekweit en vlas. Het zijn zogenaamde 'pioniersoorten' die veel zon verdragen en snel kunnen groeien. Hoewel een deel van deze plantensoorten ook op andere plekken in het landschap te vinden is, gaat het om soorten die de jaarlijkse 'verstoring' van grond door ploegen en ander grondwerk nodig hebben. Daarbij kunnen ze groeien, zaad zetten of vegetatief vermeerderen met knollen, bollen of wortelstokken. In meerjarige vegetatie zoals weides, dijken en slootkanten zouden ze al snel verdwijnen.

De algemene soorten die we nog op akkers tegenkomen, zoals hanepoot, vogelmuur, grote ereprijs en melganzevoet zijn veel agrariërs bekend. In de vooroorlogse akkerbouw was de diversiteit aan akkerplanten veel groter dan nu. Korenbloem en klaproos kwamen veel algemener voor, net als 150 andere soorten die nu vrij zeldzaam zijn. In het 'beschermingsplan Akkerplanten' is een lijst van 86 soorten gemaakt die sterk in aantal waren teruggelopen en waarvan de meeste ook op de Rode lijst van zeldzame inheemse planten staan. Wat opvalt is dat vooral de uitbundig bloeiende soorten zijn verdwenen,

waarmee ook voedsel en habitat verloren ging voor de bloembezoekende insecten als wilde bijen, hommels, zweefvliegen en sluipwespen. Het op enkele plekken herstellen van deze soortenrijkdom heeft dus een veel breder effect op biodiversiteit dan alleen voor de akkerplanten.

Afname soorten

Ongeveer in het midden van de 19e eeuw kon de volle rijkdom aan akkerplanten nog worden ervaren. Vanaf dat moment begon de landbouw en het landschap sterk te veranderen. Verschillende factoren werkten daarbij in het nadeel van akkerplanten. Zo groeien de gewassen sneller en dichter op elkaar door meer bemesting en gebruik van verschillende meststoffen. Onkruiden worden intensiever bestreden, eerst door inzet van meer arbeid en machines en vanaf midden vorige eeuw ook met chemische gewasbescherming, de herbiciden. Aanvullend spelen meer factoren, zoals de uitbreiding van het areaal aardappelen en suikerbieten (hakvruchten). Ook dieper en meer kerend ploegen en technieken om zaad te 'schonen' werkten in de richting van 'schonere' percelen met minder akkerplanten. Nijverheidsgewassen als meekrap, boekweit en vlas verdwenen uit veel regio's en daarbij ook de akkerplanten.

Flora-akker bestaande uit eenkoorn met meerjarige akkerrand er langs.

De vlasteelt ten behoeve van linnen verdween van de akkers en daarmee de bijbehorende akkerplanten.

Biologische teelt en schrale akkers

Voor een klein deel van de akkerflora is een biologisch beheerde akker al genoeg om terug te keren. Deze soorten komen terug als er geen herbiciden gebruikt worden en het gewassen een meer open stand heeft. Het is dus gunstig dat het areaal biologische landbouw langzaam maar gestaag toeneemt.

Als er meer maaivruchten als granen worden geteeld en de mechanische onkruidbeheersing minder intensief wordt, ontstaat er meer ruimte voor korenbloemen, gele ganzenbloem en klaprozen. Dit biedt ook meer kans voor bescheiden soorten als kleine leeuwenklauw en gewone spurrie op zandgronden en akkerandoorn en kleine leeuwenbek op meer leem- en kleihoudende gronden.

Voor een breder herstel van akkerflora zijn echter ook arealen nodig waar de bemesting schraler is dan gebruikelijk in de biologische teelt. Bij lagere graanopbrengsten van 2,5 tot 3 ton/ha op zand en 3,5 tot 4 ton/ha op klei komt er meer ruimte voor kwetsbare soorten. Op zand kunnen dan korensla, viltkruid en slofhak groeien. Op kalkhoudende zavel of kleigronden ontstaan dan kansen voor kleine wolfsmelk, stoppelleeuwenbekjes, blauw walstro of groot spiegelklokje. Deze zeldzamere akkerplanten zijn sterker gebonden aan een grondsoort en specifieke omstandigheden dan de algemeen voorkomende soorten.

Een ander aandachtspunt is het moment van kieming. Alle huidige akkerkruiden kiemen in het voorjaar of in de zomer, maar onder de zeldzame soorten zijn er veel die bij voorkeur in de herfst kiemen en dus vooral in herfstgezaaide gewassen te vinden zijn. Om het bredere palet aan akkersoorten terug te krijgen zal daarom ook het aandeel herfstgezaaide gewassen moeten toenemen.

Inpassing in de bedrijfsvoering

Een veel lagere bemesting en meer maaivruchten in de vruchtwisseling zijn pas echt bevorderlijk voor herstel van een grote diversiteit aan akkerplanten. Voeg daaraan toe dat het jaren achtereen moet worden volgehouden om voor de meer zeldzame soorten een zaadvoorraad in de bodem (zaadbank) op te bouwen en het is duidelijk dat het dan eerder om natuurbeheer gaat, dan renderende landbouwproductie. De beste kansen ontstaan als flora-akkers uit de reguliere vruchtwisseling worden gehaald en een eigen vruchtwisseling krijgen met veel maaivruchten, variatie in gewassen en lage bemestingsniveaus. Dergelijke inspanningen zijn voor telers alleen te doen als ze voor opbrengstderving en inspanningen een vergoeding kunnen krijgen uit het subsidiestelsel voor agrarisch natuurbeheer (ANLb) of natuur en landschap (SNL) (zie § 7.1). Voor een goede flora-akker gaat het dan over hoge beheervergoedingen voor gronden in eigendom van de teler. Is het natuurgrond van een terreinbeherende organisatie, dan zou er in plaats van een pachtsom ruimte moeten zijn voor een vergoeding per hectare voor het beheer door een teler met kennis van zaken.

Korensla.

Viltkruid.

Slofhak.

MENKVELD AKKERT MET NATUUR

'Het zoemt hier in de zomer'

'In de zomer zoemt het hier weer van de insecten boven de akkers!' Herman Menkveld somt op welke bloemen daarvoor zorgen: gele ganzenbloem, korenbloem, slofhak, spiegelklokje en heel veel soorten klaprozen (en niet die grote uit zaadmengsels!). 'We zien ook steeds vaker wat zeldzamere soorten. Er is 25 jaar overheen gegaan, sinds we stopten met chemie en kunstmest.'

Herman is 66 en zijn zoon Jan heeft het bedrijf in Olst net overgenomen. Ze combineren 35 hectare biologische akkerbouw en met natuurbeheer op akkers en grasland van natuurorganisaties en stichting IJssellandschap. Herman was 20 jaar 'volgas boer', maar gooide het roer om. 'Ik had op natuurlijke akkers van Staatsbosbeheer die wij beheerden gezien hoe mooi dat uitpakt als je extensief granen teelt met een klein beetje dierlijke mest. De kwaliteit is prima, er bloeit van alles en het onkruid valt mee. Juist omdat je niet te veel stikstof gebruikt en de bodem zelf het werk laat doen.'

Het bouwplan is extensief met veel granen: rogge, tarwe, haver, naakte haver, gerst, triticale, korrelmais en een klein beetje consumptieaardappelen. De graanoogst is meestal bestemd als veevoer voor biologische veehouders. Juist de combinatie van eigen percelen met natuurpercelen pakt goed uit voor bloemen. 'Met de ploeg en de combine versleep je zaden. We zagen her en der spiegelklokje verschijnen. Het zaad kwam mee van Staatsbosbeheerpercelen.'

Herman (links), zoon Jan en de volgende generatie dient zich al aan (Wout).

Meer informatie: www.natuurlijkmenkveld.nl

Kleine wolfsmelk.

Blauw walstro.

Groot spiegelklokje.

Puzzelstukje in biodivers landschap

Op flora-akkers akkers met beheervergoeding ontstaan mogelijkheden om te werken met oude graansoorten als emmertarwe, eenkoorn of spelt. De granen van deze natuurakkers kunnen in de korte keten naar molenaars en bakkers een meerwaarde in de markt kunnen krijgen. Verder is het zo dat er voor akkerflora-herstel geen grote oppervlaktes nodig zijn. Op een akkertje van een halve hectare kan al een grote diversiteit aan akkerplanten groeien. Flora-akkers hebben vooral meerwaarde als ze niet op zichzelf staan, maar één van de puzzelstukjes vormen in een biodivers agrarisch landschap. Er staan juist veel planten te bloeien op het moment dat de kruidenrijke hooilanden voor de eerste keer gemaaid zijn in juni/juli. Als ze in het najaar wat langer onbewerkt in de stoppel blijven liggen vormen ze een ideale foerageerplek voor overwinterende vogels.

Emmertarwe (*Triticum dicoccum*)

Eenkoorn (*Triticum monococcum*)

Meer informatie
- Het akkerboek:
  knnvuitgeverij.nl/artikel/het-akkerboek.html
- Doornik Natuurakkers:
  www.doorniknatuurakkers.nl

Spelt (*Triticum spelta*)

7.6 Akkervogels

Historische soortenrijkdom terughalen

Veldleeuwerik, gele kwikstaart, putter en kneu zijn vogelsoorten die zich prettig voelen op en in percelen waar gewassen worden geteeld. Vandaar dat we ze akkervogels noemen, als onderscheid met weidevogels die voornamelijk in graslanden voorkomen. De beide groepen samen noemen we boerenlandvogels, om aan te geven dat het om soorten gaat die thuis horen in het agrarisch landschap. Het is natuur die samengaat met landbouw, maar de aantallen nemen al jaren zorgwekkend af, juist door de veranderingen in de landbouw en in het landschap.

De groep akkervogels beslaat zoveel soorten dat het handig is om onderscheid te maken tussen akkervogels van open boerenland (veldleeuwerik, gele kwikstaart, grauwe gors, kievit en kiekendieven) en de soorten van het kleinschalige boerenland (geelgors, ringmus, patrijs, zomertortel, holenduif, kneu, putter, grasmus, steenuil, kerkuil). Aan deze laatste groep worden

dan soms nog de vogels van het boerenerf toegevoegd (huismus, boerenzwaluw, huiszwaluw, gekraagde roodstaart), want ook die vinden hun voedsel op de akkers.

Enkele typische akkervogels zijn (vlnr) de veldleeuwerik, gele kwikstaart, grauwe gors, kievit en bruine kiekendief.

Akkervogels hebben het moeilijk

Voor alle soorten boerenlandvogels stemmen de statistieken somber: vanaf het begin van de 20ᵉ eeuw zijn de aantallen met 60-70% afgenomen. Sommige soorten herstellen zich inmiddels, maar niet volledig. De intensivering van de landbouw met ontginningen, inpoldering, diepere ontwatering, verdwijnen van heggen, hagen en struweel, gebruik van bestrijdingsmiddelen, speelt hier een grote rol in.

De afname van de vogels van erven en struweel (kleinschalig boerenland) is al vanaf de eerste tellingen in 1915 te zien. Deze vogels vinden dekking en broedgelegenheid in heggen en hagen en daarvan zijn er al vóór de Tweede Wereldoorlog veel verdwenen. Sinds 1990 lijkt die trend enigszins gestabiliseerd (figuur 7.10).

Voor de akkervogels van het open akkerland waren de veranderingen in de landbouw eerst juist gunstig. Veel woeste gronden zoals heiden en hoogvenen werden in cultuur gebracht, ontwaterd en meer bemest door toename van de veehouderij. Het leefgebied voor de vogels nam toe en de insectenrijkdom tegelijk ook.

De grote intensivering van de landbouw na 1950 zorgde alsnog voor afname van akkervogels. De variatie in gewassen nam af, er kwamen grotere percelen door introductie van de trekker in combinatie met ruilverkaveling. In de meeste akkerbouwgebieden verdwenen de graslanden door specialisatie. De vanaf 1950 sterk toenemende inzet van bestrijdingsmiddelen en dan vooral de insecticiden, betekende een klap voor het voedselaanbod voor broedende vogels. Overigens zijn er enkele soorten waarmee het inmiddels wel goed gaat. De putter, kerkuil, grauwe kiekendief en geelgors laten stijgende aantallen zien.

Landschapstype

Zowel op bedrijfsniveau als op landschapsniveau zijn er kansen om het agrarische gebied weer aantrekkelijk te maken voor akkervogels. Het ligt voor de hand dat het overheersende landschapstype richting geeft aan de keuzes waarop het beste kan worden ingezet. Is dat van oudsher een gebied met hagen en struweel, dan zijn vogels van kleinschalig boerenland (geelgors, kneu, ringmus en steenuil bijvoorbeeld) daar al volop aanwezig. Deze soorten zijn dankbaar voor uitbreiding en goed onderhoud van heggen, hagen, hoogstamboombaarden en struweel.

Daarop inzetten betekent voor vogels van open akkerlandschap juist dat het landschap minder aantrekkelijk wordt. Een grondbroeder als de kievit of de veldleeuwerik wil een groot open gebied waarin ze minimaal honderd meter en nog liever tweehonderd meter om zich heen kunnen kijken om het gevaar te zien aankomen. Bomen en struweel vormen een gevaar, omdat het uitkijkposten zijn voor roofvogels en schuilplek voor vossen en marters.

Maar voor deze vogels zijn ook weer tal van maatregelen mogelijk om hun leefgebied te vergroten en te verbeteren. Zo kan er in het voorjaar van alles gedaan worden om te weten waar nesten liggen om deze goed te beschermen. Werkzaamheden kunnen beter buiten het broedseizoen worden gedaan, maar zo nodig is het wel mogelijk nesten te verplaatsen of om nesten heen te werken. Voor het vinden en beschermen van nesten krijgen agrariërs vaak hulp van groepen vrijwilligers, wildbeheereenheden en lokale natuurclubs.

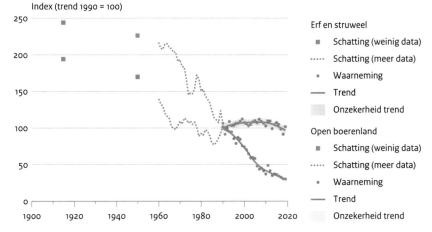

Figuur 7.10. Waar de erfvogels redelijk stabiel zijn, neemt het aantal vogels op het open boerenland nog steeds af (Bron: NEM - Sovon, CBS).

Maatregelen die elkaar versterken

Combinaties van maatregelen gedurende het jaar werken versterkend (figuur 7.11). In het broedseizoen eten akkervogels voornamelijk wormen, loopkevers en vliegende insecten, terwijl vogels in de winter overleven op zaden. Wintervoedselveldjes met een mengsel van gewassen zijn een goede maatregel, net als het in de stoppel laten liggen van granen. Slootkanten, akkerranden, dijken en graslandjes zijn de voornaamste bron van insecten in akkerbouwgebieden. Insectenvriendelijk beheer kan daar bestaan uit minder vaak maaien of klepelen en vooral: pas na het broedseizoen. Het laten staan van riet in de winter geeft soorten als blauwborst een impuls (zie § 6.6). Stukken dijk, grasland of bredere akkerranden veranderen door verschralen en bijzaaien geleidelijk in kruidenrijk hooiland met veel insecten en schuilmogelijkheden voor vogels.

Combinaties van maatregelen in het landschap werken versterkend. Een struweelhaag met daarnaast een bredere strook kruidenrijk hooiland én een ecologisch beheerde slootkant bijvoorbeeld. Een kruidenrijke bomendijk neemt in waarde toe met aan de noordkant wat struweel als meidoorn en sleedoorn.

Behalve versterken en goed beheren van waardevolle elementen op en rond het bedrijf, kunnen ook de akkers zelf een bijdrage leveren aan de leefomstandigheden van vogels. In hoofdstuk 4 beschrijven we hiervoor een reeks mogelijkheden, zoals gewasdiversificatie, het toepassen van verschillende bloeiende maaivruchten en strokenteelt. Ook het werken met minder grote percelen zorgt voor een mozaïek habitat in het landschap. Percelen van twee à drie hectare leveren meer perceelsranden op dan percelen van 10-20 hectare en juist in die randen is de biodiversiteit hoog.

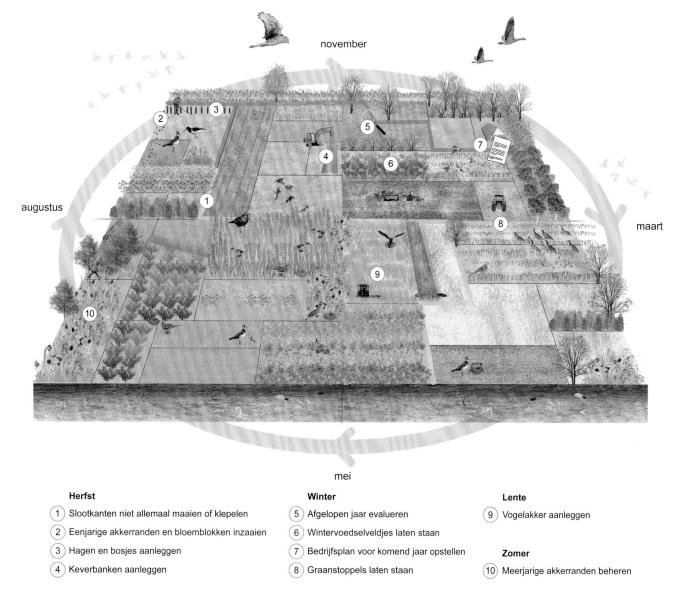

Figuur 7.11. Maatregelen voor akkervogels per seizoen.

Herfst

1. Slootkanten niet allemaal maaien of klepelen
2. Eenjarige akkerranden en bloemblokken inzaaien
3. Hagen en bosjes aanleggen
4. Keverbanken aanleggen

Winter

5. Afgelopen jaar evalueren
6. Wintervoedselveldjes laten staan
7. Bedrijfsplan voor komend jaar opstellen
8. Graanstoppels laten staan

Lente

9. Vogelakker aanleggen

Zomer

10. Meerjarige akkerranden beheren

Inpassing in de bedrijfsvoering

Er valt met tal van kleine aanpassingen en gerichte acties voor de broedende en overwinterende vogels al veel te bereiken. Het iets anders beheren van slootkanten, bermen en dijken vergt geen ingrijpende aanpassingen in de bedrijfsvoering en levert toch een bijdrage. Anders wordt het met wintervoedselveldjes, brede akkerranden en stukken schraal kruidenrijk hooiland op productieve gronden. Die maatregelen doen veel voor de biodiversiteit en passen bij een brede inzet op verbetering van de habitat van akkervogels, maar kosten uiteraard gewasopbrengst. Om dit te kunnen doen zijn passende ANLb-regelingen nodig of andere ondersteuning ter compensatie van kosten en gemiste opbrengsten (zie § 7.1).

Meer variatie en biodiversiteit brengt ook voordelen mee, zoals natuurlijke plaagbestrijding en betere bestuiving en zaadzetting. Dat effect is bewezen bij koolzaad en veldbonen. Extensiveren van het bouwplan met bloeiende maaivruchten verhoogt de bodemkwaliteit en werkt door in betere opbrengsten van intensieve gewassen als aardappelen, uien en suikerbieten.

Meer informatie
- Bescherming van akkervogels: www.vogelbescherming.nl/bescherming/wat-wij-doen/onze-boerenlandvogels/factsheets1

De spinnen en kevers in een meerjarige akkerrand zijn een voedselbron voor akkervogels.

7.7 Weidevogels

Veiligheid en voedsel om kuikens vliegvlug te laten worden

Kenmerkend voor weidevogels is dat ze hun nesten maken in open weidegebieden en soms ook op akkers. De belangrijkste vier weidevogels zijn kievit, scholekster, grutto en tureluur. Soorten zoals kemphaan en watersnip broeden nog sporadisch in Nederland en zijn vooral als doortrekker te zien. Voor alle genoemde weidevogels geldt dat ze tot de steltlopers horen. Maar daarnaast broeden ook eendensoorten als zomertaling en kuifeend overwegend op grasland. En voor een heel aantal soorten vogels geldt dat ze óók in weilanden broeden, maar ook vaak in andere landschappen. Dit zijn bijvoorbeeld de slobeend, krakeend, bergeend en de zeldzame wintertaling, bontbekplevier, kleine plevier, kluut, visdief, kwartelkoning, paapje, grauwe gors en zwarte stern. Verder voelen enkele kleine zangvogels zich thuis in weilanden: veldleeuwerik, graspieper en gele kwikstaart, maar deze worden tegenwoordig tot de akkervogels gerekend.

Grutto: onze nationale vogel

De grutto wordt door veel Nederlandse natuurliefhebbers herkend en is in 2015 door het programma Vroege vogels uitgeroepen tot 'de Nationale vogel van Nederland'. Het overgrote deel van de grutto's die in Noordwest-Europa broeden, doet dat in Nederland. Dat geeft ons land een grote verantwoordelijkheid voor de instandhouding van deze soort. Maar het aantal is sinds de jaren 80 met zo'n 75% teruggelopen. De grutto wordt gezien als een gidssoort voor weidevogels. Gaat het goed met de grutto, dan is het biotoop vaak ook geschikt voor vele andere weidevogelsoorten, net als de andere typische planten en diersoorten van het weidelandschap. Voor een goed weidevogelbiotoop is een palet van verschillende percelen met verschillende omstandigheden nodig. Open percelen met een vochtige zode voor het broeden, maar ook percelen met een lange rustperiode en (bloeiende) kruiden, waar de kuikens vervolgens foerageren met voldoende dekking. Liefst in de buurt daarvan ook percelen waar koeien of jongvee weiden en sloten met hoog water en plasdrassen, maatregelen die samen weer voor voedsel en veiligheid zorgen in de broedfase en kuikenfase. Een veel gebruikte term hiervoor is dan ook 'mozaïekbeheer'.

Grutto (*Limosa limosa*)

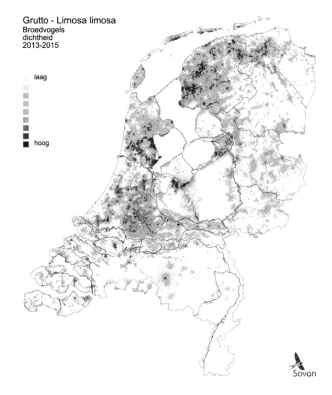

Figuur 7.12. Verspreiding van broedparen van de grutto in Nederland (Sovon, 2023).

Kievit (Vanellus vanellus)

Broedparen: 89.000-130.000

De kievit is een van de meest kenmerkende (weide-)vogel-soorten van ons land. Hij is onmiskenbaar met zijn kuif, zijn zwart-witte kleed en zijn unieke, opvallend brede vleugels. Deze spelen in de baltsvlucht een belangrijke rol, waarbij de kievitman spectaculaire buitelingen maakt en de zwart-witte ondervleugels van ver zichtbaar zijn. Aan de 'zang' die hij dan laat horen, heeft de kievit zijn naam te danken. Ook de vleugels maken een opvallend geluid.

Scholekster (Haematopus ostralegus)

Broedparen: 30.000-37.000

Scholeksters zijn stevig gebouwde, zwart-witte steltlopers die vaak aan de kust, maar ook algemeen in het binnen-land worden aangetroffen. De snavel kan veranderen van vorm door het voedsel. Zo wordt de snavel puntiger als een scholekster in de zomer naar emelten en wormen prikt. Op het wad is zo'n snavel ook handig als je naar wormen prikt, maar in de winter eten veel scholeksters schelpdieren als kokkels. En dan wordt de snavel stomper, omdat ze hem gebruiken als beitel.

Tureluur (Tringa totanus)

Broedparen: 16.000-20.000

De tureluur dankt zijn naam aan het geluid dat de vogel maakt: 'tjululuu'; dat is namelijk makkelijk te vertalen naar 'tureluur'. Hij is te herkennen aan de markante fel-rode poten en de brede witte achterrand van de vleugels. Er is nauwelijks verschil tussen man en vrouw; het man-netje is echter zwaarder getekend en donkerder. Tureluur is een niet zo algemene weidevogel, die als niet-broedvogel vooral op het wad te vinden is.

Wulp (Numenius arquata)

Broedparen: 3.300-4.100

De wulp is de grootste steltlopersoort van onze contreien en heeft ook de langste snavel. In het voorjaar heeft hij een prachtige baltszang met aanzwellende fluittonen en lang aangehouden trillers. Laat dit horen tijdens een balts-vlucht, waarbij hij na een kort boogje met snelle vleugelsla-gen uitzweeft op stilgehouden vleugels. Nederland is zowel in als buiten de broedtijd een belangrijk land voor de wulp.

(Bron: Vogelbescherming Nederland)

De rode draad bij alle beheermaatregelen voor weidevogels is dat aan de zogenoemde 'vier v's' wordt voldaan:

Veiligheid

Grutto's en andere steltlopers leggen eieren op de grond en zijn daarom gevoelig voor predatie. Ze kiezen zelf nesten in open weidegebieden om overzicht te hebben en predatoren te kunnen zien aankomen. Om te voorkómen dat rovers zich schuilhouden in weidevogelgebieden, is het openhouden van gebieden belangrijk. Dus liever geen rietkragen, bosschages, bebouwing of hoge uitkijkpunten in weidevogelgebieden, omdat vossen en roofvogels zich daar ophouden. Omdat predatie hoog is, komt er steeds meer aandacht voor predatiebeheer, maar dit blijft een heikel punt.

Voortplanting

Om de eieren uit te kunnen broeden moet er voldoende rust zijn: geen verstoring door vee, machines en mensen. Ook voor de kuikens is dit belangrijk. Daarom wordt er in het weidevogelbeheer vaak gewerkt met percelen met een uitgestelde maaidatum. Daar is tussen 1 april en 15 of 22 juni of zelfs 1 juli volledige rust. De jonge kuikens zijn nestvlieders. Zodra ze uit het ei kruipen verlaten ze het nest om zelf voedsel te zoeken. De ouders blijven enkel in de buurt voor de veiligheid en om de kuikens op te warmen onder de vleugels. In de eerste weken moeten de kuikens wel 7.000 tot 10.000 insecten per dag vangen! Dit kunnen kevers, vliegen, muggen en cicaden zijn. Er moeten dan voldoende kruiden zijn waar insecten op af komen en het gras moet tot eind mei doorwaadbaar zijn voor de kuikens. Voorweiden helpt om de grasgroei in het voorjaar te vertragen en het grasland te ontwikkelen tot kruidenrijk grasland.

Verplaatsing

Ieder jaar overwintert de grutto in Spanje, Portugal en West-Afrika. En in het voorjaar komen ze terug naar Nederland om steeds op dezelfde plek te broeden. Voor een gezonde populatie is het dus niet alleen belangrijk dat hier in Nederland het weidevogelbeheer op orde is, maar ook op de route van de vogeltrek en de overwinteringsgebieden.

Voedsel

Na een week of drie eten de kuikens naast insecten steeds vaker grotere prooien als regenwormen, emelten en loopkevers. Regenwormen zijn vanaf dan een belangrijke eiwitrijke voedselbron voor grutto's. De bodem moet vochtig en zacht zijn, zodat de lange gruttosnavel gemakkelijk de grond in kan komen. In een vochtige bodem zitten regenwormen hoger en zijn dus bereikbaarder. Bemesting met stromest of ruige stalmest is gunstig. 'Stalmest trekt de wormen omhoog', zeggen weidevogelboeren. Beweiding met koeien of jongvee zorgt voor structuurrijk gras en mestflatten, waar muggen, vliegen, kevers en wormen te vinden zijn. Het hogere gras bij mestflatten geeft dekking. En doorgaans is beweid grasland vrij kort, zodat de kuikens zich makkelijk kunnen bewegen. Verschillende weidevogelsoorten gebruiken daarom graag beweide percelen in de kuikenperiode.

Grondnesten zijn kwetsbaar voor predatie. Eieren en kuikens zijn daarom goed gecamoufleerd.

Effectief beheer

Een goed leefgebied voor weidevogels bestaat uit een mozaiek van beheermaatregelen in het landschap gedurende het jaar (figuur 7.13). Dit houdt in dat er spreiding is van maaimomenten en beweiding, dat er een behoorlijk areaal aan kruidenrijk grasland aanwezig is (kuikenland), dat sloten gefaseerd worden beheerd en dat er rondom de nesten van weidevogels voldoende rust is. Vernatting van graslanden is ook onderdeel hiervan. Dat kan door het verhogen van het waterpeil, via natuurvriendelijke oevers en plekken met een plas-dras. Bij plas-dras wordt water op het land gepompt, of worden greppels tijdelijk dichtgezet om water vast te houden. In januari tot maart is plas-dras belangrijk zodat weidevogels zich vestigen en kunnen opvetten en uitrusten van de reis uit het zuiden. Van half februari tot augustus is plas-dras ook belangrijk voor de kuikens, om de bodem vochtig te houden en variatie in de vegetatie te houden.

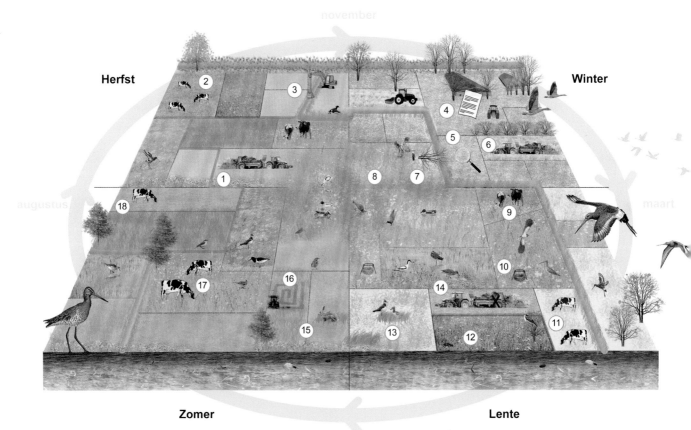

Figuur 7.13. Maatregelen ter bevordering van weidevogels per seizoen.

Herfst

1. Ruige mest uitrijden
2. Nabeweiden
3. Watergangen gefaseerd schonen

Winter

4. Bedrijfs- en bemestingsplan voor komend jaar opstellen
5. Afgelopen seizoen evalueren
6. Ruige mest uitrijden
7. Openheid gebied behouden
8. Waterpeil verhogen of plas-dras creëren

Lente

9. Voorbeweiden
10. Nesten beschermen
11. Extensief beweiden
12. Kruidenrijk grasland beheren (kuikenland)
13. Gras rondom nesten laten staan (50 m²)
14. Rustperiode in acht nemen

Zomer

15. Ecologisch beheer grasranden
16. Vogelgestuurd maaien
17. Extensief beweiden
18. Nabeweiden

Vogelgestuurd maaien

Oog hebben voor broedende vogels en hun kuikens tijdens het maaiseizoen, dat noemen we vogelgestuurd maaien. In de praktijk wordt het maaien dan zo lang mogelijk uitgesteld, totdat er geen broedende vogels of kuikens meer rondlopen in een perceel. Het agrarisch collectief of de betrokken weidevogelvrijwilligers weten de locaties van nesten en welke nesten zijn uitgekomen. Het is dus belangrijk dat weidevogelboeren, collectieven en vrijwilligers contact met elkaar houden. Wanneer nodig, kan het collectief de beheerpakketten verlengen. Andere tips voor vogelgestuurd maaien zijn:

- Maai niet alle graslandpercelen tegelijk
- Laat randen van percelen staan, ze bieden dekking
- Maai overdag, nooit in het donker
- Maai van binnen naar buiten, met een matige snelheid
- Gebruik een wildredder dat een specifiek geluid maakt waardoor vogels en ander wild opschrikt
- Plaats 24 uur van te voren vlaggenstokken in het perceel om weidevogels te verjagen

Kosten en baten

Omdat de zorg voor weidevogels aanpassingen vraagt in de bedrijfsvoering, zijn er voor boeren in weidevogelgebieden subsidies beschikbaar om weidevogelmaatregelen te nemen (zie ook § 7.1). Agrarische collectieven coördineren het beheer door met boeren beheerpakketten af te sluiten en de verschillende vormen van beheer in gebieden af te stemmen. De beheerpakketten bestaan uit uitgesteld maaibeheer, het aanleggen van plas-dras of verhogen van het waterpeil, nestbescherming, kruidenrijk grasland, kruidenrijke graslandranden en het toepassen van ruige mest. De vergoeding per beheerpakket is afhankelijk van het effect dat de maatregel heeft op de bedrijfsvoering.

Meer informatie
- Boerennatuur:
  www.boerennatuur.nl/kennis/weidevogels
- Kennisportaal boerenlandvogels:
  boerenlandvogels.info/weidevogels

Bij plas-dras wordt water op het land gepompt en vastgehouden.

HANS, LINDA EN ARJAN MULDER, VLIST

'Beweid grasland is goud voor weidevogels'

Over weidevogelbeheer op hun bedrijf in Vlist (Krimpenerwaard) vertellen Hans en opvolger Arjan Mulder met plezier. Van de 65 hectare huiskavel bij het bedrijf zetten ze zo'n 10 hectare in voor de weidevogels. Daar liggen twee plasdrassen in en stukjes met kruidenrijk grasland, een deel met uitgestelde maaidatum en een deel waar ze in de broedperiode extensief weiden met pinken.

Rondom die beheerpercelen weiden ze hun 150 melkkoeien. 'Liggen daar nesten, dan zetten we die af met een draadje. Op de percelen waar beweid is, komen we twee à drie weken later nog een keer. En dan lopen er al kuikens en je ziet dat het beweide grasland voor die beestjes goud waard is!' Het is een puzzel om de koeien met omweiden goed gras aan te bieden voor de melkproductie en tegelijk zo te variëren dat het de vogels helpt. 'We hebben er wel flink meer werk van, omdat je vaker van perceel wisselt en dan vaker kleine gedeeltes moet maaien', zeggen ze. 'Als je de extra arbeid rekent, kan de vergoeding die we nu krijgen niet uit. Dat moet beter.' Maar intussen genieten de Mulders enorm van het feit dat er veel weidevogels broeden en kuikens groot worden. 'Jaarlijks 55 tot 60 nesten van weidevogels en daarbij zelfs ook 12 zwarte sterns. En wat zo mooi is: die sterns zijn fel. Er komt geen roofvogel meer in de buurt.'

Bronnenlijst Hoofdstuk 7: Specifieke soorten of soortgroepen

7.1 Inleiding

BIJ12 (2023m). Het Agrarisch Natuurbeheer. www.bij12.nl/onderwerpen/natuur-en-landschap/subsidiestelsel-natuur-en-landschap/agrarisch-natuurbeheer-anlb, geraadpleegd op 13-3-2023

BIJ12 (2014). Soortenfiches Agrarisch Natuur- en Landschapsbeheer. BIJ12, Den Haag.

Deru, J. G. C., Bloem, J., de Goede, R., Keidel, H., ... & N. van Eekeren (2018). Soil ecology and ecosystem services of dairy and seminatural grasslands on peat. Applied Soil Ecology 125, 26-34.

Ministerie van Landbouw, Natuur en Visserij (2023). www.natura2000.nl, geraadpleegd op 13-3-2023

OBN Natuurkennis (2023). V's voor Fauna, www.natuurkennis.nl/thema-s/fauna/fauna/v-s-voor-fauna, geraadpleegd op 7-3-3023.

Vogelbescherming (2023). www.vogelbescherming.nl/bescherming/juridische-bescherming/wet-en-regelgeving/eu-vogelrichtlijn-en-habitatrichtlijn, geraadpleegd op 13-3-2023

Wereldnatuur Fonds (2020). Living Planet Report Nederland. Natuur en landbouw verbonden. WNF, Zeist.

Wereldnatuur Fonds (2023). Living Planet Report Nederland. Kiezen voor natuurherstel. WWF-NL, Zeist.

7.2 Erfbewoners

Berben, A. & J. Altenburg (2014). Erfvogels in beeld. Vogelbescherming Nederland, Zeist.

Dawson A., Norén, I.S., Sukkel, W., Cuperus, F., ... & A. Visser (2019). Inspiratie voor een biodiverse akkerbouw: Bouwstenen voor integratie van biodiversiteit in de bedrijfsvoering. Wageningen Plant Research.

Gebiedscoöperatie Rijn, Vecht en Venen. Informatieblad Erfzwaluwen (2020). Rijn, Vecht en Venen, Kamerik.

Jong, de J., Fopma, A. & P. Huigen (2004). Kerkuil de boer op. Vogelbescherming Nederland, Zeist.

Sloothaak J. & F. Oost (2022). Eindrapportage ErvenPlus2.0 – Leefgebiedsverbetering voor erfbewonende soorten. Brabants Landschap, Haaren.

7.3 Vleermuizen

Cleveland, C.J, Betke, M., Frederico, P., Frank, J.D., ... & T. H. Kunz (2006). Economic value of the pest control service provided by Brazilian free-tailed bats in south-central Texas. Front Ecol Environ 2006; 4(5): 238–243.

CLO (2021). Trend van vleermuizen 1986-2021. www.clo.nl/indicatoren/nl107022-aantalsontwikkeling-van-vleermuizen , geraadpleegd op 8-12-2023.

Glas, G.H. (1986). Atlas van de Nederlandse vleermuizen 1970-1984, alsmede een vergelijking met vroegere gegevens. Zool. Bijdr. 34 (1): 3-97. Rijksmuseum van Natuurlijke Historie, Leiden.

Guldemond A., Gommer, R., Lommen J., Schillemans, M. & A. van Woersum (2020). Boer zoekt vleermuis Zuid-Holland 2018-2019. CLM en Zoogdiervereniging.

Maine, J.J. & J.G. Boyles (2015). Bats initiate vital agroecological interactions in corn. Proceedings of the National Academy of Sciences 112 (40): 12438-12443.

McCracken, G.F., Westbrook, J.K., Brown, V.A., Eldridge, M., ... & T.H. Kunz (2012). Bats track and exploit changes in insect pest populations. PLoS ONE 7(8): e43839.

Norren, E. van, Dekker, J. & H. Limpens (2020). Basisrapport Rode Lijst Zoogdieren 2020 volgens Nederlandse en IUCN-criteria. Rapport 2019.026, Zoogdiervereniging, Nijmegen.

Rodríguez-San Pedro, A., Allendes, J.L., Beltrán, C.A., Chaperon, ... & A.A. Grez (2020). Quantifying ecological and economic value of pest control services provided by bats in a vineyard landscape of central Chile, Agriculture, Ecosystems & Environment, Volume 302, 107063.

7.4 Wilde bestuivers

Aizen, M.A., Garibaldi L.A., Cunningham, S.A., & A.M. Klein (2009). How much does agriculture depend on pollinators? Lessons from long-term trends in crop production. Annals of Botany, Volume 103 (9): 1579–1588.

Alterra (2016). Wilde bestuivers onmisbaar voor de oogstopbrengst van peren en aardbeien. Nature Today.

Breugel, P. van (2014). Gasten van bijenhotels. www.bestuivers.nl/publicaties/gasten-van-bijenhotels

Cuijpers, W.J.M. & G. Brouwer (2021). Wilde bijen in de boomgaard - bestuiving met metselbijen en stimuleren van zandbijen. Louis Bolk Instituut, Bunnik.

Cuijpers, W. & D. Heupink (2022). Bestuiving en oogstzekerheid in eiwitgewassen. Louis Bolk Instituut, Bunnik.

Groot, G.A. de, Kats, R. van, Reemer, M., Sterren, D. van der, ... & D. Kleijn. De bijdrage van (wilde) bestuivers aan de opbrengst van appels en blauwe bessen. Alterra, Wageningen.

Luske, B. & L. Janmaat (2015). Bijen op het landbouwbedrijf: Werken aan een bijvriendelijker platteland. Louis Bolk Instituut, Driebergen.

7.5 Akkerflora

Bakker, P. & A. van der Berg (2000). Beschermingsplan Akkerplanten, Ministerie van Landbouw, Natuur en Visserij, Den Haag.

Verbeek, P., Prins, U., Ketelaar, R., Eichhorn K. & E. Brouwer (2021). Het Akkerboek: Ontwikkeling en beheer van kruidenrijke akkers, KNNV Uitgeverij, Zeist; ISBN 978 90 5011 7593, 285 p.

7.6 Akkervogels

Dochy, O. & M. Hens (2005). Van de stakkers van de akkers naar de helden van de velden: Beschermingsmaatregelen voor akkervogels. Instituut voor Natuurbehoud/provinciebestuur West-Vlaanderen, Brugge, 106 p.

Koomen, A.J.M., G.J. Maas & T.J. Weijschede (2007). Veranderingen in lijnvormige cultuurhistorische landschapselementen: Resultaten van een steekproef over de periode 1900-2003. WOtrapport 34, Wageningen.

Vreugdenhil, C. & C. Jacobusse (2019). Van soortenbescherming naar natuurinclusieve landbouw in grootschalig Zeeuws akkerland. De Levende Natuur, jaargang 120 (4): 126-131. Stichting De Levende Natuur, Zeist.

7.7 Weidevogels

BIJ12 (2023n). A11 Open grasland. www.bij12.nl/onderwerpen/natuur-en-landschap/index-natuur-en-landschap/agrarische-natuurtypen/a11-open-grasland/ , geraadpleegd op 8-12-2023.

Boerennnatuur (2023). Factsheet weidevogels. Boerennatuur, Utrecht.

Eekeren, N.J.M. van, Wit, J. de, Versteeg, C., Hoekstra, N., ... & F. Lenssinck (2022). Winst & Weidevogels: Weidemaatregelen voor (functionele agro-)biodiversiteit. Louis Bolk Instituut, Bunnik.

Ellenkamp, R. (2021). Goed predatiebeheer behoudt grutto's in Limburg. Onze weidevogels.

Vogelbescherming (2016). Factsheet grutto. Vogelbescherming Nederland, Zeist.

Winsemius, P. (2020). Aanvalsplan Grutto. It Fryske Gea, Friese Milieu Federatie & Vogelbescherming Nederland.

8. Regionale verbinding

8.1 Inleiding

Landbouw in verbinding met grond en regio

Dit hoofdstuk gaat in op gebiedsontwikkelingen die in verschillende delen van ons land plaatsvinden waarin natuurinclusieve landbouw een rol speelt. Want voor het in stand houden van dier- en plantensoorten is het belangrijk dat er verbindingen bestaan tussen natuurgebieden en dat er geleidelijke overgangen ontstaan tussen natuur- en landbouwgebieden. Het realiseren van betere natuurverbindingen of meer ruimte voor natuur is niet eenvoudig in een dichtbevolkt land als Nederland, waar de druk op grond hoog is. Ondanks deze moeilijkheid bestaan er tal van voorbeelden waarin het gelukt is om natuurverbindingen of een goede regionale verbinding tussen natuur en landbouw te realiseren. Enkele voorbeelden worden in dit hoofdstuk uitgelicht.

Samenwerking boeren en andere gebiedspartijen

Cruciaal voor het realiseren van meer natuurinclusieve landbouw in gebieden (en landbouwinclusieve natuurgebieden!) is een goede samenwerking tussen gebiedspartijen. Gebiedspartijen kunnen bestaan uit boeren, waterschappen, gemeenten, provincies, terreinbeherende organisaties en bijvoorbeeld bedrijven of bewoners. Uiteindelijk kunnen een zorgvuldig proces en onderling vertrouwen tussen de partijen in gebieden leiden tot mooie resultaten: meerwaarde voor de boeren én de natuur in het gebied.

Wat kunnen boeren doen in gebieden?

Boeren kunnen op allerlei manieren bijdragen aan duurzame gebiedsontwikkelingen. In dit hoofdstuk komen verschillende voorbeelden aan bod, van lichtgroen tot donkergroen. Het eerste voorbeeld gaat over onderlinge samenwerking tussen fruittelers en veehouders. Onderling zorgen zij voor meer gesloten nutriëntenkringlopen. Zo reduceren fruittelers in de Betuwe de inzet van kunstmest door gebruik van dierlijke mest van veehouderijbedrijven in de buurt (zie § 8.2). Dat leidt niet meteen tot hogere natuurwaarden, maar wel tot een betere bodemkwaliteit en minder emissies elders voor het produceren en transporteren van kunstmest. Het is dus een stapje in de goede richting. Een ander voorbeeld is dat boeren gezamenlijk bijdragen aan het tot stand brengen van een verbinding tussen twee natuurgebieden. Zo is het in het gebiedsproces Wilnis-Vinkeveen gelukt om een natte natuurverbinding te realiseren tussen de Nieuwkoopse en de Vinkeveense Plassen, over graslanden van melkveehouders (zie § 8.3). Een heel ander voor-

beeld is de ontwikkeling van hoogwaardige akkernatuur vlakbij de stad Rotterdam. De boeren in het gebied zijn onderdeel van de gebiedscoöperatie Buijtenland van Rhoon en zorgen mede voor het realiseren van natuurwaarden, recreatie en voedselproductie in het gebied (zie § 8.4). De gebiedscoöperatie Buijtenland van Rhoon en ook de boeren in het veenweidegebied van Midden-Delfland (zie § 8.5), bundelen hun krachten om de producten uit deze gebieden lokaal te vermarkten, zoals voor de stad Rotterdam. Dat is dichtbij, en biedt mogelijk grotere marges dan op de anonieme (wereld)markt.

Boeren kunnen ook bijdragen aan natuurontwikkeling door samen te werken met terreinbeherende organisaties. Die samenwerking kan bijdragen aan het sluiten van regionale kringlopen door bijvoorbeeld natuurmaaisel te composteren. Dat is goed voor de bodemkwaliteit en zorgt ook voor minder kosten bij terreinbeherende organisaties (zie § 8.6). Maar denk ook aan het laten grazen van koeien in natuurterreinen of het uitvoeren van maaiwerkzaamheden. Als boeren de percelen langere tijd onderhouden, de bodem goed kennen en er goed contact is met de beheerders en vogelaars, kan dit tot mooie resultaten leiden. Het voorbeeld van de Hilverboeren laat zien dat boeren een goede rol kunnen spelen in het beheer van weidevogelpercelen in het natuurgebied. Voor het beschermen van weide- en akkervogelpopulaties is de samenwerking tussen boeren en natuurorganisaties dan ook aan te moedigen. De samenwerking in Zeeland in Topgebied Burghsluis is hiervan een bijzonder voorbeeld, omdat Stichting het Zeeuwse Landschap hierbij het initiatief heeft genomen om samen op te trekken met de akkerbouwers in het gebied (zie § 8.7).

Gebiedsprocessen

Het realiseren van bijvoorbeeld een natuurverbinding of landschapsherstel betekent meestal dat er landbouwgrond wordt 'vrijgemaakt' voor natuurontwikkeling. Om dit voor elkaar te krijgen is een gebiedsproces nodig, waarin alle mensen en organisaties in het gebied (de zogenaamde stakeholders of belanghebbenden) eerlijk vertegenwoordigd zijn. Deze processen zijn vaak ingewikkeld, want in eerste instantie hebben alle stakeholders een ander belang. Hoe kun je dan toch tot een plan komen? Aangezien geen enkel gebied hetzelfde is, zal ook geen enkel gebiedsproces hetzelfde zijn. Maar toch zijn er een paar cruciale elementen:

1. Gedragen visie: het is belangrijk dat alle belanghebbenden het uiteindelijk eens zijn over de stip op de horizon. In onze voorbeelden zijn in het gebiedsproces Wilnis-Vinkeveen en Buijtenland van Rhoon een convenant of streefbeeld opgesteld met inbreng van alle belanghebbenden.

2. Betrokkenheid en rol van stakeholders: zorg dat alle belanghebbenden aangehaakt zijn in het proces en mee kunnen doen. De gebiedsprocessen van Wilnis-Vinkeveen en Buijtenland van Rhoon laten zien dat het belangrijk is dat boeren zelf mede bepalen wat de doelen zijn.

3. Inzet van middelen: welke tijd, kennis en geld is nodig om de doelen te behalen? Het opdoen van nieuwe kennis en het opbouwen van vertrouwen in elkaar kost veel tijd. Grond kan als motor dienen om gebiedsprocessen aan de gang te krijgen.

4. Activiteiten uitvoeren en blijven leren: een gebiedsproces begint met veel praten, maar uiteindelijk gaat iedereen (als het goed is) echt aan de slag. Gedurende de uitvoering, wordt veel ervaring opgedaan: praktisch, economisch en ecologisch. Het is belangrijk van deze ervaringen te leren en te blijven communiceren met elkaar. In de voorbeelden in de hoofdstuk komen deze aspecten verschillende keren aan bod.

Meer informatie
- Gebiedsgericht samenwerken aan natuurinclusieve landbouw: edepot.wur.nl/554523
- Toekomstbeelden NIL: edepot.wur.nl/498926
- Verdienmodellen NIL: edepot.wur.nl/501143
- www.integralegebiedsaanpak.nl

Als er één geit over de dam is, dan volgen er meer.

8.2 Kringlopen sluiten met mest uit eigen streek

Fruittelers en veehouders in de Kromme Rijnstreek werken samen

Op de vroegere oeverwallen van de Kromme Rijn worden sinds mensenheugenis kersen, appels en peren geteeld. De Utrechtse Kromme Rijnstreek is dan ook bekend om de fruitteelt. Fruitteelt is een zogenoemde 'blijvende teelt'; de vruchtbomen blijven wel 15 tot 20 jaar staan. Dat vraagt voortdurende aandacht voor de biotoop in en om de boomgaard: is de balans tussen productie, weerbaarheid van de boom, de bodem en het water op orde? Fruitteler Cornelis Uijttewaal uit 't Goy (Houten) vroeg zich af waarom daarbij niet meer gebruik werd gemaakt van dierlijke mest uit de directe omgeving.

Anders bemesten voor de bodem

Schaalvergroting en mechanisering zorgden ervoor dat de voeding van de fruitbomen grotendeels plaatsvond met vloeibare en vaste kunstmeststoffen. Zo kregen de bomen tijdens de bloei in maart en april een ruime stikstofgift in de vorm van Kalkammonsalpeter (KAS). Later in het seizoen volgde een onderhoudsbemesting, deels in de vorm van kunstmest en vaak ook met champost. Dit is een restproduct uit de champignonteelt. Uijttewaal zag dat het ruime gebruik van kunstmest met zich meebracht dat er weinig of geen organische stof werd aangevoerd. Het gehalte organische stof in de bodem op fruitbedrijven daalde jaar op jaar. Daarmee nam de capaciteit af om water vast te houden en bestrijdingsmiddelen af te breken.

Uijttewaal zocht samenwerking met andere fruittelers en melkveehouders en vormde met hen een initiatiefgroep, ondersteund door CLM. Samen gingen ze aan de slag om 'mest uit de regio' te gebruiken in de fruitteelt. Met dierlijke mest gaat het organischestofgehalte van de bodem omhoog. Organische stof zorgt voor een betere 'sponswerking' van de bodem, waardoor water beter wordt vastgehouden. Daardoor spoelen nutriënten en bestrijdingsmiddelen minder uit naar het grondwater. Bodemleven voedt zich met organische stof en profiteert van de structuurverbetering die het meebrengt. Ook akkerbouwers werken op deze manier samen met veehouders uit de buurt. Soms wordt dit uitgeruild met ruwvoer dat teruggaat naar de veehouder.

Schaalvergroting en mechanisering leidden tot veel gebruik van kunstmeststoffen. De samenwerking tussen fruittelers en veehouders biedt ruimte om het organischestofgehalte in de bodem te verhogen.

Samenwerking betekent ook overeenstemming tussen mogelijkheden van de veehouders en behoeften van de fruittelers.

Inpasbaarheid in de bedrijfsvoering

In het project van de initiatiefgroep gaat het erom dat niet de plant, maar de bodem wordt gevoed, volgens de principes van de natuurinclusieve landbouw. Het gebruik van dierlijke mestproducten wordt afgestemd op de behoefte van de fruitbomen. In het voorjaar rond de bloeitijd past stikstofrijke en sneller werkende dunne mestfractie het best. In de zomer en/of het najaar is de fosfaatrijkere en langzamer werkende dikke mestfractie geschikt.

Fruittelers en veehouders in de Kromme Rijnstreek zijn overigens al gewend om samen te werken. Begonnen met vier telers en veehouders is de initiatiefgroep nu gegroeid naar meer dan 20 deelnemers. Door het project zijn bestaande relaties bestendigd en vooral ook nieuwe relaties ontstaan.

Die samenwerking op korte afstand zorgt voor beperkte transportkosten, maar heeft meer voordelen. De bekende herkomst van de mest zorgt er ook voor dat de fruitteler kan rekenen op stabiliteit in stikstof- en fosfaatgehaltes en niet voor verrassingen komt te staan. Bij afstanden korter dan 20 km valt de mestaanvoer onder het zogenoemde 'boer-boertransport' waarvoor minder registratie en bemonstering nodig is, wat ook weer kosten en rompslomp scheelt. De mestwet schrijft voor dat drijfmest en dunne mestfractie moeten worden ingewerkt. De fruittelers vinden dat jammer, omdat ze de bodem liever zo min mogelijk beroeren. Vaste mest en dikke fractie van gescheiden mest heeft wat dat betreft voordelen.

Kosten en baten

Nederland heeft al enkele decennia een overschot aan dierlijke mest, waardoor afnemers geld toekrijgen als ze mest afnemen. Dat voordeel hebben fruittelers ook. Maar mest met geld toe leidt tot minder aandacht voor de kwaliteit van de mest. Als input voor plantaardige productie is mest onmisbaar en doen de verschillen tussen mestsoorten en herkomsten er wel degelijk toe. Om die waarde in geld uit te drukken is door Wageningen UR een bemestende waarde vastgesteld in euro's per kg Effectieve Organische Stof. Dit is de hoeveelheid organische stof die zich na één jaar nog in de bodem bevindt.

De aandacht voor kwaliteit en toepassing van mest in het initiatief zorgt ervoor dat de fruittelers langzaam maar zeker meer waardering krijgen voor dierlijke mest. Zo is er bijvoorbeeld een melkveehouder die kort en zeer droog stro met kalk als ligbed gebruikt in de ligboxen van zijn koeien. Die mest met stro en kalk is interessant voor fruittelers, waardoor de veehouder zijn mest nu kan afzetten zonder nog geld toe te hoeven geven.

Een nieuwe ontwikkeling in de Kromme Rijnstreek is de bouw van een grote co-vergister voor rundermest. Een aantal grotere melkveehouders met een aanzienlijk mestoverschot gaat daar de mest laten vergisten, waarna het biogas wordt gebruikt voor verwarming in Wijk bij Duurstede. Het restproduct (digestaat) uit de co-vergister heeft een goede bemestende waarde, maar is voor de meeste fruittelers nog onbekend.

CORNELIS UIJTTEWAAL UIT 'T GOY HOUDT MESTTRANSPORTEN KORT

'Bodem van boomgaard heeft mest nodig'

'Ik gebruikte al dierlijke mest in mijn boomgaarden, maar die kwam vaak van ver. Nu betrek ik het van een melkveebedrijf dat 3,5 kilometer verderop zit', vertelt Cornelis Uijttewaal. 'We regelen dat onderling, dus er zit ook geen mestintermediair meer tussen die er nog wat aan moet verdienen'. Een twintigtal fruittelers en veehouders in het gebied zitten in een WhatsApp-groep waar vraag en aanbod elkaar weten te vinden. 'Door die rechtstreekse samenwerking besparen we heel veel transportkilometers. En voor ons als fruittelers is het voordeel dat we vaak mest krijgen van een bekend adres. Dan weet je wat je krijgt.'

In bestaande boomgaarden is het gebruiken van mest van belang, omdat de organische stof met alleen kunstmest te veel afneemt en de bodem verzuurt. Het aanwenden van die mest met een kleine mestwagen kost meer tijd dan kunstmeststrooien en is daardoor duurder, vertelt Uijttewaal. 'Een collega heeft daar een speciale machine voor gemaakt met uitschuifbare bemester, zodat hij tussen de bomen kan werken. Ook dat is een mooi onderdeel van de samenwerking.'

Meer informatie
- Film kringlopen sluiten in Kromme Rijstreek: www.youtube.com/watch?v=rfocT1-tPuc
- Film mest is waardevol: www.eurofins-agro.com/nl-nl/film-mest-is-waardevol

8.3 Natte natuurverbinding over graslanden melkveehouders

Gebiedsproces pakte goed uit in Groot Wilnis-Vinkeveen

Grote plannen van provincie Utrecht voor een robuuste natuurverbinding tussen de Nieuwkoopse en Vinkeveense Plassen hingen vanaf de jaren 90 als donkere wolk boven polder Groot Wilnis-Vinkeveen. Pas toen de partijen zelf mochten bedenken hoe ze samen de doelen zouden willen realiseren, kwam er beweging. Melkveehouders kregen meer duidelijkheid en realiseerden, in ruil voor extra grond, natuur op hun eigen graslanden.

In de jaren 90 zette de overheid de lijnen uit voor het realiseren van de Ecologische Hoofdstructuur. Een belangrijk onderdeel daarvan waren Ecologische verbindingszones. Zo werd er ook een 'natte as' getekend tussen de Nieuwkoopse en Vinkeveense Plassen, waarlangs diverse soorten flora en fauna zich zouden kunnen verplaatsen van het ene naar het andere natuurgebied. Deze natte as ging midden door landbouwgebied en zou enkele melkveebedrijven in tweeën knippen. Dat stuitte op groot onbegrip en riep dus heel veel weerstand op.

Van onderop

Na tien tot vijftien jaar plannen maken van bovenaf en met weinig succes, wijzigde provincie Utrecht in 2007 van strategie. De partijen in het gebied kregen ruimte voor een aanpak van onderop. De agrariërs mochten zelf en in onderling overleg bedenken hoe ze de in beleidsplannen voorgenomen doelen wilden halen. Veehouders mochten samen met LTO Noord, de Agrarische Natuurvereniging en Staatsbosbeheer de toekomst van het gebied vormgeven. Voor dit gebiedsproces kreeg de organisatie Wing de taak om het proces te begeleiden en werd CLM gevraagd keukentafelgesprekken met melkveehouders te voeren.

In die gesprekken ging het eerst om de vraag wat de ambitie van de veehouder was en wat hij op zijn bedrijf wilde realiseren in de toekomst. Pas daarna werd gesproken over wensen en ambities van andere partijen (de zogenoemde 'gebiedsopgaven') en wat partijen voor elkaar zouden kunnen betekenen.

Natte plekken in percelen vormen stapstenen voor waterminnende diersoorten, zoals weidevogels.

Convenant met plannen en middelen

Na een intensief traject van ruim twee jaar kon er een convenant worden gesloten tussen gebiedspartijen. Onder meer LTO-Noord, Agrarische Natuur Vereniging, provincie Utrecht, Natuur & Milieu Utrecht, Staatsbosbeheer, gemeenten De Ronde Venen en Stichtse Vecht plaatsten een handtekening onder het 'convenant GWV 2010 – 2020'. In het convenant lagen de doelen en de weg ernaar toe vast. Ook was vastgesteld wie daarvoor wat ging doen en welke middelen de partijen beschikbaar zouden stellen.

Bijzonder hierbij was, dat vanuit provincie Utrecht het proces van het maken van de overeenkomst werd begeleid door één projectgroep die integraal werkte aan het gebiedsproces en alle doelen daarin. Daarbij was er één 'projectgedeputeerde' die verantwoordelijkheid droeg voor het gebiedsproces. Waar nodig of gewenst hanteerde hij 'de preek' of 'de peen' en een enkele keer dreigde 'de zweep'.

Huiskavels en natuur

Het convenant creëerde ruimte en duidelijkheid waardoor eindelijk concrete stappen konden worden gezet. Om gronden vrij te spelen werden er enkele melkveebedrijven verplaatst. Vervolgens werden er met een aantal kavelruilen grotere huiskavels gerealiseerd bij de bedrijven, terwijl er ook gronden vrijkwamen voor het realiseren van natuur. Om de waterkwaliteit te verbeteren stimuleerde het waterschap achterstallig baggerwerk, en boeren die dat wilden, konden met subsidie onderwaterdrainage aanleggen. Daarmee kunnen ze in de zomer de veengronden tot in het midden van de percelen nat houden om bodemdaling te verminderen.

Deze projecten verliepen succesvol en zorgden voor voldoende agrarische en particuliere natuur op de melkveebedrijven om de natuurverbinding tussen Nieuwkoopse en Vinkeveense Plassen te realiseren. De grotere huiskavels brachten voor de melkveehouders het voordeel mee van minder transportafstanden en veel betere mogelijkheden om de koeien efficiënt te weiden.

Grond als motor

Vrijwel alle melkveehouders realiseerden op hun huiskavel een aandeel agrarische natuur, waarmee ze gezamenlijk bijdragen aan een werkende natuurverbinding door het hele gebied. Een bijzondere soort die ervan profiteert is de otter. Niet elke boer draagt in gelijke mate bij aan een grotere oppervlakte natuur, maar dat was ook niet nodig. Om ze te verleiden is grond ingezet als motor. Voor elke hectare natuur konden de veehouders

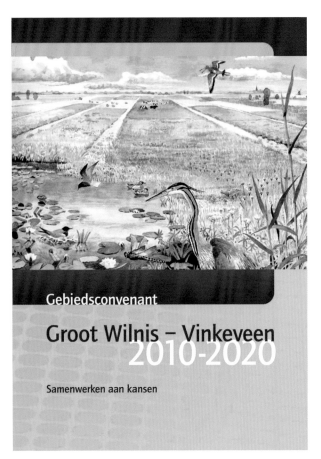

Cover van het convenant dat aan de basis lag van het gebiedsproces.

Een kruidenrijke oever.

twee hectare landbouwgrond verwerven. Zo ging het realiseren van natuur en het versterken van hun bedrijf hand in hand.

Jammer genoeg wijzigde provincie Utrecht haar innovatieve, integrale aanpak van het projectmanagement en kreeg het gebied weer een meer klassieke aansturing vanuit verschillende sectoren op het provinciehuis. Gevolg was dat inhoudelijke doelstellingen niet meer werden gecombineerd, maar afzonderlijk werden aangepakt. Een van de gevolgen was dat enkele natuurmaatregelen werden afgekeurd, die eerder juist goedkeuring wegdroegen. Dat leidde tot een vertrouwensbreuk tussen boeren en de provincie.

De boeren en de projectpartners ervaren door het gebiedsproces een grotere saamhorigheid en, niet onbelangrijk, meer toekomstperspectief. Voor sommigen ligt die toekomst buiten het gebied, omdat ze zich lieten uitkopen om te verhuizen. De overblijvers kregen meer ruimte en mogelijkheden. Dat heeft er op sommige bedrijven toe geleid dat er een opvolger is, terwijl dat eerst niet mogelijk leek.

Resultaat

Door polder Groot Wilnis – Vinkeveen loopt nu een 'natte' natuurverbinding waardoor flora en fauna zich van de Nieuwkoopse Plassen naar de Vinkeveense Plassen kunnen verplaatsen. Deze fijnmazige natuurverbinding bestaande uit 'snoeren, kralen en stapstenen' is vrijwel geheel gerealiseerd op huiskavels van boeren en wordt door hen onderhouden. De snoeren bestaan uit enkele honderden kilometers natuurvriendelijke oevers. De kralen zijn (delen van) percelen met een oppervlakte tot 5 ha per kraal en de stapstenen zijn een tweetal natuurgebieden; Veenkade (ruim 45 ha) en reservaat Demmerik (ruim 100 ha). Door het gebiedsproces Groot Wilnis – Vinkeveen hebben bijna 20 melkveehouders een natuurinclusieve bedrijfsvoering en dat is een heel mooi resultaat.

Meer informatie
- Gebiedsproces Wilnis-Vinkeveen:
  youtu.be/8wnO6Z5eakA

'Doelen gehaald en met de soorten gaat het goed'

'Wat er eerst lag was een dwaas plan. Ik heb de gedeputeerde daarop aangesproken bij een bijeenkomst', zo vertelt melkveehouder Gijs van Eck uit Wilnis. 'Een half uur later stond hij op mijn erf en hebben we doorgepraat. Op tekening stond een kanaal van Groot Wilnis naar de Vinkeveense Plassen. Onmogelijk, vanwege de hoogteverschillen.' Er kwam een gebiedsproces waarin de veehouders zelf konden meedenken over de (haalbare) doelen.

'Een aantal boeren van de andere kant van het dorp had hier percelen en één daarvan is met zijn bedrijf uitgekocht. Zo kwam er ruimte voor grondruil.' Van Eck en een aantal collega's leverden de laagstgelegen percelen in voor natuur en kregen dichter bij de boerderij grond terug. 'Wij hebben vier hectare ingeleverd en konden acht hectare naast de huiskavel terugkopen. Zo kregen alle veehouders hier meer huiskavel en hoeven ze minder te rijden naar percelen. De doelen zijn gehaald en met de soorten gaat het goed. Al met al zeer geslaagd, daar ben ik trots op.' Er is een gebiedscoöperatie opgezet en de veehouders gaan gezamenlijk een gebied van Staatsbosbeheer beheren. Voor Van Eck betekent dit ook een flinke extensivering en de stap naar natuurinclusief boeren.

8.4 Akkernatuur en recreatie in Buijtenland van Rhoon

Gebiedscoöperatie als voertuig voor verandering

Het zal je maar overkomen dat de akkerbouwpolder van 600 hectare waar je boert, wordt aangewezen om voor hoogwaardige natuur en recreatie te zorgen. In het Buijtenland van Rhoon gebeurde dat ten bate van het verstedelijkte gebied bij Rotterdam en als compensatie voor aanleg van de Tweede Maasvlakte. Meerdere plannen volgden elkaar op en zorgden voor onrust, tot de boeren min of meer zelf de pen gingen vasthouden. Nu is er een gedragen streefbeeld en een gebiedscoöperatie waarin de boeren samen met partijen uit natuur en recreatie de veranderingen vormgeven. Inmiddels verandert het landschap van aanzien en kleur, met hoogstamboomgaarden, kruidenrijk grasland en randen, bloemenakkers en ecologisch beheerde dijken.

Het Buijtenland van Rhoon is een 'akkerbouwenclave' met 600 hectare kleigrond op het Zuid-Hollandse eiland IJsselmonde. Het gebied werd in 2006 aangewezen voor hoogwaardige natuur met recreatie voor de stadsregio Rotterdam. Er verschenen in de jaren daarna diverse plannen, waarin landbouwgrond zou veranderen in (onder meer) moerasnatuur, met onrust en tegenstellingen tot gevolg. De boeren vroegen eind 2013 aan het Louis Bolk Instituut, Vereniging Nederlands Landschap en de Werkgroep Grauwe Kiekendief om samen een plan te ontwikkelen waarbij zij boer konden blijven. Het lukte om voor een conceptplan veel handen op elkaar te krijgen. Een kwartiermaker mocht het in 2017 verder uitwerken met als voorwaarde dat natuurorganisaties, gemeenten en omwonenden zich er in konden vinden, net als de boeren zelf. Een jaar van afstemmings- en inspraakrondes later lag er een gedragen streefbeeld.

Streefbeeld Buijtenland van Rhoon

Kenmerken van dat streefbeeld zijn dat het draait om concrete doelen bij drie pijlers: natuur, landbouw en recreatie. Voor de landbouw wordt ingestoken op een extensievere bedrijfsvoering en natuurinclusief boeren met afzet in de directe omge-

Zonnebloem en andere bloeiende maaigewassen zijn opgenomen in het gebiedsplan van het Buijtenland van Rhoon.

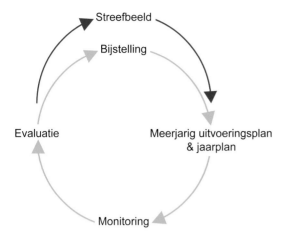

Figuur 8.1. Het proces van lerend beheren volgt een cyclus waarbij het streefbeeld steeds in ogenschouw wordt genomen.

ving (korte ketens). In de doelen voor natuur staan vooral akkervogels en akkerflora centraal en bij recreatie draait het om bezoekers die rust en ruimte zoeken in een mooi landschap met veel natuur. Voor de boeren is het uitgangspunt dat ze met alle veranderingen op hun bedrijf nog steeds een goede boterham moeten kunnen verdienen. Om de veranderingen in een goede samenwerking met partners te sturen is in 2018 een gebiedscoöperatie opgericht. Hierin zijn landbouw, natuur en recreatie vertegenwoordigd en de coöperatie heeft de verantwoordelijkheid om de gestelde doelen te realiseren.

Het streefbeeld schrijft de ondernemers niet voor met welke spelregels en te nemen maatregelen ze de gestelde doelen moeten halen, maar geeft hen daar ruimte in. Om toch enige borging van kwaliteit met elkaar te kunnen realiseren, werd er wel een proces van *lerend beheren* met elkaar afgesproken dat opgebouwd werd uit het steeds doorlopen van een jaarcyclus van *planvorming, monitoring, evaluatie* en *bijstelling* van het volgende jaarplan (figuur 8.1). Bij elke cyclus komen de belangen van natuur, landbouw en recreatie aan bod en is het tevens de kunst om te zorgen dat die pijlers en bijbehorende doelen elkaar versterken.

Naar realisatie van de gestelde doelen

Inmiddels hebben de partijen in de gebiedscoöperatie met een aantal basisafspraken de weg naar het halen van de gestelde doelen concreter gemaakt. Zo is een 60/40-verhouding afgesproken voor het areaal: op 60% blijft productieve akkerbouw mogelijk en 40% krijgt een invulling met natuurmaatregelen. Omdat bestrijdingsmiddelen sterk van invloed zijn op insecten en de vogels daar weer sterk van afhankelijk zijn in de broedtijd, zijn daar afspraken over gemaakt die verder gaan dan landelijke regelgeving. Voor de 40% natuur geldt dat daar geen chemische gewasbescherming meer wordt gebruikt. Op alle

Meerjarige kruidenrijke akkerranden (links) en speciale flora-akkers zijn natuurmaatregelen in het Buijtenland van Rhoon.

maaivruchten op de productieve akkers worden sinds 2019 geen insecticiden meer gebruikt en na een overgangsperiode van vijf jaar zal dat ook grotendeels voorbij zijn op aardappelen en suikerbieten. Op de meest intensieve gewassen met hoge opbrengstrisico's zouden nog wel insecticiden gebruikt mogen worden, met zo selectief mogelijk werkende middelen en op maximaal 5% van het oppervlak (30 ha).

Lokale afzet

Verder gaan de boeren hun bouwplannen verruimen naar minimaal 1 op 6, met daarin hooguit eenderde deel hakvruchten (zoals aardappels en bieten) en minimaal eenderde deel met bloeiende maaivruchten, zoals vlas, koolzaad en veldbonen, de rest met granen. Vooral bij de bloeiende maaivruchten gaat het om nieuwe gewassen waarvan de afzet minder voorspelbaar is. De gebiedscoöperatie ondersteunt de telers met het vinden van afzetmogelijkheden en het ontwikkelen van afzetketens. De focus ligt daarbij op waardevermeerdering in korte ketens, dus direct naar consumenten of lokale producenten zoals bakkerijen en bierbrouwers in de regio Rotterdam.

Inmiddels neemt het aantal verkooppunten voor de lokale producten uit het Buijtenland van Rhoon toe. De ondernemers in de polder krijgen verder ondersteuning voor het opzetten van kleinschalige horeca en recreatie, gericht op wandelaars, ruiters en fietsers.

De eerste resultaten

Op het moment van schrijven (2023) is de transitie in het Buijtenland van Rhoon een krappe 5 jaar onderweg. In totaal zijn op 145 ha reeds natuurmaatregelen aangelegd, waarvan kruidenrijk grasland met 43 hectare de belangrijkste is. En verder ecologisch beheerde watergangen (21 ha), flora-akkers (14 ha), ecologisch beheerde dijken (9 ha), wintervoedselveldjes (7 ha), natuurvriendelijke oevers (7 ha) en hoogstamboomgaarden (5 ha).

Er is bewust voor gekozen om schraal beheerd, kruidenrijk grasland een duidelijke plek te geven in het akkerlandschap, omdat dit element in de vergaande specialisatie van na-oor-

logse landbouw vrijwel is verdwenen. Door deze deels op hele percelen en deels als 12 meter brede stroken te verweven met de akkers vormt het een aanvullende groenblauwe dooradering. Samen met de watergangen, natuurvriendelijke oevers en dijken vormt die kruidenrijke dooradering de basis voor een breed biodiversiteitsherstel in het gebied.

In het wat grootschaliger opgezette zuidelijke deel van de polder is ervoor gekozen om het landschap open te houden om hier vooral de kansen te creëren voor de akkervogels van het open akkerlandschap (kievit, veldleeuwerik en gele kwikstaart). In het meer besloten noordelijke deel van het gebied wordt juist meer ingezet op heggen, hagen, hoogstamboomgaarden en struweel om hier vogels aan te trekken van het besloten akkerlandschap (patrijs, steenuil, ringmus, kneu en putter).

De vruchtwisselingen zijn reeds behoorlijk geëxtensiveerd en veel bloeiende maaigewassen hebben hun weg (terug) gevonden naar de akkers: koolzaad, vlas, teunisbloem, huttentut, witte lupine en Ethiopische mosterd.

De aangelegde wintervoedselveldjes bleken een grote aantrekkingskracht te hebben de wintergasten, die het zaadaanbod waarderen. Er kwamen grote groepen kneuen, groenlingen en putters op af. De broedvogels lijken echter wat meer tijd nodig te hebben, hoewel met name de kievit wel een duidelijk stijgende lijn in aantallen broedgevallen laat zien. Op de 14 ha aan flora-akkers zijn veel van de oude akkerflora weer geherintroduceerd, maar sommige soorten zijn gewoon spontaan opgedoken, zoals gladde ereprijs, kleine leeuwenbek, kleine wolfsmelk, stijve wolfsmelk en akkerdoornzaad. Na vier jaar is steeds meer zichtbaar dat hier een hele andere vorm van landbouw wordt bedreven dan in de omliggende gebieden en dat akkernatuur zich langzaam maar zeker begint te herstellen.

Meer informatie
- Gebiedscoöperatie: www.buijtenland-van-rhoon.nl

8.5 Natuurinclusieve producten aan de man brengen

'Heerlijk van Dichtbij' in Midden-Delfland

Tientallen boeren in Midden-Delfland, voornamelijk melkveehouders, voelen 'de hete adem' van de stad en zijn bezig hun bedrijfsvoering aan te passen. Met hogere grondwaterstanden in het veenweidegebied, veel weidevogels en in de winter veel ganzen, boeren ze al met 'beperkingen' en liggen de gangbare ontwikkelpaden als schaalvergroting en kostprijsverlaging niet meer open. Natuurinclusief boeren ligt meer voor de hand. Zeker sinds de provincie het gebied aanwees als *bijzonder provinciaal landschap* op grond van de Wet Natuurbescherming.

Meer met de natuur mee boeren mag dan voor de hand liggen, eenvoudig is het niet. Het betekent vaak lagere volumes, hogere kosten, meer arbeid. Dan is samenwerken met collega's en met andere partijen een goede hulpmotor om de producten 'met een verhaal' in de regio te vermarkten. Verbreden met andere activiteiten die daarbij passen en geld in het laatje brengen eveneens.

Midden Delfland is een veenweidepolder ingeklemd tussen Rotterdam, Den Haag en Delft. Te midden van die grote steden met twee miljoen inwoners, is het een groene oase van zo'n 5.000 hectare. Met zijn smalle polderweggetjes, veelsoortige bermbegroeiing en prachtige vergezichten op een eeuwenoud veenweidelandschap is het gebied van grote landschappelijke waarde. Uniek is ook dat het gebied ondanks die ligging in verstedelijkt gebied met snelwegen rondom, nog relatief rijk is aan weidevogels. Meer dan de helft van de oppervlakte van de polder ligt in weidevogelbeheer: het grootste deel op boerenland en zo'n 500 hectare in natuurgebied. Er broeden volgens gegevens tot 2019 zo'n 460 grutto's, waarvan 85% in landbouwgebied. Na een eerdere daling, blijven de aantallen stabiel en is er in de natuurgebieden een lichte toename te zien.

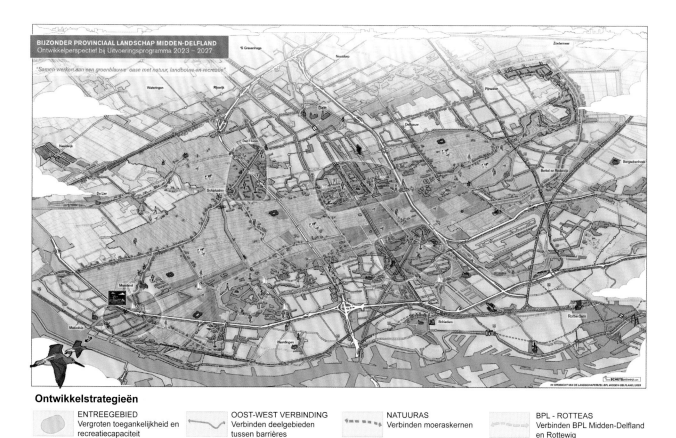

Ontwikkelstrategieën

ENTREEGEBIED	OOST-WEST VERBINDING	NATUURAS	BPL - ROTTEAS
Vergroten toegankelijkheid en recreatiecapaciteit	Verbinden deelgebieden tussen barrières	Verbinden moeraskernen	Verbinden BPL Midden-Delfland en Rottewig

Figuur 8.2. Weergave van het Bijzonder Provinciaal Landschap Midden-Delfland.

Inpasbaarheid in de bedrijfsvoering

Zoals gezegd, gangbaar boeren is in Midden Delfland door tal van beperkingen, maar ook door hoge grondprijzen, moeilijk geworden. Steeds meer boeren zoeken het dan ook niet meer in schaalvergroting als antwoord op geleidelijk stijgende kosten, maar in samenwerking aan de ene kant en verbreding van activiteiten aan de andere kant. Samenwerking met collega's en met de vele maatschappelijke organisaties die hier actief zijn met biodiversiteit en de relatie stad-land.

Een belangrijke partij in het gebied is Natuurmonumenten; de organisatie heeft ruim 500 hectare in eigendom of erfpacht. Veel boeren pachten natuurgrond van Natuurmonumenten en beheren het volgens afspraken en in nauwe samenwerking met de beheerders. Daarnaast zijn er meer recente initiatieven als *All4biodiversity* en *Rotterdam de boer op!*. Wat ze verbindt, is dat ze gericht zijn op verweving van natuur, landschap en recreatie.

In Midden Delfland is bodemdaling een actueel onderwerp. Op bodems met veengrond gaat die daling behoorlijk snel, tot wel 1 cm per jaar. Als veen in contact komt met de lucht, verteert het. Dit wordt oxidatie genoemd. Daarbij komen veel broeikasgassen, waaronder CO_2, vrij en dat draagt bij aan de klimaatverandering. Door hogere grondwaterstanden wordt oxidatie zoveel mogelijk voorkomen. De beperkingen die dat met zich meebrengt kunnen worden gecompenseerd met zogenaamde CO_2-certificaten.

Afzetcoöperatie

De boeren zoeken ook versterking door krachten te bundelen met collega's in het verwaarden van de eigenheid van de streek. Want de producten die ze met hun natuurinclusieve aanpak voortbrengen hebben een verhaal dat meerwaarde kan geven. Een twaalftal boeren en telers heeft samen de coöperatie 'Heerlijk van Dichtbij' opgezet om hun melk, zuivelproducten en vlees in een korte keten aan de man te brengen (www.heerlijkvandichtbij.nl).

Kosten en baten

Voor boeren en tuinders is verkoop rechtstreeks aan de consument gunstig, omdat er geen tussenschakels zijn die hun eigen marges moeten verdienen. Zo heeft de boer zelf een betere prijs en heeft hij als producent meer 'prijskracht'. In een lokale, korte keten, is een boer in veel mindere mate overgeleverd aan (internationale) prijsconcurrentie, waar boeren altijd prijsnemers zijn. In een korte keten is sprake van wederkerigheid, waarbij de machtsverhouding tussen producent en afnemer er een is van wederzijdse afhankelijkheid. Deze keten geeft boeren en tuinders meer grip op de prijsvorming van hun producten.

Zoals vaker, gaan er wel kosten voor de baat uit. Directe verkoop aan consumenten vergt meestal investeringen in het verwerken, koelen en bewaren van de producten en vaak is er een verkoopruimte nodig en publiciteit via een website en social media om klandizie te werven. Wie dit geleidelijk opbouwt kan met eenvoudige middelen de kosten laag houden en uiteindelijk via mond op mondreclame een behoorlijke klantenkring bereiken. Voor het zelf verwerken en afzetten van producten is uiteraard ook extra arbeid nodig.

Heerlijk van Dichtbij

'Wij zijn een groep van 12 boeren en telers die ervan overtuigd zijn dat samenwerking loont. Samen brengen we onze diverse streekproducten aan de man in het omringend stedelijk gebied. We hebben dromen en idealen, overtuigingen. En we vertellen ons verhaal. Zodat de 2 miljoen consumenten rondom Midden-Delfland ons leren kennen, onze streekproducten weten te vinden en waarderen. Zodat we onze bedrijven en onze prachtige agrarische leefomgeving kunnen behouden voor toekomstige generaties.

Onze makers boeren, telen en produceren – ieder volgens zijn eigen filosofie – duurzaam, lokaal en kleinschalig. ... Voor het behoud van het agrarisch veenweidelandschap in het Bijzonder Provinciaal Landschap Midden-Delfland werken zij samen met Natuurmonumenten.'

De coöperatie verkoopt de producten van haar leden in enkele boerderijwinkels en in filialen van supermarkten in de omliggende gemeenten. Ook heeft zij een eigen webwinkel.

'Beter inkomen met rechtstreekse afzet'

Het feit dat de afnemende zuivelcoöperatie minder biologische melk kon gebruiken door Corona, gaf hem het laatste zetje. Jeroen van der Kooij ging in 2020 zijn melk zelf verzuivelen. 'De coöperatie "Heerlijk van Dichtbij" was al iets eerder opgericht. Een goed ding, ik was altijd al fervent voorstander van samenwerken in de afzet.'

Op zijn Hoeve Rust-hoff produceert van der Kooij zo'n 200.000 kg melk met zijn blaarkoppen. De helft verwerkt hij tot verse zuivel en van een deel laat hij kaas maken. Een winkel aan huis is nu goed voor de helft van de afzet. De andere helft gaat via 'Rechtstreex' en via 'Heerlijk van Dichtbij' naar supermarkten en andere afnemers in de regio.

'Met die korte lijn naar de consument houden we meer over. Ik geef zelf aan welke prijs ik nodig heb.' Afgelopen tijd is het werk in de zuivel en de winkel geleidelijk toegenomen, wat Van der Kooij in staat stelde om een medewerker aan te nemen. 'Het is fijn om iemand te kunnen betalen en zelf minder hard te hoeven werken. Ik verdien al met al een betere boterham dan toen ik nog gangbaar boerde en twee keer zoveel melk produceerde.'

Blaarkopjongvee van Hoeve Rust-Hoff.

Meer informatie
- Rotterdam de boer op: www.rotterdamdeboerop.nl
- Heerlijk van dichtbij: www.heerlijkvandichtbij.nl
- Hoeve Rusthoff: www.hoeverusthoff.nl

8.6 Samenwerken met natuurbeheerders

Acht 'Hilverboeren' beheren natuur met en voor Staatsbosbeheer

Bij nieuwe plannen voor natuur op landbouwgrond is de tegenstelling landbouw versus natuur op zijn scherpst. Dat was bij het realiseren van het nieuwe natuurgebied 'de Hilver' tussen Hilvarenbeek en Oisterwijk, aanvankelijk niet anders. Een aantal biologische boeren zagen in de loop van de tijd kansen voor samenwerking met de natuurbeherende organisaties. Het gebied van 800 hectare ligt tussen het beekdal van de Reusel, het Spruitenstroompje en de Rosep. Het is nu het grootste weidevogelgebied van Brabant en heeft tevens een functie als wateropvang. De vereniging Natuurboeren de Hilver, ofwel 'de Hilverboeren' werken samen met Staatsbosbeheer om een deel van het gebied te beheren.

Hoe de samenwerking tot stand kwam

De vorming van het natuurgebied De Hilver is het resultaat van een koerswijziging in de planologie van provincie Brabant juist aan het einde van een ruilverkaveling in de regio. Bij het verwerven van de grond hiervoor lag de nadruk eenzijdig op landinrichting, grond en ruimte. Landbouw en natuur werden als gescheiden werelden gezien en dat werkte polariserend: je was voor de natuur óf voor de landbouw. Een aantal biologische boeren in de regio zagen juist kansen voor samenwerking met de natuurorganisaties. Want in het nieuwe natuurgebied waren diverse vormen van 'boerenbeheer' nodig. De boeren kunnen natuurakkers en natuurgraslanden beheren middels (laat) maaien en vee laten grazen. En reststromen als rietmaaisel en heideplaggen kunnen als strooisel dienen in

de potstallen. Zodoende worden grondstoffen uit de natuurgebieden lokaal benut en wordt het natuurbeheer goedkoper.

In 2006 gaf bioboer Jan van den Broek de aanzet voor het project Natuurlijk Boeren, waar de Hilverboeren uit zijn voortgekomen. 'Het was een experiment om ervaring op te doen met natuurbeheer', vertelt Jan. 'We hebben veel geleerd. Voor het opbouwen van kennis en vertrouwen tussen natuurbeheerder en boeren is tijd nodig en het gaat steeds beter. Maar je moet ook de grond kennen om maatwerk te leveren per perceel. Langdurige pachtcontracten zouden daarbij helpen. Door in natuurgebieden te beheren met boeren en daarnaast op landbouwgrond natuurlijke elementen aan te leggen, maken we een zachte overgang tussen natuur en landbouw.'

Jan van den Broek: 'Voor het opbouwen van kennis en vertrouwen tussen natuurbeheerder en boeren is tijd nodig'.

Natuurdoelen

De Hilver is met zijn 800 hectare nu het grootste weidevogelgebied van Brabant. Het streven hier is om de oorspronkelijke vegetatie van natte schraallanden terug te brengen en veilige en voedselrijke plekken te creëren waar weidevogels jongen groot brengen, om hun aantallen weer te laten toenemen. Het grootste deel van het gebied heeft dan ook het habitattype 'vochtig weidevogelgrasland', maar er zijn ook andere natuurdoeltypes aangelegd zoals o.a. moeras en vochtig beekbegeleidend bos.

Een deel van deze natuurdoeltypen zijn eigenlijk oude cultuurlandschappen. Vochtige weidevogelgraslanden ontstonden vroeger op plekken waar het een deel van het jaar te nat was, maar waar boeren in de zomer wel vee konden weiden. Kruiden- en faunarijk grasland kwam voor op plekken waar gehooid werd en soms geweid. Het natuurbeheer komt dus eigenlijk neer op hooien en weiden zoals vroeger. De percelen leveren daarbij nog steeds waardevol weidegras en natuurhooi op voor boeren. Vandaar dat een samenwerking tussen terreinbeherende organisaties en boeren goed mogelijk en best logisch is.

Nieuwe 'landbouwinclusieve' natuur

Na de aankoop van landbouwgronden heeft de provincie Brabant het gebied 'op de schop genomen' en een ander aanzien gegeven om de gekozen natuurdoeltypes mogelijk te maken. Er is veel grond afgegraven en meanderende beken werden hersteld. Stuwen zijn vervangen door vistrappen en de grondwaterstand (waterpeil) is maar liefst 80 centimeter omhoog gehaald. De provincie heeft het beheer daarna overgedragen aan Staatsbosbeheer (50%), Natuurmonumenten (35%) en Brabants Landschap (15%).

Staatsbosbeheer beheert nu ca 280 hectare samen met de Hilverboeren. De leden van de vereniging pachten de percelen voor een verlaagd tarief en de boeren voeren allerlei beheeractiviteiten uit. Daarbij wordt nauw samengewerkt met Staatsbosbeheer. Zo worden vóór het maaien de percelen door een ecoloog van Staatsbosbeheer bezocht om te voorkomen dat vogelnesten worden uitgemaaid of rode lijstsoorten beschadigd.

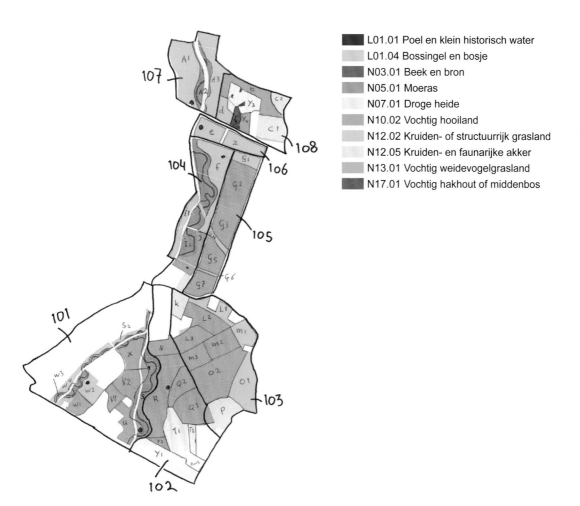

L01.01 Poel en klein historisch water
L01.04 Bossingel en bosje
N03.01 Beek en bron
N05.01 Moeras
N07.01 Droge heide
N10.02 Vochtig hooiland
N12.02 Kruiden- of structuurrijk grasland
N12.05 Kruiden- en faunarijke akker
N13.01 Vochtig weidevogelgrasland
N17.01 Vochtig hakhout of middenbos

Figuur 8.3. Kaart met hele gebied, en natuurdoeltypen in het gebied dat de Hilverboeren in samenwerking met Staatsbosbeheer beheren.

Acht boerenbedrijven, samen 'Hilverboeren'

De Hilverboeren is een vereniging met acht leden met verschillende boerenbedrijven: melkvee, vleesvee, melkgeiten en akkerbouw. Vijf ervan zijn biologisch en de andere drie zijn gangbaar. Ze hebben niet allemaal evenveel natuurland in beheer en de verdeling van wie wat doet gaat in onderling overleg. De Werktuigcoöperatie De Kempen helpt mee bij de uitvoering van het beheer.

Het beheer bestaat uit maaien, het (na)weiden met jongvee, pinken, droogstaande koeien, vleesvee en jonge geiten en het beheren van graanakkers. Bij het maaien blijft altijd 10% staan zodat insecten nog kruiden kunnen vinden en dieren kunnen schuilen.

Het hooi van de weidevogelgraslanden en kruiden- en faunarijk grasland is geschikt als ruwvoer voor het jongvee en droge koeien op melkveebedrijven, of als paardenhooi. De schralere en nattere percelen van het beheertype vochtig hooiland en nat schraalland leveren alleen maaisel op met biezen. Dat is deels bruikbaar als strooisel en wordt deels gecomposteerd door de Hilverboeren. De ruige mest en compost komen terug op de bodem van bijvoorbeeld de graanakkers en de weidevogelgebieden. Zo blijft de kringloop grotendeels gesloten.

Voorgeschiedenis – Nederland in het klein

In de jaren 80 was het gebied rond de Hilver geheel in gebruik voor landbouw en kwam een ruilverkaveling op gang om de boerderijen efficiënter te maken met percelen dichtbij huis en betere ontwatering en ontsluiting. In de jaren 90 gooide de provincie vlak voor de afronding het beleid om. Het gebied de Hilver kreeg een natuurbestemming als onderdeel van de Ecologische Hoofdstructuur, wat we tegenwoordig het NatuurNetwerk Nederland noemen. Zo'n 800 hectare grond werd hiervoor onttrokken aan de landbouw. Een landinrichtingscommissie moest de belangen van de boerenorganisaties, natuurorganisaties, waterschap en bewoners in het gebied in samenhang behartigen.

Bij dit alles speelde ook de Reconstructiewet een rol. Deze wet werd ingevoerd naar aanleiding van de varkenspestcrisis in 1997, om de impact van veeziekten te verkleinen en tegelijk de landbouw economisch, groen en leefbaar te houden en gebieden anders in te richten. Hiermee kwamen middelen beschikbaar om 'nieuwe natuur' te maken. In 2014 was de ruilverkaveling helemaal voltooid, inclusief de inrichting van het natuurgebied de Hilver.

Het verschralen van de oevers (links) van het resultaat (rechts).

Natuurresultaten

Sinds de vernatting van het gebied neemt het aantal weide-vogelsoorten in het gebied geleidelijk toe. Uit monitoring door vrijwilligers blijkt dat het gebied een belangrijke enclave vormt als broed- rust- en doortrekgebied. Het aantal broed-paren van weidevogels als grutto en watersnip stegen en de tureluur vond zijn weg naar het gebied. De zeldzamere soor-ten blauwborst, zomertaling en roodborsttapuit laten een toe-name zien (figuur 8.4). Ook algemenere soorten als grasmus, bosrietzanger en kleine karekiet lieten een positieve ontwik-keling zien. De waterkwaliteit van de Reusel is verbeterd, wat vissen, ijsvogels en libellen aantrekt. Er zijn ook zo'n 30 plan-tensoorten gevonden die op de rode lijst van te beschermen soorten staan. De droogte die vanaf 2018 een aantal zomers optrad heeft zijn weerslag gehad op de weidevogels.

Meer informatie
- Hilverboeren:
  www.hilverboeren.nl/boeren-in-de-natuur
- Film over Natuurboeren de Hilver:
  www.youtube.com/watch?v=CkxJO8svcmo&t=5s
- Vogelwerkgroep:
  www.vwgmiddenbrabant.nl/werkgroepen/de-hilver

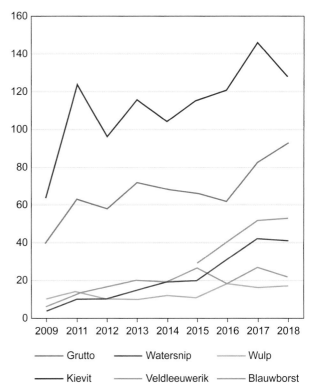

Figuur 8.4. Ontwikkeling broedparen in de Hilver (Bron: Provincie Noord-Brabant.

8.7 Akkerbouwers en natuurbeheerders voor akkervogels

Strategische grond met 'multiplier-effect'

Stichting het Zeeuwse Landschap kocht 60 hectare grond in akkerbouwgebied en zet die strategisch in om akkervogel-populaties te beschermen. Het leidt tot samenwerking met akkerbouwers in het gebied die zich aantrekken dat er veel minder patrijzen, veldleeuweriken, graspiepers en andere akkervogels voorkomen dan vroeger.

Burghsluis is een akkerbouwgebied van ongeveer 500 hectare op Schouwen-Duiveland. Het gebied is nog relatief rijk aan akkervogels, zoals veldleeuwerik, gele kwikstaart, kievit, patrijs en scholekster. Het Zeeuwse Landschap kon met een externe financiering 60 hectare akkerbouwgrond kopen en combineert hier landbouw met een variatie aan natuurinclusieve maatregelen om met dit kerngebied de populaties akkervogels te ondersteunen.

Het streven van het Zeeuwse Landschap en de samenwerkende akkerbouwers is om een goed landbouwperspectief te houden, maar dit wel te combineren met een optimale akkervogelstand. Een concreet doel is nu om in het hele gebied een groenblauwe dooradering te krijgen op tenminste 7 procent van het areaal. De akkerbouwers in het gebied vallen binnen de begrenzing van een agrarisch collectief waar vergoedingen mogelijk zijn vanuit ANLb (zie § 7.1). Daarnaast kunnen zij nu extra grond pachten van het Zeeuwse Landschap als ze ook natuurmaatregelen nemen in de hele bedrijfsvoering.

Het multiplier model

Voorop staat dat de percelen worden ingezet om in het hele gebied natuurwinst te realiseren. Pachters die op hun eigen grond natuurinclusieve maatregelen nemen, krijgen daarom voorrang en korting op de pachtprijs. Het Zeeuwse Landschap vraagt dus niet de hoogste pachtprijs, maar waarde in de vorm

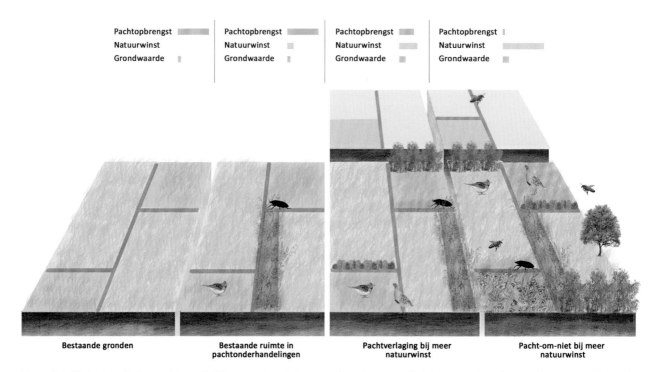

Figuur 8.5. Met het multiplier model van Het Zeeuwse Landschap wordt landbouwgrond niet voor marktconforme prijzen verpacht aan de hoogste bieder (links), maar aan boeren die natuurmaatregelen nemen op de hectares zelf (2ᵉ van links), of aan boeren die ook op hun eigen grond natuurmaatregelen nemen (2ᵉ van rechts). Wanneer het om ingrijpende natuurmaatregelen gaat die een boer neemt, dan wordt de grond kosteloos verpacht (rechts).

van tegenprestaties voor natuurbeheer. Er zijn verschillende vormen waarin dit principe wordt toegepast (figuur 8.5):

- Het perceel wordt verpacht met de afspraak in de pachtovereenkomst dat er op het perceel ook natuurinclusieve maatregelen worden genomen (bijvoorbeeld: het aanleggen en beheren van akkerranden buiten ANLb, of het achterwege laten van gewasbescherming).
- Het perceel wordt voor een laag tarief verpacht, met als tegenprestatie dat de pachter op het gepachte perceel en daarnaast ook op één van zijn andere percelen natuurmaatregelen neemt.
- De derde optie is dat het perceel 'om niet' wordt verpacht, maar de pachter daarvoor verschillende tegenprestaties levert. Op andere percelen van het bedrijf worden daarvoor dan meerdere natuurmaatregelen getroffen.

Deze manier van samenwerken in het gebied geeft boeren de mogelijkheid om ervaring op te doen met natuurmaatregelen. Die maatregelen vergen soms extra tijd of gaan ten koste van gewasopbrengst. De extra grond die ze ter beschikking krijgen, geeft ze letterlijk meer speelruimte om er ervaring mee op te doen, zonder dat ze er financieel bij inschieten.

Welke natuurmaatregelen nemen de boeren?

De agrariërs passen onder andere strokenteelt toe, laten stoppels van maaigewassen staan en planten hagen met meidoorn, liguster en roos. Ook beheren ze kruidenrijke akkerranden of bloemblokken, met bijvoorbeeld boekweit, luzerne en korenbloem. Het telen van extensieve gewassen als graszaad is ook een onderdeel van de maatregelen.

Het Zeeuwse Landschap zorgt voor monitoring van de resultaten. Ecologen en vrijwilligers inventariseren de gebieden regelmatig. Tijdens deze inventarisatie houden ze in de gaten wat het effect van de maatregelen is op de populaties akkervogels en worden de veranderingen in het gebied in kaart gebracht. Binnen het Partridge project (patrijs) worden de ervaringen uitgewisseld in binnen- en buitenland. De maatregelen zorgen voor een stijging van de akkervogelterritoria in het gebied (figuur 8.6).

Goede communicatie

Het Zeeuwse Landschap investeert in goed overleg en relaties met de pachters, zo vertelt Suzanne van de Straat. 'We werken veel samen met dezelfde pachters en houden daar gedurende het jaar regelmatig contact mee. Zo wisselen we over en weer informatie uit over waar de vogels nestelen en waar je op moet letten. En we horen ook de praktische zaken waar de pachters tegenaan lopen. Dit is voor ons en de boeren heel leerzaam. Een goede communicatie is nodig om het te laten werken. Daar nemen we dan ook echt de tijd voor.'

In september bespreekt het Zeeuwse Landschap met de boeren welke percelen ze in het volgende jaar pachten, welke pachtvoorwaarden daar van belang zijn en welke tegenprestaties zij kunnen leveren. Soms komt er in februari/maart toch nog een aanpassing op welke percelen natuurmaatregelen komen te liggen. 'De pacht was in eerste instantie voor één of twee jaar, maar we willen naar driejarige contracten', zegt Van de Straat. 'En in de contracten staan een paar hoofdlijnen, zodat we flexibel zijn in het maken van afspraken.'

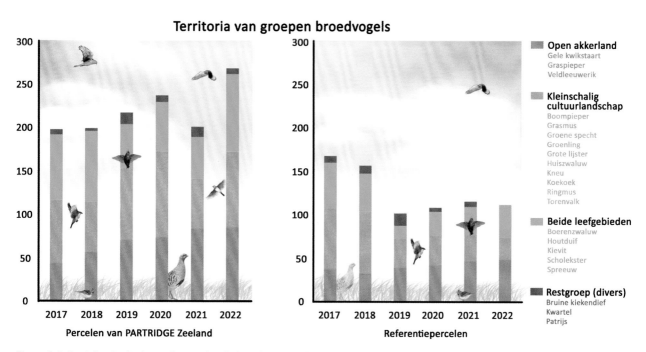

Figuur 8.6. Aantallen territoria van kenmerkende broedvogels in het PARTRIDGE demonstratie- en het referentiegebied in Zeeland.

Het Zeeuws Landschap heeft in december vaak een goed overzicht van de gegevens uit de monitoring van akkervogels en koppelt die dan ook terug naar de boeren. Dat leidt tot gesprek over mogelijke aanpassingen en verbeteringen.

Kramsvogel in winterstoppel.

Suzanne van de Straat van Het Zeeuwse Landschap: 'Een goede communicatie is nodig om het te laten werken. Daar nemen we dan ook echt de tijd voor.'

Strokenteelt op percelen van Huub Remijn.

Meer informatie

- St. Het Zeeuwse Landschap: www.hetzeeuwselandschap.nl/projecten/programma-natuur-landbouw
- Partridge project: storymaps.arcgis.com/stories/1cc32f481eb4498f9672aa607204880c

'We zijn in gesprek om er iets goeds van te maken'

Huub Remijn is akkerbouwer in Burgh-Haamstede. Zijn bedrijf is 140 hectare groot met een traditioneel bouwplan bestaande uit aardappel, suikerbieten, granen en uien. Sinds een aantal jaren doet hij aan natuurbeheer. Het Zeeuwse Landschap zocht pachters voor akkerbouwgrond en Huub zocht extra hectares. 'We zijn gaan bespreken wat we voor elkaar konden betekenen. Een aantal andere boeren hier in de buurt doen ook mee. Wij nemen maatregelen of boeren op een aangepaste manier, in ruil voor extra hectares.'

Het werd zelfs een heel palet aan verschillende maatregelen in het belang van de akkervogels. De boeren laten graanstoppels in de winter staan, zaaien patrijzenblokken in met een bloemenmengsel en leggen keverbanken aan. 'We doen allemaal een aantal dingen op onze eigen percelen en op de gepachte percelen. Zo is er door het hele gebied meer variatie en een betere verbinding van maatregelen voor akkervogels.'

Op de percelen die hij pacht van het Zeeuwse Landschap doet Huub nu ervaring op met twee maatregelen die voor hem best een flinke verandering inhouden. Zoals het telen van haver, voederbieten en aardappels op één perceel in afwisselende stroken van 33 meter breed. 'Strokenteelt leek mij in het begin niet erg praktisch. De gewassen leveren niet meer op, maar het kost wel meer aandacht en tijd. We hebben het er vaak over gehad, maar ik ben er nu aan gewend', zegt hij.

Iedere winter evalueren ze de maatregelen, waarbij ook de effecten voor de vogels ter sprake komen. Eén van de dingen die daar uit naar voren kwamen was het dunner zaaien van groenbemesters. 'Dicht ontwikkelde groenbemesters zijn goed voor de bodem, maar de vogels houden juist van wat meer openheid', vertelt Remijn. 'Daarom zaaien we nu sommige stukken dunner of later in, waardoor de vogels ook voldoende ruimte hebben.'

De gesprekken over de combinatie van akkerbouw en natuurmaatregelen hebben hem ertoe aangezet om een deel van de percelen niet te ploegen, maar een niet-kerende grondbewerking toe te passen. 'Daar ben ik mee begonnen op de gepachte percelen, maar ik pas het nu ook op eigen percelen toe. Dat was echt een revolutie voor mij. Het goede van deze samenwerking is dat we echt in gesprek zijn om er samen iets goeds van te maken.'

Huub Remijn bij een informatiebord over de keverbank. Keverbanken zorgen voor natuurlijk plaagbestrijding en bieden voedsel voor akkervogels.

Bronnenlijst Hoofdstuk 8: Regionale verbinding

8.1 Inleiding

Dijkshoorn-Dekker, M., Polman, N., Dawson, A., Ferwerda-van Zonneveld, R., ... & M.-J. Smits (2021). Gebiedsgericht samenwerken aan natuurinclusieve landbouw. Een verkenner om de transitie te ondersteunen. Wageningen UR.

Gies, E. & A. van Doorn (2019). Mogelijke toekomstbeelden natuurinclusieve landbouw. Wageningen UR.

Kuindersma, W., Kamphorst, D.A., Walther, C., Wit-De Vries, E. de, ... & M. Visscher (2022). Duurzame landbouw in gebiedsprocessen. Barrières en oplossingsrichtingen in Engbertsdijkvenen, Ronde Hoep en Schiermonnikoog. WOt-rapport 149, Wageningen UR.

Wieringa K. (2023). Aan de slag in de overgangsgebieden Natura 2000. Boeren met het landschap. Wing, Wageningen.

Zaalmink W., Smit, C., Wielinga, E., Geerling Eiff, F. & L. Hoogerwerf (2007). Netwerkgereedschap voor vrije actoren. Wageningen UR.

8.2 Kringlopen sluiten met mest uit eigen streek

Dijk, W. van & P. Galema (2019). De maat van mest. Perspectief van mestbewerking op de boerderij voor akkerbouwers en melkveehouders. Rapport 1157, Wageningen UR.

Prins, U., Wit, J. de, & E. Heeres (2004). Handboek Koppelbedrijven: Samen werken aan een zelfstandige, regionale, biologische landbouw. LV53. Louis Bolk Instituut, Driebergen.

Wit, de J., Adelhart-Toorop, R. de & N. van Eekeren (2022). Lessen over samenwerken akkerbouw en veehouderij. V-focus september 2022: 26-28.

8.3 Natte natuurverbinding over grasland melkveehouderij

Tersteeg J., Smit, H. & M. Jonker (2010). Gebiedsconvenant Groot Wilnis-Vinkeveen 2010-2020. Samenwerken aan kansen. Projectgroep Groot Wilnis –Vinkeveen.

8.4 Akkernatuur en recreatie in Buijtenland van Rhoon

Streefbeeld Buijtenland van Rhoon (2018).

Prins, U. & D. T. Heupink (2022). Landbouwmonitoring 2020 – Buijtenland van Rhoon. Louis Bolk Instituut, Bunnik.

Majoor, F. & E. Kleyheeg (2023). Vogelmonitoring in het Buijtenland van Rhoon 2021-2022. Sovon, Nijmegen.

8.5 Natuurinclusieve producten aan de man brengen

Gemeente Midden-Delfland (2024). www.middendelfland.nl/bijzonder-provinciaal-landschap. Geraadpleegd op 5-2-2024.

Vogelenzang, T., Ridder, H., Woerden, van A. & K. Moerman (2011). Boer blijven! Gebiedsvisie 2020 landbouw Midden-Delfland. LTO Noord & ANV Vockestaert.

8.6 Samenwerken met natuurbeheerders

Anema, K. (2016). De Hilver van alle kanten. Ruilverkaveling de Hilver. Provincie Noord-Brabant en

Dienst Landelijk gebied.

Prins, U. & M.M. Bos (2011). Natuurlijk boeren - boeren en natuurbeheerders werken samen in Brabant. Ekoland 9. Van Westering, Baarn.

Prins, U., Bos, M., Heerkens D. & P. Rombout (2011). Natuurlijk Boeren: Best practices op Brabantse natuurgronden. 2011-031 LbD. Louis Bolk Instituut, Driebergen.

8.7 Akkerbouwers en natuurbeheerders voor akkervogels

Vogelbescherming (2023). Zes jaar beschermingswerk aan de patrijs. www.vogelbescherming.nl/actueel/bericht/zes-jaar-beschermingswerk-aan-de-patrijs, geraadpleegd op 8-12-2023.

9. Bedrijfssystemen

9.1 Inleiding

Bedrijfssystemen

Zes boeren en een loonwerker leggen in dit hoofdstuk uit waarom en hoe zij natuurinclusieve landbouw in de praktijk brengen. Ze passen allerlei maatregelen toe, die ook in de voorgaande hoofdstukken zijn beschreven.

Een van deze ondernemers noemt zijn eigen bedrijf liever niet natuurinclusief. Want 'Die term wordt momenteel vaak geroepen, ook als een boer één perceel kruidenrijk grasland heeft. Maar dan ben je nog niet natuurinclusief', zegt Ron van Zandbrink, en daar heeft hij gelijk in. Natuurinclusief boeren of natuurinclusiever boeren is niet een kwestie van een enkele maatregel nemen of zelfs een rijtje vinkjes zetten bij een paar maatregelen. Want het gaat veel meer om de samenhang van maatregelen die worden getroffen op verschillende niveaus en die samenkomen in het bedrijfssysteem. Je zou de maatregelen in voorgaande hoofdstukken puzzelstukjes kunnen noemen, waarmee je een natuurinclusief bedrijf in elkaar kunt puzzelen. Dan is ook duidelijk dat voor een compleet en goed werkend bedrijfssysteem altijd meerdere puzzelstukjes nodig zijn.

Een complexe puzzel

Het klinkt verleidelijk eenvoudig, om puzzelstukjes uit de hoofdstukken bodem, gewas, dier, landschap, soorten en regionale verbinding bij elkaar te leggen om er een mooie puzzel van te maken. Maar een bedrijfssysteem is toch wel wat meer dan dat. Het bedrijf is ingebed in de economie en heeft te maken met beleid, wetgeving en één of meer ketens waar het onderdeel van uitmaakt. Een boerderij levert producten en diensten op die hun weg moeten vinden naar afnemers en de eindconsument.

De boer of tuinder (m/v) die zijn bedrijf vormgeeft heeft persoonlijke drijfveren, ambities, vakkennis en een persoonlijke situatie en de boer is daarmee een belangrijke factor in het bedrijfssysteem. Daarbij is er een bestaande situatie met een 'huidig verdienmodel', met een financiering en met grond, met afnemers en werknemers en vergunningen. En ook de locatie, gebouwen, ligging in het landschap, het bodem- en watersysteem zijn van belang, omdat die bepalen wat kan op

Figuur 9.1. De puzzel is groter dan de onderdelen bodem, gewas, dier, landschap, soorten en gebied. Het is aan de ondernemer om de volledige puzzel te leggen.

het bedrijf. Het is daarom nooit eenvoudig om een intensief bedrijf in korte tijd om te schakelen naar een natuurinclusief bedrijf. De uitgangssituatie speelt in die transitie een belangrijke rol.

Inspiratie van koplopers

Natuurinclusieve landbouwmethoden zijn op dit moment geen verplichting. Het is echter wel aannemelijk dat de regelgeving op den duur strenger wordt. En dat die regelgeving ondernemers steeds meer aanstuurt om de drie principes van natuurinclusieve landbouw toe te passen: de natuur op het bedrijf niet belasten, die natuur juist beschermen en de functionele biodiversiteit in het landbouwsysteem benutten.

Er zijn boeren en tuinders die zelf een bedrijfssysteem hebben ontwikkeld met veel natuurinclusieve elementen en die er in slagen om dit economisch te verzilveren. Een aantal van deze koplopers komen in dit hoofdstuk aan het woord. Deze agrariërs hebben vaak op eigen wijze hun bedrijf ontwikkeld, een niche gecreëerd, op basis van hun eigen visie en soms met behulp van creatieve vormen van financiering. Ze zijn samenwerkingen aangegaan met bijvoorbeeld natuurorganisaties en waterschappen, of zorgen zelf voor afzet van hun producten naar consumenten. Dat vraagt visie, lef en doorzettingsvermogen.

Landbouwtransitie

Voor een echte transitie van de landbouw met intensieve 'high input - high outputsystemen' naar meer natuurinclusief boeren, is het nodig dat niet alleen koplopers, maar ook het peloton daarachter in beweging komt. Dat kunnen boeren niet alleen en gelukkig zien banken en ketenpartijen als verwerkers en grootwinkelbedrijven steeds meer in dat zij daar hun rol in moeten pakken. Provincies maken ook beleid om natuurinclusieve landbouw te belonen en dan vooral in de 'overgangsgebieden' rondom natuurgebieden. Bijvoorbeeld door boeren financieel te belonen op basis van kritische prestatie indicatoren (KPI's) en door vergroeningsmaatregelen te stimuleren via het Agrarisch Natuur- en Landschapsbeheer (ANLb).

Ook terreinbeherende organisaties zoals Staatsbosbeheer, Natuurmonumenten en de Provinciale Landschappen werken intensiever samen met natuurinclusieve boeren. De pachtuitgifte zal vaker via een systeem gaan plaatsvinden waarin natuurinclusieve bedrijfsvormen voorrang krijgen op de hoogste prijs. En gelukkig zijn er veel agrariërs die er een uitdaging in zien om creatieve vormen van financiering te realiseren en zo een natuurinclusief bedrijf neer te zetten dat financieel gezond en duurzaam is. Al deze ontwikkelingen laten zien dat er langzaam maar zeker iets aan het veranderen is. De praktijkvoorbeelden in dit hoofdstuk dienen als inspiratie voor het peloton agrariërs die zelf ook zoeken naar een ander verdienmodel.

Boeren doen kennis op over natuurinclusieve maatregelen tijdens studiebijeenkomsten.

Meer informatie

- Webinar Alternatieve vormen van financiering natuurinclusieve landbouw:
  www.youtube.com/watch?v=kOU1dAhTuIE
- Inspiratiebedrijven Noord-Brabant:
  www.landbouwenvoedselbrabant.nl
- Inspiratiebedrijven Gelderland:
  www.natuurinclusievelandbouwgelderland.nl
- Programma Natuurinclusieve landbouw Staatsbosbeheer: www.staatsbosbeheer.nl/wat-we-doen/natuurinclusieve-landbouw
- Brabantse Biodiversiteitsmonitor:
  www.vangoghnationalpark.com/nl/homepage/brabants-bodem/deelprojecten/brabantse-biodiversiteitsmonitor-melkveehouderij-bbm
- Duurzaam Boeren Drenthe:
  www.duurzamemelkveehouderijdrenthe.nl

9.2 Niet alleen de plant bemesten, maar de bodem voeden

Loonwerker Karel Kennes sloeg een nieuwe weg in

Overmatig gebruik van kunstmest zorgt ervoor dat mineralen in onbalans zijn en sporenelementen soms geheel verdwenen. Loonwerker Karel Kennes gooide het roer om. Hij wil boeren helpen de bodem gezond te maken en een natuurlijke kringloop van bodem tot voedsel te herstellen.

Al vanaf de jaren 30 in de vorige eeuw is de familie Kennes in Brabant actief met agrarisch loonwerk. Eerst in Strijbeek, waar opa Carel Kennes begon en later onder meer in Alphen, waar zoon Jos naartoe verhuisde. Inmiddels runnen zijn zoons Johan en Karel het Loonbedrijf De Schalm. Na veel jaren van groei, besloten ze in 2011 de focus op kwaliteit en advies te leggen. Zo ontstond het spin-off bedrijf C-Cycle. Dit bedrijf richt zich op advisering over bodem, bodemvruchtbaarheid en ruwvoer met een geheel eigen concept. Voor een gezonde bodem is een goede mineralenvoorziening, sporenelementen en bodemleven van belang en daar schort het op veel boerenbedrijven aan.

Dat gezonde bodembeheer is de kern van het advieswerk van C-Cycle en het loonbedrijf voert de erbij horende werkzaamheden uit. Loonbedrijf De Schalm telt nu acht medewerkers en C-Cycle is groeiende. Momenteel begeleidt het bedrijf een tiental boeren en twee loonwerkers. Daarbij wordt ook samenwerking gezocht met adviseurs en kennisinstituten.

Motivatie

Het was een combinatie van liefhebberij en concurrentie-overwegingen die Karel Kennes ertoe brachten het roer om te gooien. 'Je ziet veel boeren worstelen. De regelgeving verandert snel en lage opbrengstprijzen maken dat de focus ligt op kwantiteit om te produceren voor lage kostprijzen. Door eenzijdige teelten en bemesting groeit de oogst in tonnen misschien wel, maar de bodemkwaliteit gaat achteruit.'

Karel Kennes bij de bodemscanner waarmee hij de bodem van een perceel in kaart kan brengen.

'Wat in de bodem niet goed gaat, heeft effect op koe en melk'

Kennes had het met klanten steeds vaker over die bodemproblematiek en sloeg uiteindelijk met een aantal vaste klanten een nieuwe weg in. 'Wat in de bodem niet goed gaat, heeft effect op de koe en op de melk. Dus willen we het ook vanuit de koe bekijken. Wat heeft de koe nodig? Daar is uit onderzoek enorm veel over bekend. Kijken naar de normbehoefte van de koe en het beheer van de grond is een complex samenspel.'

Of het een natuurinclusieve werkwijze is, zegt hem niet zoveel. 'We zijn een gewoon gangbaar bedrijf, met de focus op een gezonde kringloop. We zoeken het ook niet per se in biologisch. Daarbij ligt de nadruk op wat je niet doet: geen bestrijdingsmiddelen, geen kunstmest. Wij proberen de bodemsituatie te begrijpen en daar met diverse inputs verbetering in te brengen. Zodat het gewas en uiteindelijk ook de koe, de voeding krijgt die het nodig heeft.'

Maatregelen

Een gangbare werkwijze om zicht te krijgen op de bodemkwaliteit onder landbouwpercelen is om analyses uit te voeren van een aantal bodemmonsters en daarnaast met een profielkuil te zien hoe het staat met de opbouw en de structuur. Maar die gegevens zijn nogal pleksgewijs en geven geen compleet beeld van de grote variatie die in een perceel aanwezig kan zijn. C-Cycle maakt gebruikt van een bodemscanner die de elektrische

Het maken van compostthee.

geleidbaarheid van de bodem over de hele oppervlakte van het perceel meet en daar een kaart van maakt. Die gegevens worden vergeleken met bodemmonsters die worden genomen op meerdere specifieke plekken in het perceel. 'Zo krijgen we meer zicht op de bodemchemie en de microbiologie. Je bent ook niet alleen de plant aan het bemesten, maar vooral de bodem aan het voeden. Het is een uitwisseling tussen de plant en bodembiologie', zegt Kennes.

Met de verzamelde bodemmetingen en -monsters wordt een analyse gemaakt en op basis daarvan een plan om met bemesting per perceel en pleksgewijs binnen het perceel de bodemkwaliteit te verbeteren. C-Cycle gebruikt verschillende vormen van natuurlijke bemesting zoals compost, composthee en bokashi, maar daarnaast worden ook mineralen en sporenelementen op maat toegediend.

Is de bodem goed voorzien van mineralen en sporenelementen, is er bodemleven en een goede pH, dan zijn de planten optimaal in staat om voeding op te nemen en heeft het gewas een gezonde samenstelling. Met het ruwvoer krijgen de koeien mineralen en sporenelementen in voldoende hoeveelheden en variatie binnen. Zo komen de mineralenverhoudingen in het voer en in de melk steeds beter in balans. Kennes is ervan overtuigd dat de voedingswaarde en kwaliteit van de melk daardoor beter is en dat de koeien minder vaak gezondheidsproblemen hebben. Sporenelementen spelen immers ook een belangrijke rol voor het immuunsysteem van de koe.

Om het bodemleven minder te verstoren past het bedrijf bij voorkeur Niet Kerende Grondbewerking toe en wordt er gewerkt met vaste rijpaden om de bodem zo min mogelijk te verdichten. Onkruid kan in veel gevallen mechanisch worden bestreden. Zo beschikt het loonbedrijf onder meer over een CombCut-machine die de zaadkoppen van distels en andere hooggroeiende planten kan wegmaaien, zodat ze niet uitzaaien.

Bedrijfssysteem

Bij het loonbedrijf ligt de focus op kwaliteit. Maar in het plaatje moet financieel rendement ook niet vergeten worden. De ondernemer zit klem tussen de bank en de overheid en is daarom behoudend; hoe kan je ondernemers de garantie geven dat je als loonwerker hun stinkende best voor ze doet? Karel: 'Dat kan als wij afgerekend worden op dezelfde basis als de melkveehouder; wij worden uitbetaald op basis van de melkproductie. Als ik als loonwerker een slecht advies of bewerking geef, dan draaien wij zelf ook mee in die schade. Je doet het samen'. Hij begon samen met een aantal langlopende relaties aan de nieuwe aanpak: 'Iedere landbouwer vindt het belangrijk om zijn grond goed te beheren en goed ruwvoer te winnen voor de koeien; dus een aantal melkveehouders werkten graag mee.' Volgens Karel is de grootste wijziging in zijn bedrijfsvoering de toename in overleg. Dat is een continu proces van afstemming; wat zie je in het veld? Wat doet het weer? Welke andere werkzaamheden stonden al in de planning? Naast het persoonlijke contact tussen loonwerker en agrariër zijn er ook studiegroepen opgezet om vijf keer per jaar samen ervaringen uit te wisselen.

Kringloop

Het loonbedrijf voert in principe werkzaamheden uit voor zowel akkerbouw als melkveehouderij. Nog het meest in de melkveehouderij, omdat die meer in de buurt komt van het oorspronkelijke gemengde bedrijf en er meer mogelijkheden zijn om op een kringloop in te zetten. Een gezonde bodem zorgt voor gezonder veevoer, wat op haar beurt weer zorgt voor betere dierlijke mest om het land te bemesten. Uiteindelijk levert dit gezondere en voedzamere eindproducten op. Ook de consument is dus een deel van die kringloop.

Toekomst

Volgens Karel zijn er twee elementen van belang voor een succesvol agrarisch loonbedrijf: contact en kennis. 'Onderhoud goed contact met je klanten, kijk naar hun behoefte en hoe je ze daarin het beste kan ondersteunen. Zorg dat je klant tevreden is. Zowel boer als koe zijn klant; blije koeien leiden tot blije mensen. Ontwikkel je eigen visie over wat er in de komende dertig jaar in de regio zal veranderen en denk vooruit. Samenwerking hoort erbij, probeer niet het wiel opnieuw uit te vinden'. Om kennis te delen en ontwikkelen met de nieuwe generatie doet de Schalm ook mee aan het initiatief Beet! (Brabant Eet), waarin mbo, hbo en bedrijfsleven uit de Brabantse agrifoodsector samenwerken.

Meer informatie

- De Schalm: deschalm.eu
- CombCut: agribiosolutions.eu
- C-Cycle: c-cycle.eu

De bodemscanner voorop de tractor en erachter hangt een monsternemer.

9.3 Hoe de natuur kan helpen bij het telen van gewassen

Natuurinclusieve landbouw als bedrijfssysteem voor Krispijn van den Dries

De dramatische achteruitgang van insecten en vogels is de reden van Krispijn van den Dries om op zijn bedrijf natuurinclusief te telen. Telen van gewassen, de natuur van voedsel en schuilplaatsen voorzien, gebruikmaken van natuurlijke processen, het gaat op zijn bedrijf zoveel mogelijk hand in hand.

In 1990 schakelde zijn vader over van gangbare naar biologische akkerbouw. Later werd het een biodynamisch bedrijf en inmiddels heeft Krispijn het bedrijf overgenomen. In al die jaren heeft de familie veel inzichten opgedaan om te komen tot goede gewasopbrengsten zonder gebruik te maken van kunstmest en synthetische bestrijdingsmiddelen. Vaak zorgt de biodynamische teeltwijze voor behoud en verbetering van biodiversiteit en een aantrekkelijker landschap.

Krispijn teelt in de Noordoostpolder bij Ens op 70 ha zavelgrond meer dan 10 groenten, akkerbouwgewassen en rustgewassen en voert daarnaast natuurbeheer uit. Wie er rondkijkt en de ondernemer hoort vertellen ziet hoe alle afzonderlijke teelthandelingen met elkaar te maken hebben en elkaar versterken. Er worden gewassen geteeld, maar wel zoveel mogelijk in goede 'samenwerking' met de natuur.

Krispijn van den Dries: 'We kennen nog maar het topje van de ijsberg van hoe planten werken.'

De bodem sparen

Een goede bodemgezondheid is cruciaal bij het telen op natuurinclusieve wijze voor het behalen van een goede productie. Van den Dries ziet in de praktijk hoe nauw dat luistert. 'Je ziet bijvoorbeeld direct dat ziekten en plagen een kans krijgen bij planten die groeien langs een veel bereden rand waar de bodemstructuur slecht is', zegt hij. 'En bijsturen met gewasbeschermingsmiddelen is dan geen optie. De negatieve effecten daarvan op insecten die gewassen bestuiven en plagen bestrijden, willen we niet'. Om de bodem zo min mogelijk te belasten en dus verdichting te voorkomen werkt hij met vaste rijpaden. Hij heeft daar zelfs speciale brede machines voor. Daar kun je niet zo makkelijk mee over de weg als gangbare machines, maar zijn percelen liggen gelukkig in de buurt. De positieve effecten van het vaste rijpadensysteem zijn duidelijk zichtbaar aan de groei en gezondheid van de gewassen, aldus Krispijn.

Langs alle watergangen heeft hij jaren geleden zes meter brede meerjarige akkerranden aangelegd. Dergelijke brede randen bieden insecten en vogels veel meer schuilmogelijkheden dan smalle randen en omdat ze meerjarig zijn kunnen natuurlijke vijanden er in overwinteren. Opvallend is dat Krispijn deze randen 'productief' noemt. Omdat ze een stevige ondergrond bieden als kopakker. 'Dit is essentieel omdat op dit bedrijf veel wordt geëgd en geschoffeld. Omdat de bodem van de akkerranden bedekt is, worden er minder sporen gereden.' Het berijden van de akkerranden zorgt ervoor dat de vegetatie niet te hoog groeit, zodat maaien niet nodig is. Maar vooral de bijdrage van de randen aan meer biodiversiteit vindt Krispijn belangrijk.

Composthoop van berm- en natuurmaaisel als bron van toekomstige meststof en bodemverbeteraar.

Het bedrijf met de divers gewassen in smalle percelen.

Bemesting: compost en dierlijke mest

Een van de eerste bijzondere stappen die in de tijd op het bedrijf werd gezet, is het benutten van slootkantmaaisel als organische stof op het land. Het maaisel van slootkanten wordt samen met natuurmaaisel op het bedrijf gecomposteerd. De compost is een waardevolle meststof voor het verbeteren van bodemkwaliteit en -structuur en voor een goede sponswerking van de bodem. Aanvullend wordt dierlijke mest gebruikt van een melkveehouder uit de buurt. Omdat biologische mest niet gratis is, krijgt de veehouder in ruil de oogst van grasklaver en luzerne. Verder gebruikt Van den Dries het maaisel van de groenbemesters als extra maaimeststof voor aardappelen en kool.

Plantproductie en plantweerstand: biodiversiteit

Hoe meer biodiversiteit in de grond én boven de grond, hoe meer natuurlijke weerstand planten ontwikkelen tegen ziekten en plagen en hoe beter ook de opname van nutriënten door de plant. Dat uitgangspunt is voor Van den Dries reden om acht verschillende gewasgroepen in de gewasrotatie op te nemen. Hij teelt granen, aardappels, rode bieten, kolen, wortels en erwten en verder spelen grasklaver en luzerne een rol als rustgewassen. Daarnaast heeft hij soms kleinere stukken met zilveruien, knolselderij en een aantal kleine teelten. De gewassen hebben elk een eigen functie in de rotatie en versterken de boven- en ondergrondse biodiversiteit. Dit voorkomt de opbouw van bodemziekten en stimuleert mycorrhiza-schimmels en bacteriën die de plant helpen nutriënten op te nemen.

De aangevoerde mest wordt zoveel mogelijk benut bij de gewassen die het meest opbrengen en bijvoorbeeld niet in de tarwe, omdat dit een functie heeft als rustgewas. De geoogste tarwe gaat naar een veehouder in de buurt. Onder het graan wordt een groenbemester gezaaid die vlot na de oogst van de tarwe weer voor bodembedekking zorgt en mineralen vasthoudt. Het wortelstelsel van granen heeft een verkruimelend effect in de bodem en dat is weer gunstig voor de gewassen die daarna groeien.

Compost en groenbemesters werkt Van den Dries in met de frees. Met lichte niet-kerende grondbewerking blijft het bodemleven in tact en is de diversiteit aan schimmels en bacteriën in de bodem het grootst. De positieve soorten helpen planten met voedselopname en de schadelijke soorten krijgen in een bodem met veel diversiteit minder kans om te overheersen.

De onkruiddruk wordt beheerst door veel eggen en schoffelen. De aanwezigheid in het veld van wat Krispijn 'bijkruiden' noemt heeft ook positieve effecten: het geeft hem inzichten in bijvoorbeeld nutriëntentekorten en ze kunnen de plaaginsecten afleiden van het hoofdgewas. Daardoor wordt de schade door de plaaginsecten aan het hoofdgewas beperkt.

'Open je wereld, sta open voor nieuwe kennis en ideeën. En kies daaruit wat bij je past'

Nuttige insecten

Tal van nuttige insecten hebben in de gewassen een rol bij bestuiving en het onderdrukken van plagen. Om zoveel mogelijk nuttige plaagbestrijders aan te trekken neemt Krispijn verschillende maatregelen:

1. De wilgen langs de slootkanten zijn vroegbloeiend. De insecten die hierop af komen zijn vaak bestuivende insecten die nuttig zijn bij de teelt van bijvoorbeeld pompoenen.
2. De erwten zijn een vroeg gewas en trekken veel luizen aan. Maar daar komen weer veel luisetende insecten en andere dieren op af. De erwt zelf heeft weinig last van de luizen. Op het moment dat de andere gewassen kwetsbaar worden voor luizen, zijn de natuurlijke vijanden al volop aanwezig in de erwten.
3. De granen op de wintervoedselakker komen ten goede aan de vogels die meehelpen met het beheersen van plagen in de lente en zomer.

Kosten en baten

Krispijn neemt veel natuurinclusieve maatregelen. Wat zijn daarvan de kosten en baten? De baten zijn volgens hem een toename van de vogel- en insectenstand. En een mooi landschap is ook wat waard. Maar uiteraard moet hij ook een boterham verdienen. Een goede meerprijs voor biologische producten maakt de hogere kosten en wat lagere opbrengsten een heel eind goed. Daarnaast spelen vergoedingen voor agrarisch natuurbeheer een belangrijke rol. 'Vaak kan je daar nog meer mee verdienen dan met graanteelt,' zegt Krispijn.

Een bladluis wordt aangevallen door een larve van een groene gaasvlieg.

Krispijn werkt deels met contracten (erwten en kool) en deels worden de gewassen voor de vrije markt geteeld. Daardoor is de omzet steeds anders. De veelheid aan gewassen zijn een vorm van risicospreiding. Mede door lokale afzet en een eigen klantenkring kan Krispijn het bedrijf goed voortzetten.

Toekomst

'We kennen nog maar het topje van de ijsberg van hoe planten werken.' zegt Krispijn. Daarom probeert hij ook nieuwe mengteelten uit. Sinds vorig jaar worden er erwten meegezaaid tijdens het aardappels poten. Gewassen hebben positieve effecten op elkaar. Een nadeel is nog wel dat er altijd maar één gewas geoogst wordt in een landbouw die zo ver gemechaniseerd wordt. Maar het heeft zeker ook voordelen zoals de ondergrondse en bovengrondse biodiversiteit die de plant sterker maakt. Krispijn weet nog niet of het telen van verschillende gewasgroepen tegelijkertijd de planning van de rotatie bemoeilijkt. 'Het zou kunnen dat rotatie juist minder belangrijk is in mengteelten, omdat plagen sowieso minder kans krijgen om enorm te verspreiden', zegt hij. Niet alle combinaties van gewassen zijn aan te raden. Kolen en grassen was geen succes, omdat de kolen slecht groeiden in concurrentie met het gras. Dit jaar wil Krispijn ook uien en wortelen gemengd telen, omdat uien de wortelvlieg bestrijden. En bij het sorteren van de uien zijn de wortels er prima uit te halen.

Dit jaar gaat de akkerbouwer ook aan de slag met het planten van heggen langs perceelsgrenzen. Die bieden veel schuilmogelijkheden voor tal van diersoorten en het maaisel ervan is te composteren. Ze komen deels op al bestaande akkerranden en nemen zo niet veel productieruimte in.

Krispijn hoopt dat jonge boeren ook nieuwe methoden zullen uitproberen: 'Open je wereld, sta open voor nieuwe kennis en ideeën. En kies daaruit wat bij je past', zegt hij. Als je voorloopt, is de kans groot dat er dingen mislukken. Tegelijk heeft voorop lopen voordelen. Zo kan je een unieke afzetmarkt creëren. Hij wil graag laten zien 'hoe het ook kan'.

Meer informatie
- BioRomeo:
  www.bioromeo.nl/boeren/keij-en-van-den-dries
- De Streekboer:
  destreekboer.nl/streekboeren/keij-van-den-dries

9.4 Biologisch melkvee, varkens, kippen, agroforestry

Steeds meer natuur 'Tussen de hagen' in Stoutenburg

Bedrijfsopvolger Ron van Zandbrink doet het wat anders dan veel 'standaard' opvolgers in de melkveehouderij. Hij geeft het biologische melkveebedrijf, samen met zijn ouders, een boost met verbreding en tal van natuurinclusieve maatregelen.

Natuurinclusief is een term waar Ron wel eens moeite mee heeft. 'Het wordt vlot gebruikt, maar als je één perceel kruidenrijk grasland hebt ben je nog lang niet natuurinclusief.' Zijn ouders Wim van Zandbrink en Thecla Halleriet schakelden hun bedrijf 'Tussen de hagen' in Stoutenburg bij Amersfoort in 1997 om naar biologisch. Ron kwam in 2018 in de vof en ging meewerken en ondernemen in het bedrijf met 100 melkkoeien, 30 stuks jongvee en 15 stuks vleesvee voor huisverkoop.

Grasklaver, kruiden en potstal

De vof heeft 54 hectare eigen grond, waar alles in grasklaver of kruidenrijk grasland ligt en pacht nog zes hectare natuurgrond van de gemeente Leusden. De stal die ze in 2010 bouwden kreeg een potstalgedeelte voor de droge en verse koeien. Goed voor het welzijn van de dieren en voor meer vaste mest.

In 2020 investeerden ze flink in arbeidsbesparing door een melkrobot en een voerrobot en daarnaast een stroverdeler en een mestschuif. 'Daarmee kregen we meer handen vrij voor de zorg aan koeien, land en natuur', aldus Zandbrink Bij het bedrijf is 25 hectare huiskavel waar de koeien kunnen weiden. Er is gezorgd voor een goede ontsluiting met dammen en paden naar de stal. Bij weidegang met een robot moeten de koeien een makkelijke 'loop' hebben naar de stal.

Ruilen van mest tegen ruwvoer en stro

Met het grasland kan het bedrijf niet helemaal in eigen ruwvoer voorzien. Voor het aanvullende ruwvoer hebben ze een vaste samenwerking met twee akkerbouwers in de Flevopolder en één in Brabant. De Zandbrinks krijgen grasklaver of stro van deze akkerbouwers en leveren drijfmest in ruil. Dit is ongeveer 160 ton droge stof aan kuilvoer van grasklaver en zo'n 100 ton biologisch stro. Ron: 'Het mag met gangbaar stro. Maar sinds onderzoek van het Louis Bolk instituut liet zien dat daar residuen van pesticiden inzitten wil ik alleen nog biologisch stro.'

In de stal zag hij een beter vochtopnemend vermogen van het stro en op de mesthoop is de schimmelontwikkeling volgens Ron ook duidelijk beter. Verder kopen ze nog 95 ton voederbieten van bedrijven uit de regio als energiebron voor de koeien.

De veestapel is behoorlijk productief met een productie van 8.200 kg melk met 4,40% vet en 3,40% eiwit. De koeien

Ron Zandbrink: 'Het bedrijf is niet extensief, maar een gemiddeld intensief biologisch bedrijf.'

krijgen 1.600 kg krachtvoer per jaar. Ron noemt het bedrijf daarom niet extensief, maar spreekt van een gemiddeld intensief biologisch bedrijf.

Laag vervangingspercentage en kruisingsschema

Kennelijk hebben de koeien een goed leven op het bedrijf, want het vervangingspercentage ligt met 15% per jaar ver onder het Nederlandse gemiddelde van 25%. Het betekent dat koeien op het bedrijf gemiddeld ouder dan zes jaar worden. Daardoor hebben ze ook minder jongvee nodig voor vervanging en is er ruimte om een groot deel van de koeien te insemineren met een vleesras. Met de kruislingkalveren van rassen als Belgische Witblauwe, Angus, Hereford en Speckle park produceren ze rundvlees dat rechtstreeks aan huis wordt verkocht.

Wim en Thecla begonnen vanaf 2004 de Holsteins te kruisen met Fleckvieh, opgevolgd met Zweeds Roodbont en Montbéliarde in een zogenoemde vierwegsrotatiekruising. De zuivere HF-koeien zijn gebouwd voor hoogwaardig voer en hogere melkproducties en kregen te vaak problemen, vonden ze. Vanaf 2019 is het kruisingschema aangepast naar een driewegsrotatie waarbij de Holstein na twee vreemde rassen weer

De koeien van Zandbrink zijn allemaal kruisingsproducten.

wordt ingekruist. In plaats van Zweeds roodbont kiezen ze ook wel eens voor Brown Swiss of Jersey. De MRIJ of blaarkop vinden ze meer geschikt voor bedrijven die nog extensiever werken met lagere melkproducties.

Kalveren bij de koe

De Zandbrinks hebben jarenlang goede ervaringen opgedaan met kalveren de eerste twee weken bij de koe laten, maar stapten daar in 2018 vanaf. Bij de koeien speelde toen een E.coli-infectie en daar zijn kalveren veel gevoeliger voor dan de volwassen dieren. Momenteel lopen de vleeskalveren wel bij een pleegmoeder.

In de toekomst willen ze de kalveren weer een tijd bij de koeien laten, maar daarvoor zijn een aantal stalaanpassingen nodig, bijvoorbeeld om de kalveren op de speenleeftijd op een goede manier te kunnen scheiden van de koeien.

Ron: 'Momenteel zijn we bezig de kudde over te laten gaan naar afkalven deels in het voorjaar en deels in het najaar. We kunnen dan twee keer per jaar een 'clubje' vaarzen introduceren in de kudde, wat dan meer rust en een vlottere start voor de vaarzen moet opleveren. Voorjaarskalven is bovendien natuurlijker, omdat kalf en koe dan het best profiteren van de periode met goede grasgroei in voorjaar en zomer.'

Andere dieren op het bedrijf

Varkens zijn goede afvalverwerkers en bovendien geschikt om mest en compost om te zetten. Daarom kwamen er vier varkens die hun leefruimte op en bij de mest/composthoop kregen en daar worden bijgevoerd met etensafval en brok als basisvoeding. De doorgewroete mest en compost verteert beter en is zo beter inzetbaar. Eenmaal op gewicht en bevleesd worden de varkens geslacht voor de huisverkoop. Twee keer per jaar koopt Ron twee biggen van het Britse ras Tamworth, een sterk ras met een eigen smaak.

Naast de varkens zijn er nog 200 leghennen op het bedrijf zowel van een dubbeldoelras als commerciële leghennen. De kippen hebben een mobiele stal en ren waarmee ze achter de koeien aan weiden. 'Drie dagen na de koeien, komen de kippen op een perceel, waar ze profiteren van de insecten die op de mestflatten afkomen en intussen die mest ook uit elkaar krabbelen. Dat is bevorderlijk voor de hergroei van een frisse snede gras. De eierproductie van de dubbeldoelkip ligt met gemiddeld 250 eieren per jaar zo'n 60 stuks lager dan van de commerciële leghen, maar dat maken ze 'goed' met een betere geschiktheid voor de vleesverkoop.'

De varkens woelen de mest- en composthoop om, waardoor het beter verteert.

Jonge aanplant van een gemengde haag aan de rand van een perceel.

'Het is een investering voor de lange termijn.
Maar als je wat wilt dan moet je ook gewoon beginnen'

Agroforestry

Rond het bedrijf en langs kavelpaden zijn gemengde hagen geplant. Als die een goed formaat hebben, dienen ze als voederhaag om de koeien variatie te geven en te voorzien van mineralen die minder in het gras zitten. Tegelijk dienen de hagen als veekering, waarbij op termijn minder prikkeldraad nodig is. De hagen met daarin soorten als meidoorn, els, wilg, hazelaar en beuk hebben insecten en vogels veel te bieden en dragen dus mooi bij aan de biodiversiteit op het bedrijf.

Daarbij wordt er vanaf 2019 geëxperimenteerd met agroforestry. Op een perceel grasland zijn hoogstamfruitbomen (appel en peer) geplant met een tussenbeplanting van hazelaar. Hier zijn in de zomer van 2022 de eerste vruchten geplukt naar alle tevredenheid. Daarna is er in 2020 een perceel van drie ha ingeplant met tamme kastanje en walnoot (2 rijen kastanje en 8 rijen walnoot) in rijen met 20 meter tussenruimte en in de rij 7 meter. Ook hier kunnen op termijn de vruchten van worden geraapt naast de positieve effecten op het vee voor schaduw en de opbrengst van het grasland in droge perioden. Daarbij zorgen beide soorten ook voor een verlenging van de 'bloeiboog' waardoor de boerderij langer interessant blijft voor insecten. De eerste ervaringen zijn positief waarbij het bemesten en de weidegang goed zijn te combineren met de rijen bomen. Ron: 'Het duurt wel zeven jaar voor we een echte oogst van de bomen halen, het is een investering voor de lange termijn. Maar als je wat wilt dan moet je ook gewoon beginnen'. Dat is hier met volle overtuiging gedaan.

Meer informatie
- Boerderij tussen de Hagen: boerderijtussendehagen.nl

9.5 Van intensief naar natuurinclusief met blaarkop

Natuurclaim zette familie Stremler op ander spoor

Voor het blok gezet door natuurplannen vanuit de ruilverkaveling, ging de familie Stremler zich in 2012 oriënteren op kansen voor boeren met natuur op hun bedrijf 'Op de Him' in Jorwert (Friesland). Ze besloten het roer helemaal om te gooien en de hoge melkproducties en topfokkerij met HF-koeien op te geven, in ruil voor een extensieve bedrijfsvoering met Groninger blaarkoppen en Fries Hollandse melkkoeien.

Auke Stremler boerde op 20 hectare grasland met zo'n 85 melkkoeien. Het zag er voor de buitenwereld mooi uit, met een hele beste melkproductie en hoogwaardig fokvee waarvan ze vaarzen verkochten voor export. Toch was het verdienmodel matig en het betekende veel gesleep met voer, voeraankoop en afzet van mest.

In 2010 gooide een brief van de ruilverkavelingscommissie roet in het eten. Een groot deel van het eigen grasland was ingetekend om een bestaand natuurgebied mee te vergroten. Zonder die grond was de bestaande opzet niet meer uitvoerbaar en rendabel. Het zorgde voor hoofdbrekens en de keuze was een lastige. Gesprekken met adviseur Ben Barkema en een bezoek aan zijn bedrijf leverden inspiratie op om een andere weg in te slaan.

Barkema zet op zijn bedrijf bij Lelystad zowel HF koeien als blaarkoppen in. Het bijzondere dat Auke en zijn vrouw Rennie daar zagen, was dat de blaarkoppen melk produceren met het restvoer van de HF-koeien en daar goed bij in conditie blijven. Dat gold zowel voor het voer in de stal, als in de wei.

Op de terugweg van Lelystad naar Jorwert namen ze al een beslissing: 'we gaan ervoor'. Een dag later belde Auke de ruilverkavelingscommissie met de mededeling dat ze het roer omgooiden en daarvoor graag een flinke oppervlakte extra natuurland wilden gebruiken. Illustratief is dat ze het eigen stikstofvat met rietjes sperma van HF-stieren op marktplaats te koop aanboden, als eerste stap op weg naar een toekomst met blaarkoppen.

Aankoop natuurland

Stremler kreeg de kans om ruim 30 hectare grasland met een natuurbestemming voor weidevogels te kopen, tegen de lagere aankoopprijs met natuurbestemming. Met die oppervlakte er-

Auke en Rennie Stremler: 'Weten wat je wil en gewoon doorzetten.'

bij, naast de 20 hectare productief grasland, kwam er een veel ruimere grondbasis onder het bedrijf te liggen. De voederwinning van het weidevogelgrasland levert wel massa, maar met een lagere voederwaarde voor energie en eiwit. Het rantsoen voor de koeien zou voor een behoorlijk aandeel uit het laagwaardige natuurgras gaan bestaan en de verwachting was dat de voor hoge melkproducties gefokte HF-koeien het daar zwaar mee gingen krijgen.

Van daaruit werd het een logische keuze om de overstap te maken naar een ras dat met sobere voeding uit de voeten kan. In 2012 kwamen de eerste vaarzen van blaarkopstieren Rex 1, Remco en Ebel's Han op het bedrijf aan de melk. Het melken ging eerst niet van een leien dakje, want de dieren bleken onrustig en mepten in de melkput van zich af. Barkema wees erop dat blaarkoppen averechts reageren op een gehaaste aanpak. Enkel met rust, rust en nog eens rust laten ze zich melken en passen ze zich uiteindelijk aan. De dieren werden toch nog goed handelbaar in de melkput en in de stal. Na een paar jaar werken met de blaarkoppen en veel natuurgrond, hebben de Stremlers de stap gemaakt om het bedrijf om te schakelen naar het Skal-keurmerk voor biologische melkveehouderij.

Natuurgras inpassen

Stremler vertelt dat ze er regelmatig in worden bevestigd dat de keuze voor blaarkoppen goed uitpakt. 'Ze hebben een lagere input aan krachtvoer nodig en dat leidt dan ook tot lagere melkgiften.' Gemiddeld krijgen de dieren nu nog 3 kg krachtvoer per dag, inclusief de lokbrok in de melkput. De productie is 6.200 kg melk met 4,35% vet en 3,55% eiwit (HF gemiddeld 9.000 kg, 4,4% vet en 3,5% eiwit). De HF-koeien die ze wat langer aanhielden, bleken het inderdaad zwaar te krijgen met de grote hoeveelheid natuurgras in het rantsoen.

Door de late maaidata in het natuurland en een lage mestgift van maximaal 10 ton vaste mest blijft de voerkwaliteit van het natuurgras vaak laag, rond de 750 VEM en is het de kunst om dat goed te oogsten en goed in te passen in het rantsoen. Het voer met een goede kwaliteit boven de 750 VEM is bestemd voor de melkkoeien, de rest is voor het jongvee en dient ook als strooisel in de potstal voor jongvee.

'We zien deze koeien echt als individu en dat komt ook vanzelf, met hun unieke karakters'

Samenwerking

Vanaf het voorjaar lopen de koeien dag en nacht in de wei. Stremler zet de weidegang dan eerst rond op de percelen bij de boerderij, met een systeem van dagelijks omweiden op percelen van 1 hectare. Na ongeveer drie weken hebben ze alle percelen gehad en volgt een tweede ronde. Na het maaien in juni, komen de natuurpercelen ook beschikbaar voor het weiden van de melkkoeien en jongvee.

In de winter is er nu nog wel eens een tekort aan ruwvoer, omdat alle percelen in de zomer maar één keer worden gemaaid: de rest is nodig voor dag en nacht weiden met de koeien. Om de eigen voedervoorziening op te krikken is Stremler een samenwerking aangegaan met een akkerbouwer. Deze verbouwt nu grasklaver als rustgewas in zijn vruchtwisseling, in ruil voor mest. Het ruwvoer van grasklaver is eiwitrijker en komt in de plaats van aankoop van eiwitrijke brok.

Met hun natuurgrond zijn de Stremlers buren van Natuurmonumenten. De samenwerking is volgens beide partijen goed. Ze overleggen over de waterstanden, Stremler mag in overleg wel eens wat eerder maaien en kan op het grasland zaken uitproberen, zoals herinzaai en doorzaaien met een speciaal 'gruttomengsel' met gras, klavers en veel verschillende kruiden. Dit kan gunstig zijn voor gruttokuikens, maar ook voor de productie van ruwvoer.

> **Meer informatie**
> - Op de Him: opdehim.nl

Blij met blaarkop

Stremler vindt het waardevol om met de keuze voor blaarkoppen bij te dragen aan het behoud en inzet van oude Nederlandse rassen. 'Deze rassen hebben in het verleden al bewezen het goed te doen onder regionale omstandigheden.' Hij noemt de koeien zelfredzamer, met minder gezondheidsproblemen zoals klauwgebreken en een heel goede vruchtbaarheid. Ze kalven ook vlot af en de kalveren zijn pittig, ze drinken en groeien goed. De melkkoeien leveren minder melk, maar er zit meer vlees op bij afvoer, ze vragen minder aandacht en de kosten voor diergezondheid en krachtvoer zijn lager. Al met al zorgt dit voor makkelijker boeren en werkplezier met de koeien. 'We zien deze koeien echt als individu en dat komt ook vanzelf, met hun unieke karakters'.

Voor dekking hebben ze meestal een eigen stier, maar daarnaast worden diverse KI-stieren ingezet, waarbij ze kiezen voor dieren die een melkgift onder sobere omstandigheden vererven. Afgelopen jaren waren dat onder meer Fransiscus, Matts, Bertus 12 en Markiem.

De omschakeling naar een natuurinclusieve bedrijfsvoering noemt Stremler een zoektocht. Ze kregen er weinig ondersteuning bij van adviseurs, leveranciers en de bank. Het aantal koeien is afgeschaald naar zo'n 70 stuks, om zelfvoorzienend te zijn voor ruwvoer. En recent is de familie begonnen met een eigen boerderijwinkel om met rechtstreekse afzet de omzet te vergroten. Toch is het wiel nu wel zo ongeveer uitgevonden en het bedrijf draait goed. 'Weten wat je wil en gewoon doorzetten', is het advies van de familie Stremler.

9.6 Boerderij met 3.400 gezinnen als lid

Veld en Beek groeide 'achter de afzet aan'

Een vereniging van 3.400 gezinnen als economische en sociale basis onder het boerenbedrijf, dat is het bijzondere verhaal van Boerderij Veld en Beek in Doorwerth. Klein begonnen in 1999 met het idee dat rechtstreekse afzet de beste marge oplevert, is het bedrijf steeds 'achter de afzet aan' verder gegroeid.

Wie zich inschrijft als lid van de consumentenvereniging van Veld en Beek krijgt een sleutel van de dichtstbijzijnde van vijf winkels. In die winkel kun je als lid 24/7 zelf je boodschappen doen en in goed vertrouwen via de boerderij-app doorgeven wat je hebt aangeschaft. Er komt geen kassa of zelfscan aan te pas: maandelijks ontvang je een afrekening en het bedrag wordt geïnd met automatische incasso.

Oprichter Jan Wieringa begon in 1999 als biodynamische boer met een paar koeien en een handjevol klanten. Afzet naar de groothandel en naar een zuivelfabriek was op dat moment niet mogelijk en dus begon hij eigen afzet, naar het voorbeeld van bedrijven die groentepakketten verkochten aan mensen met een abonnement.

'Wij hebben een vergelijkbaar systeem voor zuivel ontwikkeld', vertelt Wieringa. Die afzet groeide, het bedrijf groeide mee en niet alleen in melk en zuivel maar ook 'in de breedte'. Inmiddels krijgen 3.400 lid-gezinnen van Veld en Beek een ruim assortiment met groenten, fruit, brood, zuivel, eieren en vlees.

Het bedrijf heeft 45 hectare grasklaver voor het weiden en voor het winnen van veevoer voor de 50 melkkoeien. De huiskavel van 15 hectare is in eigendom. Daarnaast pacht het bedrijf nog 300 hectare natuurgrond voor begrazing met 50 stuks jongvee in het seizoen en 50 ossen jaarrond. Het vee is van het ras blaarkop, een robuust inheems ras, geschikt voor melk en vlees. Op 45 hectare worden akker- en tuinbouwgewassen verbouwd, in een vruchtwisseling met grasklaver- en kruidenweides en natuurakkers als 'rustgewas' voor de bodem.

Er werken inmiddels acht mensen voor het bedrijf waarvan er vijf deelnemen in de vennootschap en de rest op ZZP-basis. In totaal gaat het om zes FTE's. Tal van studenten vinden op het bedrijf een stageplek.

Motivatie

'Voor ons betekent natuurinclusief boeren eerst en vooral dat we de omgeving niet schaden', Zegt Wieringa. 'Niet 10 meter verderop, niet 10 kilometer verderop en ook niet 10.000 kilometer verderop waar bossen worden gekapt om soja te telen voor veevoer in West-Europa'. Alles heeft een functie op het bedrijf. 'Van hagen en bomen is bekend ze de gewassen die ernaast worden verbouwd positief beïnvloeden. Dat vertaalt zich in netto meer kilogrammen product per hectare. Nu zijn we een Agroforestry-systeem aan het ontwikkelen met fruit en notenbomen in de wei'.

Gezonde en milieuvriendelijke productie staat bij Wieringa voorop, natuurbeheer is een positieve bijzaak. De akkers op het landgoed hadden al natuurvriendelijke randen toen ze in beheer kwamen bij Veld en Beek. Dat is gewoon voortgezet en nu zijn ook de hagen aangemeld voor beheer met een ANLb-vergoeding.

Jan Wierenga: 'Voor ons betekent natuurinclusief boeren eerst en vooral dat we de omgeving niet schaden.'

Blijven ontwikkelen

Wieringa voorziet dat de landbouw de komende tijd blijft verschuiven naar duurzamere vormen en dat consumenten daarin ook veel meer keus krijgen. Veld en Beek moet blijven innoveren om zich te onderscheiden met een goed verhaal. Wieringa noemt als voorbeelden dat er wordt geëxperimenteerd met het gebruik van paarden bij het werk op het land en met kalveren die langer bij de koe blijven. Klanten van Veld en Beek vinden dergelijke 'plussen' op de producten belangrijk en blijven zo aan het bedrijf gebonden. 'Onze producten moeten vooral goed en lekker zijn, maar ook met een leuk verhaal worden gebracht en een stukje nostalgie met zich meebrengen', zegt Wieringa.

Dicht op de klant

Veld en Beek produceert een groot deel van het eigen veevoer en verkoopt alle eindproducten rechtstreeks aan consumenten. Dat betekent dat er geen tussenschakels zijn die hun eigen marge moeten verdienen. Slechts enkele producten zoals eieren en fruit, worden aangekocht. Zo wordt de afstand tussen de boer en consument enorm verkleind en dat zorgt er ook voor dat Wieringa rechtstreeks van de eigen klantenkring verneemt welke wensen en ideeën er leven.

'In het begin stuurden we bijna elke maand een nieuwsbrief, omdat het erg belangrijk was dat consumenten weten wat we doen. Nu is dat niet meer nodig want de klanten kennen ons en wij hen.' De communicatie over producten gebeurt nu in de verkooppunten en met een enkele nieuwsbrief en mail per jaar. Ook is het bedrijf actief op Facebook en Instagram.

Herbruikbare verpakking

Hoe producten worden verpakt, is een aspect dat leeft bij klanten. Herbruikbare verpakkingsmiddelen hebben de voorkeur en het gebruikte materiaal moet op zijn minst gerecycled worden. Wieringa: 'We gebruiken plastic aardappelzakken, die herbruikbaar zijn, maar ze gaan niet lang mee en daarom vervangen we die door katoen. Kaas verpakken we nog in plastic, maar we gaan een pilot doen met papier. Flessen en potten zijn van glas, met plastic doppen die lang herbruikbaar zijn. De eieren gaan in hergebruikte eierdozen en groenten liggen los in kratten, zodat mensen die in een eigen tas of doos mee kunnen nemen.

Wieringa wil niet claimen dat produceren in een korte keten per definitie veel duurzamer is. In de reguliere keten is de productie per eenheid product soms efficiënter en in de gemiddelde koelkast en vriezer van een supermarkt is de doorloop van producten sneller en het stroomverbruik per kg product dus lager. Wieringa: 'Aan de andere kant: wij gooien bijna niets weg en dat is bij een gemiddelde supermarkt wel

De 'nieuwe aardappels' worden handmatig gerooid. Daarna wordt het veld machinaal geoogst.

> *'De grootste winst van onze relatie met klanten is dat we de mensen heel bewust maken van wat agrarische productie allemaal inhoudt'*

anders. De grootste winst van onze relatie met klanten is dat we de mensen heel bewust maken van wat agrarische productie allemaal inhoudt.' Dat geldt dan ook in twee richtingen: neem bijvoorbeeld het feit dat klanten duurzame boodschappen willen, maar die wel met de auto ophalen.

Kosten en baten

Veld en Beek heeft een heel andere opzet dan een 'gewone' boerderij. Het kost jaren om een klanten/ledenbestand met 3.400 gezinnen om je heen te verzamelen, dus dat is niet zomaar na te doen. Rechtstreekse afzet zorgt er wel duidelijk voor dat er meer marge bij de agrarische producten terechtkomt. Een gangbare boer kreeg in topjaar 2022 rond de 60 eurocent per kg melk. Bij Veld en Beek wordt waarde toegevoegd door het zelf te verzuivelen. 'Onze omzet per liter melk is daarmee zo'n € 2,50 per kg bij vloeibare zuivelproducten als melk, yoghurt en kefir en bij kaas is dat € 3,00 per kg', zegt Wieringa.

Zuivel is bij Veld en Beek goed voor het leeuwendeel van de inkomsten. 'We baseren onze prijs op het biodynamische product in natuurvoedingswinkels en tellen daar iets bij op omdat we meer werk hebben aan hergebruik van de verpakking en de afzet via verkooppunten'.

Tijdens de coronacrisis is de klantenkring van Veld en Beek gegroeid. Mensen waren meer thuis, besteedden meer tijd aan koken en vonden lokaal en gezond eten belangrijker dan ooit. Nu ziet Wieringa dat weer met bijna 20% afnemen. 'Tijdens de coronacrisis zaten we tegen de maximale productie aan. Als we die afzet op peil willen houden, moeten we uitbreiden met winkels in stedelijke gebieden als Ede en Arnhem'.

Meer informatie
- Veld en Beek: www.veldenbeek.nl

Rechtstreekse verkoop aan consumenten betekent een hogere marge voor de boer.

9.7 Biodynamisch gemengd bedrijf

Warmonderhof als opleidingscentrum op biologische hotspot

Warmonderhof is het biodynamische gemengde bedrijf van Stichting Warmonderhof. Het bedrijf bij Dronten heeft 94 ha, waarvan 85 ha aaneengesloten. Het bedrijf is naast productie van gewassen en melk gericht op het intensief begeleiden van studenten tijdens hun stage. Het bedrijf wordt gerund door medewerkers die deels zelf een opleiding op Warmonderhof hebben gedaan en na ervaringen elders weer terug zijn gekomen.

De tuinbouw beslaat 3,5 ha waaronder 0,4 ha koude kas. De producten gaan naar lokale markten en een webwinkel. Het gemengde bedrijf heeft 35 melkkoeien met een productie van 5.600 kg meetmelk/koe/jaar. De akkerbouw produceert peen, aardappelen, plantuien, knoflook, kolen, pompoen, diverse zaadvermeerdering, wintertarwe, triticale/erwt-mengteelt. Er is een zevenjarige vruchtwisseling (inclusief grasklaver) met 76 ha intensief beheerd akkerland en 18 ha extensief beheerd grasland. Dit wordt uitgevoerd door 1,5 medewerkers akkerbouw, 1,5 melkvee en melkverwerking en 2,5 tuinbouw.

Annette Harberink: 'We willen de studenten een degelijke agrarische ervaring meegeven zodat ze in veel situaties zelfredzaam zijn.'

Geschiedenis

Warmonderhof bestaat sinds 1947. Na een periode in Warmond en een periode in de Betuwe wordt in Dronten sinds 1993 geteeld. Een reden om naar Dronten te gaan is het grote aandeel biologisch in deze gemeente, anno 2023 rond 12% van de oppervlakte. Stichtingsdirecteur Annette Harberink vertelt: 'In de polder zitten veel biologische en biodynamische ondernemers, van klein tot groot, waardoor op gebied van ondernemerschap veel variatie te vinden is. Studenten kiezen voor hun toekomst relatief veel voor kleinere land en tuinbouw bedrijven dicht bij de consument. Deels uit innerlijke drijfveren, maar ook omdat een bedrijf beginnen voor iemand van buiten de landbouw nogal een uitdaging is. We willen de studenten een degelijke agrarische ervaring meegeven zodat ze in veel situaties zelfredzaam zijn. Op de plek waar Warmonderhof nu zit kan van handmatige tot zwaar gemechaniseerd land- en tuinbouw worden ervaren'.

Motivatie

'Het bedrijf is met drie heel verschillende doelstellingen wel ambitieus. We willen om te beginnen op een goede agro-ecologische basis produceren. Daar willen we studenten in meenemen die voor een groot deel geen enkele landbouwervaring hebben. En dan willen we ook nog eens het dynamische in de landbouw ervaarbaar maken. Dat is bij elkaar wel een hele klus.' zegt directeur Annette Harberink.

Biodynamisch heeft zichzelf strenge regels opgelegd ten aanzien van mestgebruik, het maximum is 112 kg N/ha waar dit voor biologisch 170 kg is. Akkerbouwer Florian Ghyselinck is tevreden over de resultaten die worden gehaald: 'Dat we op het bedrijf ondanks de bescheiden mestbeschikbaarheid hele goede resultaten bereiken is wel heel mooi. Het laat zien dat na 30 jaar zorgvuldig bodembeheer op deze mooie grond prima opbrengsten worden gehaald. Bieten en peen komen dicht bij de gangbare opbrengst. Overall zijn de opbrengsten wel lager dan gangbaar, maar de kwaliteit is vaak bovengemiddeld, waardoor het saldo hoger is'.

Studenten bekijken de beworteling van grasklaver op Warmonderhof.

In het verleden is veel aandacht besteed aan het ontwikkelen van een vitale, vruchtbare bodem. Die is er nu, de toekomst staat in het teken van onderhouden daarvan en met zo min mogelijk inputs de productie in stand houden. 'Het is wel een uitdaging om als landbouw de inputs te beperken. Op onze rijke polderbodem zijn veel mineralen beschikbaar, die kunnen we de komende decennia benutten terwijl de maatschappij werkt aan het benutbaar maken van reststromen. De interne kringloop hebben we wel in de vingers, maar in de maatschappij moet nog veel gebeuren om het hele voedselsysteem zo circulair mogelijk te maken'.

Biodynamisch produceren

'De vraag wat het bedrijf biodynamisch maakt krijgen we vaak. Het gemengde karakter is een heel zichtbaar aspect. Dat integriteit bij dieren belangrijk is, zie je aan de hoorns op de koeien, het grote aandeel weidegang en de varkens die buiten kunnen wroeten. Bij gewassen gebruiken we waar mogelijk zaadvaste rassen en minimaal hybrides en is de vruchtwisseling ruim. Stikstofbinding met vlinderbloemigen is belangrijk, snelle organische handelsmeststoffen worden niet gebruikt. In de afzet proberen we dicht bij de consument te blijven, verbinding vinden we belangrijk. Via de winkel op het erf, onze marktkraam in Almere en afzet via de Hofwebwinkel'.

Florian Ghyselinck: 'Overall zijn de opbrengsten wel lager dan gangbaar, maar de kwaliteit is vaak bovengemiddeld, waardoor het saldo hoger is.'

> ## 'In de maatschappij moet nog veel gebeuren
> ## om het hele voedselsysteem circulair te maken'

Het uiteindelijke doel van het bedrijf is levenskrachtige voeding voor de consument leveren. Die voldoende voedende stoffen bevat, die de lichamelijke vitaliteit van de consument ondersteunt én die bijdraagt aan de mentale ontwikkeling, het volwaardig mens kunnen zijn. Ruud Hendriks, docent bodemvruchtbaarheid vertelt: 'We zien in materie meer dan alleen stofjes. Stikstof is niet alleen een element dat groei stimuleert, het is ook de drager van een kwaliteit. De kwaliteit van stikstof kan bijdragen aan de manier waarop wij met onze angsten en driften om kunnen gaan, hoe flexibel wij op invloeden kunnen reageren. Stikstof uit kunstmest, urine en vaste mest zijn vanuit die visie niet dezelfde stikstof. Het is een mooie zoektocht om de visie zo te onderbouwen dat studenten en consumenten er ook een beeld bij krijgen'.

De financiële kant

Het totaal aan jaarlijkse opbrengsten is rond € 750.000. Daarin zit rond € 26.000 subsidie. Na aftrek van betaalde kosten en afschrijving à € 563.000 blijft er € 60.000 per Volwaardige ArbeidsKracht over.

Op de rijke poldergrond worden goede opbrengsten gehaald. Gemiddeld wordt met 20% minder dan gangbaar gerekend. Annette Harberink daarover: 'Die 20% is nu aan de orde, maar het is te merken dat het realiseren van hoge gangbare opbrengsten een keerzijde heeft die steeds meer merkbaar wordt. Bij beperking van (kunst)mestgift en chemische bestrijdingsmiddelen zullen ook gangbaar andere doelstellingen dan hoge opbrengst een rol gaan spelen'.

Meer informatie
- Warmonderhof: stichtingwarmonderhof.nl

Ruud Hendriks: 'We zien in materie meer dan alleen stofjes.'

Bronnenlijst Hoofdstuk 9: Bedrijfssystemen

9.1 Inleiding

Bloksma, J.R. (2014). Werkboek Gezond Landbouwbedrijf. Inspiratie voor inrichting met samenhang en identiteit. 2e gewijzigde druk. Louis Bolk Instituut, Driebergen.

Boxtel, M. van (2010). Alternatieve vormen van financiering. Kansen voor het multifunctionele landbouwbedrijf voor niet-bancaire financieringsvormen. Praktijkonderzoek Plant & Omgeving, Wageningen UR.

Drion S. & F. van Lienen (2020). Financiering van grond voor natuurinclusieve landbouw- een systeemanalyse en oplossingsrichtingen. Biodiversity in Business, Ede.

Drion S. & M. van Boxtel (2020). Financiering voor duurzame landbouwbedrijven. Wageningen UR.

Smits, M.-J., Polman, N., Michels, R., Migchels, G., ... & F. Kistenkas (2019). Natuurinclusieve landbouw: van niches naar mainstream (fase 1). Wageningen, Wageningen Economic Research, Nota 2019-033.

9.7 Biodynamisch gemengd bedrijf

Oomen, G., Wit, J. de & N. J.M. van Eekeren (2020). Het leerbedrijf Warmonderhof: Een baken in de transitie naar een kringlooplandbouw? 2020-013 LbD. Louis Bolk Instituut, Bunnik.

Begrippenlijst

Agrarisch collectief

Samenwerkingsverband in een bepaald gebied, bestaand uit agrariërs en andere grondgebruikers in dat gebied die zich vrijwillig hebben verenigd voor het uitvoeren van agrarisch natuur- en landschapsbeheer.

Agroforestry

Landgebruiksystemen waarbij bomen en struiken opzettelijk worden gecombineerd met landbouw of veeteelt, vanwege de economische en ecologische voordelen.

Akkerflora

Groep van inheemse kruidachtige plantensoorten die karakteristiek zijn in en langs akkerlanden, ook wel akkerplanten, akkerkruiden of akkeronkruiden genoemd.

Akkervogels

Groep van inheemse vogelsoorten die leven in en langs akkerlanden.

Ammoniak

Vluchtige verbinding die in de landbouw ontstaat wanneer mest en urine zich mengen in de stal en bij het aanwenden van (kunst)mest op het land.

ANLb (Agrarisch Natuur- en Landschapsbeheer of kortweg agrarisch natuurbeheer)

Subsidiestelsel voor agrarische collectieven vanuit provincies, waterschappen en het Gemeenschappelijk landbouwbeleid (GLB) om te komen tot behoud of verbetering van de kwaliteit van natuur en landschap.

Bankierplanten/banker fields

Plantensoort die nuttige insecten aantrekt en daarvoor habitat biedt. De aanplant van banker fields naast een gewas, kan bijdragen aan aanwezigheid van natuurlijke vijanden vlakbij dat gewas.

Bedrijfsnatuurplan

Plan om inzichtelijk te maken hoe een bedrijf de landschappelijk inpassing kan verbeteren. Hierbij wordt gekeken naar beheer en inpassing van landschapselementen en de aanwezige biodiversiteit.

Beheerpakket

Maatregelen binnen het ANLb gericht op instandhouding van internationale doelsoorten. Beheerpakketten komen tot stand op basis van eigen inzichten van collectieven en zijn getoetst op ecologische effectiviteit, EU-conformiteit en nationale voorschriften.

Beslissingsondersteunend systeem (BOS)

Informatiesysteem dat boeren helpt bij het nemen van beslissingen in hun bedrijfsvoering. Een dergelijk systeem kan bijvoorbeeld op basis van weerdata een advies geven over schimmelbestrijding.

Bestrijdingsmiddelen

Ook wel (chemische-synthetische) gewasbeschermingsmiddelen genoemd. Ze worden gebruikt om (landbouw)gewassen te beschermen tegen ziekten en plagen. Middelen tegen insecten heten insecticiden, middelen tegen onkruiden heten herbiciden en middelen tegen schimmels heten fungiciden.

Biodiversiteit

Biodiversiteit of biologische diversiteit is de graad van verscheidenheid aan levensvormen binnen een gegeven ecosysteem, bioom, geografisch gebied of de gehele planeet. Het omvat de verscheidenheid aan verschillende ecosystemen, de verscheidenheid aan verschillende soorten binnen een ecosysteem en de genetische variatie binnen een soort.

Biologische plaagbestrijding

Duurzame vorm van gewasbescherming, gebaseerd op principes uit de natuur. Zo kunnen schadelijke insecten bestreden worden met nuttige insecten. Ook kunnen feromoonvallen of aaltjes worden ingezet.

Biologische teelt

(Gecertificeerde) landbouwvorm die nadrukkelijk rekening houdt met milieueffecten en dierenwelzijn. De biologische landbouw gebruikt geen chemische bestrijdingsmiddelen, kunstmest en genetisch gemodificeerde organismen. Dieren krijgen meer ruimte en kunnen hun natuurlijk gedrag vertonen.

Biomassagewas

Gewas dat als grondstof kan dienen (als materiaal voor meubels en woningen), als brandstof en als basis voor productiedoeleinden in de chemische industrie. Stoffen van organische oorsprong die door geologische processen zijn getransformeerd, zoals steenkool, aardgas of krijt, rekent men niet tot biomassa.

Bodemchemie

De chemische samenstelling van bodems, chemische eigenschappen van bodems en chemische reacties in bodems.

Bodemdaling/veenoxidatie

Wanneer veengebieden worden ontwaterd, komt er zuurstof in de bodem. Dat leidt tot veenoxidatie, waarbij het organisch materiaal in het veen afbreekt, met bodemdaling tot gevolg.

Bodemgezondheid

Goed biologisch functioneren van de bodem wat leidt tot ziektewering en een goede productie.

Bodemkwaliteit

De capaciteit van de bodem om te functioneren als een vitaal levend systeem, binnen de grenzen van het ecosysteem en het landgebruik, om de productiviteit van planten en dieren in stand te houden of te verbeteren, de water- en luchtkwaliteit te verbeteren, en het bevorderen van de gezondheid van planten en dieren.

Bodemleven

Functies, reacties en activiteiten van bodemorganismen.

Bodemorganische stof

Verzamelnaam van alle organisch materiaal dat zich in de bodem bevindt: plantaardige, dierlijke en microbiële (afbraak) producten, dat voor 40 tot 60 % uit koolstof bestaat.

Bodemstructuur

Onderlinge rangschikking en samenhang van de vaste gronddeeltjes, bestaande uit mineralen (zand, klei en silt) en bodemorganische stof.

Boerenlandvogels

Vogelsoorten die thuishoren in het agrarisch landschap. Hieronder vallen zowel weide- als akkervogels.

Bokashi

Japans voor '(goed) gefermenteerd organisch materiaal'. Bodemverbeteraar die ontstaat door organisch afval te fermenteren.

Bouwplan

Plan dat ruimtelijk van een bedrijf dat weergeeft welke gewassen in dat jaar op de percelen geteeld worden.

Brongebieden

De plaats of populatie van waaruit planten- of diersoorten andere gebieden kunnen koloniseren of populaties kunnen aanvullen.

Bufferstrook

Sinds 2023 verplichte teeltvrije zone langs alle waterlopen. In de bufferstrook mogen geen mest, chemische gewasbeschermingsmiddelen of biociden gebruikt worden.

Chemisch-synthetische gewasbeschermingsmiddelen
zie bestrijdingsmiddelen

Compost

Bodemverbeteraar die ontstaat door compostering van organische afvalstoffen (natuurmaaisel, groente, fruit en tuinafval, etc).

Coulissenlandschap

Landelijk gebied dat bestaat uit afwisselende rijen van bosschages, heggen en andere begroeiing, waardoor een gelaagd en visueel interessant landschap ontstaat met verschillende perspectieven.

CSA

Community Supported Agriculture (CSA) is een bedrijfsmodel voor de landbouw, vaak kleinschalig, waarbij de boer of tuinder langdurig samenwerkt met consumenten.

Cultuurlandschap

Landschap dat gevormd is door menselijke activiteiten en waarin natuurlijke elementen, zoals bodem, water en vegetatie, zijn aangepast om aan de behoeften van de mens te voldoen.

Digestaat

Materiaal dat overblijft na het vergisten van organisch materiaal, zoals gewasresten, dierlijke mest of organisch afval.

Doorvergiftiging

Proces waarbij een giftige stof gegeten wordt door een prooidier en dit prooidier vervolgens wordt gegeten door een roofdier. Hogerop in de voedselketen kunnen giftige stoffen zich ophopen, omdat een roofdier meerdere prooidieren eet.

Doorzaaien

Aanvullen van de huidige vegetatie met gewenste soorten. Er wordt gezaaid in bestaande vegetatie.

Drift

Drift is een proces waarbij bestrijdingsmiddelen worden meegevoerd door een stroom (wind of water) en niet op de beoogde plek terecht komen.

Driftreductie

Terugdringen van drift, bijvoorbeeld door gebruik te maken van speciale spuitdoppen, spuitmachines met luchtondersteuning of een afgeschermde spuitboom.

Drijfmest

Mengsel van vaste en vloeibare mest, van dierlijke oorsprong.

Dubbeldoelras

Bepaald (koeien-, kippen-)ras dat speciaal geschikt is voor meerdere hoofdopbrengsten, bijvoorbeeld melk en vlees, of eieren en vlees.

Dunne/dikke fractie

Na het scheiden van mest ontstaat een dunne fractie (vloeibare mest) en de dikke fractie (vaste mest).

Ecologische Hoofdstructuur (EHS)/Natuurnetwerk Nederland

Netwerk om natuurgebieden met elkaar te vinden, zodat diersoorten zich door Nederland kunnen bewegen en er robuuste populaties ontstaan. Tegenwoordig heet dit het Natuurnetwerk Nederland.

Ecologisch sloot(kant)beheer

Bij het schonen rekening houden met de flora en fauna in de sloot. Door het juiste materiaal op de juiste werkwijze in te zetten krijgen slootdieren de kans om te vluchten.

Ecosysteemdiensten / groenblauwe diensten

Diensten die een ecosysteem kan leveren aan de mens. Denk bijvoorbeeld aan het reguleren van water, recreatie in de omgeving, plaagbestrijding en bestuiving.

Eiwitgewassen

Gewassen die een hoog eiwitgehalte hebben, zoals luzerne, klaver, veldbonen, soja en erwten.

Es/Eng/Enk

Hooggelegen akker, te vinden op zandgronden in Noord-, Oost-, Midden- en Zuid-Nederland.

Eutrofiëring

Proces waarbij overmatige hoeveelheden voedingsstoffen in oppervlaktewater terecht komen, wat leidt tot versnelde groei van waterplanten en algen. Die groei kan op zijn beurt leiden tot zuurstoftekort in het water.

Exotische soort

Dier- of plantsoort die van oorsprong niet in een bepaald gebied/land voorkomt, maar daar door menselijke handelen toch terecht is gekomen.

Extensivering

In de landbouw een aanpak waarbij de productie is verspreid over een grotere oppervlakte met minder inputs als kunstmest, bestrijdingsmiddelen of arbeid.

Farm to Fork / van Boer-tot-Bord-strategie

Veelomvattend programma binnen de Europese Green Deal om voedselketens van de boer tot aan het bord van de consument te verduurzamen.

Functionele agrobiodiversiteit (FAB)

Versterken van het natuurlijke vermogen om ziekten en plagen te beheersen in cultuurgewassen. Het gaat over alle biodiversiteit op en rondom het bedrijf, die direct of indirect een rol speelt bij de ondersteuning van teelten.

Gebiedsplan

Plan waarin de opgaven, doelen en afspraken voor een gebied staan beschreven, meestal opgesteld door meerdere gebiedspartijen (boeren, burgers, overheden, maatschappelijke organisaties).

Gebiedsproces

Ontwikkelingen, overleg en acties die plaatsvinden in een gebied om de doelen van het gebiedsplan te behalen.

Geïntegreerde gewasbescherming (Integrated Pest Management, IPM)

Een voorkeursvolgorde in de bestrijding van ziekten, plagen en onkruiden. Men begint bij preventieve maatregelen, gevolgd door niet-chemische bestrijdingsmethoden en ten slotte de inzet van bestrijdingsmiddelen. Via deze aanpak streeft men naar minimale afhankelijkheid van chemische gewasbeschermingsmiddelen tegen ziekten en plagen.

Genetische diversiteit

Verschillen (variatie) in het genetisch materiaal van een populatie, een biologische soort of een heel ecosysteem. Populaties met meer genetische variatie hebben grotere overlevingskansen.

Gesloten landschap

Landschap met veel opgaande beplanting, zoals bosschages, bomenrijen, hagen, houtsingels en houtwallen.

Gewasbeschermingsmiddelen

Zie: bestrijdingsmiddelen.

Gewasdiversiteit

Maat voor het aantal verschillende gewassen op een landbouwbedrijf.

Graslandvernieuwing

Vervangen of verbeteren van bestaand laag productief grasland door nieuw gras (door herinzaai of doorzaai).

Groenbemester

Gewas geteeld om zijn bemestende waarde en/of positieve invloed op de bodemstructuur. Groenbemesters kunnen ook ingezet worden als lokgewas om schadelijke aaltjes te bestrijden.

Groenblauwe dooradering

Netwerk van landschaps- (groen) en waterelementen (blauw) in een gebied. Door de groen en blauwe elementen te verbinden ontstaat een aaneengesloten ecologisch netwerk (dooradering).

Grupstal

Een grupstal of aanbindstal is een type rundveestal waarbij de dieren naast elkaar staan vastgebonden. Achter de koeien loopt een mestgoot, de grup, waarin mest en urine wordt opgevangen en afgevoerd.

Habitatrichtlijn

Europese richtlijn met als doel de bescherming en het behoud van natuurlijke habitats in Europa en de daarbij behorende flora en fauna. De Habitatrichtlijn verplicht lidstaten om beschermingszones aan te leggen; de Natura 2000-gebieden.

Huiskavel

Het centrale deel van het bedrijf; de aaneengesloten percelen die het erf en de boerderijgebouwen omringen. Het huiskavel is belangrijk wanneer koeien dagelijks terug moeten kunnen lopen naar de stal om gemolken te worden.

Humus

Organisch materiaal waarvan de gemakkelijk verteerbare delen reeds zijn afgebroken. Een humeuze bovenlaag ontstaat wanneer organische stof (afgestorven planten- en dierresten, uitwerpselen) wordt afgebroken door het bodemleven.

Hybride rassen

Resultaat van geslachtelijke voortplanting van twee organismen (planten of dieren). De ouders van de kruising zijn herkenbare eenheden, zoals twee soorten, ondersoorten, variëteiten, cultivars of rassen.

Inheemse soort

Dier- of plantsoort die, zonder menselijk ingrijpen, al eeuwenlang in een bepaald gebied voorkomt.

Intensivering

In de landbouw een aanpak waarbij de focus ligt op het verhogen van de productie per eenheid grond, vaak om opbrengst en/of efficiëntie te maximaliseren.

IPM

Zie: geïntegreerde gewasbescherming.

Kaderrichtlijn Water (KRW)

Europees wetgevingskader om de kwaliteit van het oppervlakte- en grondwater in Europa te beschermen en verbeteren. De KRW verplicht lidstaten om milieudoelstellingen vast te leggen en maatregelen te implementeren om vervuiling tegen te gaan.

Klei-humuscomplex

Bij aanwezigheid van klei en humus, worden stabiele klei-humuscomplexen gevormd. Deze kunnen nutriënten binden en loslaten. Ze vormen zo een natuurlijke buffer voor nutriënten en reguleren daarmee de beschikbaarheid van nutriënten voor het gewas.

Klimaatmitigatie

Het tegengaan van klimaatverandering door broeikasgasuitstoot te verminderen en koolstof vast te leggen.

Korte keten

Afstand tussen producent en consument zo kort mogelijk maken, zonder veel tussenpersonen of transportstappen. Verkoop van eigen producten in een boerderijwinkel is een voorbeeld van een korte keten.

Kritische prestatie-indicator (KPI)

De Engelse term is key performance indicator. Met kritieke prestatie-indicatoren kun je de prestaties van organisaties of processen monitoren.

Kruidenrijk grasland

Grasland met verschillende plantensoorten verspreid over het hele perceel. Er bestaan verschillende vormen van kruidenrijk grasland extensief en productief.

Landrassen/boerenrassen

Rassen die boeren van oudsher gebruikten en die daardoor aangepast raakten aan de lokale omstandigheden.

Landschapstype

Ruimtelijk eenheid waar de fysische gesteldheid (reliëf, bodem en water), de ontginningsgeschiedenis en/of de kenmerkende ruimtelijke rangschikking van landschapselementen gelijk is. Deze eigenschappen dragen bij aan de identiteit en aantrekkelijkheid van het landschap.

Landschappelijke diversiteit

Variatie aan heggen, hagen, erfsingels, slootkanten en bermen. Dit vormt het leefgebied voor de soorten die een rol spelen in functionele agrobiodiversiteit en voor planten- en diersoorten die passen in het landelijk gebied.

Landschapselementen

Bouwstenen die samen de structuur van het landschap bepalen (zie ook: groenblauwe dooradering).

Ligboxenstal

Een ligboxenstal, ook wel loopstal genoemd, is een type rundveestal waarin de koeien loslopen op betonnen roosters, waardoor de mest en urine door sleuven of gaten in het beton in de mestput valt. Soms is er ook een dichte vloer, met een mestschuif, die de mest naar een put schuift.

Lijnvormig element

Smal landschapselement, zoals een sloot, berm of houtwal.

Meerprijs

Extra bedrag bovenop de standaardprijs. Wanneer een product duurzaam geteeld wordt, kan het zijn dat hiervoor meerkosten gemaakt worden. In het ideale scenario levert het product, dankzij uitleg over deze duurzame stappen, vervolgens een meerprijs op en strepen de meerkosten en meerprijs tegen elkaar weg.

Melkquotum

Door de Europese Unie vastgestelde limiet op de hoeveelheid melk die de melkveehouderij mocht produceren (ingevoerd in 1983 en opgeheven in 2015). Het was een maatregel om de overproductie binnen Europa te reguleren.

Mengteelt

Teelt waarbij meerdere gewassen gemengd worden gezaaid.

Milieubelasting

Negatief effect dat een component, bijvoorbeeld een bestrijdingsmiddel, heeft op het milieu. Dit kan kwantitatief worden weergegeven d.m.v. 'milieubelastingspunten'

Mineralisatie

Proces waarbij organische verbindingen (plantenresten, afgevallen bladeren, mest) in of op de bodem door micro-organismen worden omgezet in anorganische (minerale) verbindingen (vb. nitraat, koolstofdioxide).

Mozaïekbeheer

Beheerstrategie waarbij in een gebied er een variatie aan beheer wordt uitgevoerd. Denk bijvoorbeeld aan plasdras, kruidenrijk grasland, uitgesteld maaien en legselbeheer in weidevogelgebieden.

N2000-gebieden

Natura 2000-gebieden zijn aangewezen onder de Vogel- en Habitatrichtlijn om Europese biodiversiteit te waarborgen. De gebieden zijn geselecteerd op het voorkomen van soorten of habitattypen die vanuit Europees oogpunt bescherming nodig hebben.

Natuur

Begrip dat alle levende organismen omvat, hun habitat, het ecosysteem waarvan zij deel uitmaken en de daarmee verbonden uit zichzelf functionerende ecologische processen, ongeacht of ze al dan niet voorkomen onder invloed van menselijk handelen, met uitsluiting van de cultuurgewassen, landbouwdieren en huisdieren.

Natte teelten

Landgebruik onder natte omstandigheden, waarbij de grondwaterstand boven of rond maaiveld staat. Paludicultuur genoemd als het teelten op nat veen betreft.

Natuurlijke vijanden / natuurlijke bestrijders

Predatoren die in de natuur op plaaginsecten jagen. Door natuurlijke vijanden uit te zetten of aan te trekken wordt ingezet op natuurlijke bestrijding van plagen.

Natuurinclusiviteit

Manier van werken binnen de grenzen van de natuur. In het geval van landbouw op zo'n manier boeren waardoor de biodiversiteit, de rijkdom aan planten en dieren, toeneemt.

Natuurvriendelijke oever

Oever met een flauw aflopend talud en dus geleidelijke overgang van water naar land.

Oliegewas

Planten waarvan zaden, vruchten of noten aangewend worden voor het produceren van eetbare en industriële oliën.

Omweiden

Begrazingsmethode waarbij vee om de paar dagen een nieuw perceel krijgt.

Open landschap

Landschap zonder elementen die hoger zijn dan ooghoogte.

Organische stof

Componenten van bodem die afkomstig zijn van levende organismen of hun resten, zoals resten van planten-, dieren-, schimmels en bacteriën. Het speelt een cruciale rol bij bodemvruchtbaarheid en -structuur.

OVO-drieluik

Combinatie van onderzoek, voorlichting en onderwijs dat in de 20ste eeuw heeft geleid tot een sterke kennisontwikkeling in de agrarische sector.

Potstal

Stal waarin de mest wordt opgepot. De mest wordt regelmatig bedekt met een nieuwe laag strooisel, waardoor het vee steeds hoger komt te staan. Als het mengsel van mest en stro een bepaalde hoogte heeft bereikt, wordt de stal geleegd. De gerijpte mest wordt ook wel ruige stalmest genoemd.

Precisiewiedeg

Wiedeg met een reeks individuele tanden die de bodem volgen en klein onkruid lostrekken. Elke tand is individueel en scharnierend opgehangen aan een frame en wordt individueel aangetrokken door een veer.

Profielkuil

Gegraven kuil om eigenschappen en aspecten van de bodem op een perceel visueel en kwalitatief te beoordelen.

Puntelement

Landschapselement op een specifiek punt zoals een solitaire eik in een weiland.

Pure Graze

Methode waarbij vee alleen maar graast en geen krachtvoer meer eet. Het is een intensieve manier van stripgrazen.

Regeneratief grazen

Methode waarbij vee gecontroleerd wordt verplaatst over verschillende weidegebieden. Het intensief grazen wordt gevolgd door herstelperiodes.

Rodenticiden

Chemische middelen om knaagdieren, zoals muizen en ratten, te bestrijden. Mogen alleen gebruikt worden door gecertificeerde experts.

Rooigewas

Gewas waarvan het product uit de grond wordt gehaald, zoals aardappelen, wortels of bieten.

Rotatiekruising

Inkruisen van twee, drie of vier rassen, in een vaste volgorde, om nakomelingen te krijgen die beter presteren dan de ouderdieren.

Ruilverkaveling

Landbouwhervormingsproces waarbij gronden worden herverdeeld en geherstructureerd. Dit proces kan onder andere gestart worden om de infrastructuur te optimaliseren, de efficiëntie van de landbouw te verbeteren of de leefbaarheid van het platteland te bevorderen.

Rustgewas

Gewas dat wordt geteeld om de bodem te herstellen en te verbeteren na een akkerbouwgewas. Wordt ingezet om de bodemstructuur te bevorderen, voedingsstoffen aan te vullen en erosie te voorkomen.

Schadedrempel

Punt waarop de mate van schade veroorzaakt door plagen, ziekten of onkruiden in de landbouw een niveau bereikt waarop het economisch gerechtvaardigd is om bestrijdingsmaatregelen te nemen.

Scheuren

Het omploegen en opnieuw inzaaien van grasland.

Schrale akker

Stuk landbouwgrond met een arme bodem lage vruchtbaarheid en beperkte voedingsstoffen. Deze omstandigheden zijn gunstig voor plantensoorten die gedijen in schrale bodems.

Scouten

Gericht monitoren van het gewas om ziekteverschijnselen en plaagdieren te zien en daarbij ook aantallen en mate van toename in te schatten. Voor het scouten worden bijvoorbeeld insecten geteld op een vast aantal planten, verspreid over het perceel.

Silvoarable systemen

De combinatie van bomen en akker- of tuinbouwgewassen.

Silvopastorale systemen

De combinatie van bomen en grasland voor begrazing.

Spuitvrije zone

Gebied waarin de toepassing van chemische gewasbeschermingsmiddelen, zoals pesticiden en herbiciden, niet is toegestaan.

Standweiden

Begrazingsmethode waarbij vee gedurende een langere tijd op een vaststaand stuk land (standweide) wordt gehouden voordat ze naar een ander stuk land worden verplaatst.

Steriele Insecten Techniek (SIT)

Biologische methode voor insectenbestrijding waarbij grote aantallen onvruchtbare insecten in een populatie worden vrijgelaten om voortplanting te voorkomen.

Stikstofleverend vermogen (N-leverend vermogen)

Hoeveelheid stikstof die over langere tijd beschikbaar komt uit bodemorganische stof die wordt afgebroken door het bodemleven.

Stripgrazen

Begrazingsmethode waarbij koeien, toegang hebben tot kleine, aaneengesloten stroken (strips) van een weiland. Deze methode wordt vaak gebruikt om de grasgroei te bevorderen en de bodemgezondheid te verbeteren.

Strokenteelt

Landbouwpraktijk waarbij verschillende gewassen in smalle stroken naast elkaar op één perceel worden verbouwd.

Transitie

Een structurele verandering in een systeem of proces.

Vanggewas

Gewas dat wordt geteeld na de hoofdoogst om voedingsstoffen uit de bodem op te nemen en uitspoeling te verminderen. Wordt vaak als groenbemester ondergewerkt.

Vaste mest

Dierlijke mest, vaak gemengd met stro. Het wordt vaak gebruikt als organische meststof in de landbouw om de bodemvruchtbaarheid te verbeteren.

Verslemping

Samenklonteren van bodemdeeltjes die een dichte massa vormen. Dit kan ontstaan door mechanisatie of wateroverschot. Verslemping kan leiden tot slechte drainage en verminderde beluchting van de bodem.

Vervangingspercentage

Het aantal vaarzen op een melkveebedrijf gedeeld door het totaal aantal melkkoeien. Een laag vervangingspercentage wordt gezien als duurzamer. Als melkkoeien ouder worden, hoeven er minder koeien door vaarzen te worden vervangen.

Vier V's

Vier kernwaarden waaraan moet worden voldaan voor een doelsoort: voedsel, voortplanting (paren, nestgelegenheid), veiligheid (schuilgelegenheid) en verplaatsing (ruimte voor foerageren en paren).

Vlakvormige element

Landschapselement met specifieke invulling van de oppervlakte, zoals een akker, weiland, kwelder, terp, begraafplaats en een es.

Vlinderbloemigen

Plantenfamilie, ook wel Fabaceae of Leguminosae genoemd, die bekend staat om stikstofbindende eigenschappen.

Voedselbos

Landbouwsysteem dat de diversiteit van een natuurlijk bos nabootst. Het bestaat uit verschillende eetbare planten, bomen en struiken die samenwerken.

Vogelakker

Akker die speciaal is ingericht om akkervogels te voorzien van voedsel en leefruimte. Het bevat gewassen en groenbraakstroken die gunstig zijn voor vogels, zoals prooidieren, zaden en insecten.

Vogelgestuurd maaien

Maaien van grasland aangepast op basis van de aanwezigheid van vogelnesten of broedende vogels, om verstoring van vogelhabitat te minimaliseren en vluchtmogelijkheden voor kuikens te behouden.

Vrije-uitloopkippen

Kippen die de mogelijkheid hebben om overdag buiten te scharrelen en te foerageren.

Vrijloopstal

Stal waarbij koeien vrij kunnen bewegen in een ruime stal zonder vaste ligboxen. Dit type stal laat meer bewegingsvrijheid en natuurlijk gedrag toe.

Vruchtwisseling/gewasrotatie/wisselteelt

Landbouwpraktijk waarbij verschillende gewassen in opeenvolgende seizoenen op hetzelfde stuk grond worden geteeld om bodemgezondheid te behouden, ziekterisico's te verminderen en voedingsstoffen efficiënt te benutten.

Waardplant

Een specifieke plant waarop een schimmel, aaltje of plaaginsect overleeft en vermeerdert.

Waterelement

Landschapselement met water als belangrijk onderdeel, zoals poelen, sloten, beken, rivieren, vennen en vijvers.

Waterregulatie

Het vasthouden of juist afvoeren van water. Een bodem met een goed waterregulerend vermogen wordt minder snel te nat of te droog.

Weidegang/beweiding

Het laten grazen van melkvee in de wei.

Weideresten

Residuen die achterblijven nadat vee in een weiland gegraasd heeft, zoals overgebleven gras, mest en ander organisch materiaal. Weideresten hebben invloed op de biodiversiteit in het betreffende weiland.

Weidevogel

Vogelsoort die zijn habitat vindt in graslanden en weiden. Voorbeelden zijn kieviten, grutto's en tureluurs. Deze vogels zijn afhankelijk van geschikte graslanden voor hun broedgebieden en voedsel.

Wilde bestuiver

Bijen, vlinders of andere insecten, die op natuurlijke wijze stuifmeel van bloem tot bloem overbrengen. Daartegenover staat de inzet van honingbijen of hommels die door een teler worden ingekocht/gehuurd bij een imker.

Wintervoedselakker

Perceel dat speciaal is ingezaaid met gewassen die in de winter voedsel verschaffen voor dieren, met name overwinterende vogels.

Zaadbank

Zaadvoorraad van planten in de bodem.

Index